Das Relais-Prinzip

Hugo Theodor Horwitz

Das Relais-Prinzip
Schriften zur Technikgeschichte

Herausgegeben
von Thomas Brandstetter und Ulrich Troitzsch

Löcker

Gedruckt mit freundlicher Unterstützung des Bundesministeriums für Wissenschaft und Forschung sowie der Stadt Wien, MA 7, Wissenschafts- und Forschungsförderung.

Herstellung: Gemi s.r.o., Prag
ISBN 978-3-85409-476-0

Inhalt

Vorwort

Bereits Mitte der siebziger Jahre des vergangenen Jahrhunderts stieß Ulrich Troitzsch bei Recherchen zur Entwicklung der deutschen Technikgeschichtsschreibung auf zahlreiche Artikel von Hugo Theodor Horwitz, die ihn wegen ihrer ungewöhnlichen Fragestellungen und des multidisziplinären Zugriffs beeindruckten; wichen sie doch damit deutlich ab vom mainstream der damaligen Technikhistorie mit ihrer Fixierung auf große Männer, Ersterfindungen und Großtaten der Technik.
Zwei Hinweise in Aufsätzen von Lynn White jr. regten dazu an, sich näher mit den Schriften und dem Lebensweg des in Deutschland anscheinend vergessenen Historikers zu befassen. Lynn White jr., der bekannte Historiker der Technik des Mittelalters, würdigte ihn als »a pioneer historian of technology«[1] und stellte ihn an anderer Stelle mit seinen Forschungsleistungen an die Seite der Franzosen Richard Levebvre de Noëttes und Marc Bloch, die in den dreißiger Jahren grundlegende Untersuchungen zur Technikgeschichte des Mittelalters vorgelegt hatten. Erschütternd war der Hinweis, dass Horwitz wie auch Bloch Opfer der Nationalsozialisten geworden seien.[2] Während das Auffinden der in zahlreichen Zeitschriften verstreuten Artikel kaum Schwierigkeiten bereitete, waren nur wenige biographische Angaben zu ermitteln. Nach Erscheinen des Aufsatzes »Hugo Theodor Horwitz – ein fast vergessener Theoretiker der Technikgeschichte« im Jahre 1983 gab es, anders als erhofft, nur wenige Reaktionen. Meist handelte es sich um kleinere Ergänzungen sowie Hinweise auf noch nicht erfasste Aufsätze. Keinerlei Zuschrift kam von Leuten, die ihn vielleicht noch persönlich gekannt hatten.[3]
Erst gut zwei Jahrzehnte später, im Herbst 2005, wandten sich die beiden Herausgeber Leben und Schriften von Horwitz zu, der eine davon erstmals, weil er eine Edition von ihm als noch

immer aktuell erkannter Aufsätze plante, der andere, weil er weiterhin hoffte, Näheres über die Lebensumstände dieses zu Unrecht fast vergessenen Kultur- und Technikhistorikers herauszufinden. Die erst schriftliche Kontaktaufnahme durch Thomas Brandstetter diente lediglich der gegenseitigen Information.

Wenige Monate später kam es zu einer Veränderung der Situation. Im Nachlass von Carl Graf von Klinckowstroem, der zusammen mit dem Technikhistoriker Franz Maria Feldhaus von 1914-1927 die »Geschichtsblätter für Technik, Industrie und Gewerbe« herausgegeben und redaktionell betreut hatte, befinden sich rund 120 Postkarten und Briefe von Horwitz, der in diesem Zeitraum zahlreiche Aufsätze und Besprechungen in dieser Zeitschrift veröffentlichte, darüber mit Klinckowstroem korrespondierte und ihn dabei auch oft über seine privaten Lebensumstände und Pläne informierte.

Noch bedeutsamer war jedoch die Tatsache, dass im Zusammenhang mit dem Kunstrückgabegesetz von 1998 am Technischen Museum Wien alle Gegenstände, »die seit 1938 ans Haus kamen, auf ihre rechtmäßige Erwerbung hin überprüft (wurden).«[4] Im Zuge der Provenienzforschung wurde der Nachlass von Horwitz in Gestalt von Manuskripten, Notizen, Briefen, Fotos und zahlreichen Fachbüchern in noch nicht aufgearbeiteten Beständen im Archiv und der Bibliothek des TMW gefunden. Dieser war bereits im Januar 1942 ans Museum gelangt, kurz nach dem Abtransport des Ehepaares Marianne und Hugo Theodor Horwitz im November 1941 in die Nähe von Minsk, wo sie wenig später ermordet wurden. Bei der Suche nach den Erben von Hugo Horwitz konnte der Sohn Anselm, der 1938 mit achtzehn Jahren nach Irland auswandern konnte, ausfindig gemacht werden. Anfang Mai vergangenen Jahres meldete er sich telefonisch bei Ulrich Troitzsch, da er kurz zuvor Kenntnis vom Aufsatz über seinen Vater erhalten hatte. Daraus entwickelte sich in der Folgezeit eine lebhafte englisch-deutsche E-Mail-Korrespondenz bis in die Gegenwart über das Schicksal der Familie Horwitz. Im Herbst vergangenen Jahres besuchte Anselm mit seinen drei Kindern zunächst einen der Herausgeber in Deutschland und anschließend Wien, wo er den Nachlass seines Vaters sichtete und ihn dem TMW für die wissenschaftliche Auswertung überließ. Neben dem bereits im Museum befindlichen Nachlass übereignete er diesem sechs »Klebehefte«, in die der Vater seine sämtlichen Veröffentlichungen eingeklebt hatte, so dass die danach erstellte Bibliographie am Ende des Bandes jetzt nahezu vollständig sein dürfte.

Die vorliegende Auswahl von wegweisenden Forschungsbeiträgen des Technik- und Kulturhistorikers Hugo Theodor Horwitz möchte zur Kenntnisnahme und weiteren Erforschung von Leben und Werk des noch immer zu wenig bekannten Wissenschaftlers anregen und zudem die Fruchtbarkeit eines die Grenzen der etablierten Fachdisziplinen überspringenden Forschungsansatzes aufzeigen.

Die Herausgeber

Anmerkungen

1 Lynn White jr., The origins of the coach [1970]. Wiederabdruck in: ders., Medieval Religion and Technology. Collected Essays, Berkely u.a. 1978, S. 205-216, hier S. 205.

2 Lynn White jr., The Study of Medieval Technology: Personal Reflections [1975]. Wiederabdruck in: ders., Medieval Religion (s. Anm.1), S. xi-xxiv (hier S. xvi). Seine irrige und so später übernommene Feststellung, dass Horwitz sein Ende in Auschwitz gefunden habe, beruhte vermutlich auf Hörensagen.

3 Ulrich Troitzsch, Hugo Theodor Horwitz – ein fast vergessener Theoretiker der Technikgeschichte, in: Technikgeschichte 50 (1983), 337-338.

4 Christian Klösch/Oliver Kühschelm, Provenienzforschung am Technischen Museum Wien, in: forum. magazin technisches museum wien, Nr. 01/2007, S. 10.

Anselm Horwitz

Foreword

History of Technology students will appreciate the work of the two authors of this »monogram« who undertook the onerous task of bringing my father's nearly forgotten life and writings to the light of day.
The authors have proven that they are people who recognize the value of my father's many years of tireless toil. For decades, I deeply regretted that his words would never again come to light, extinguished along with my parents lives in a mass grave, in far away Russia, victims with millions of others of the anti-Semitism of last century's National Socialists. Sadly I thought, not only had the lives of both my parents ended so cruelly but after the 1930s, the fanatical anti-Semitism of the Nazis forced German writers of history to shun even father's name.
Four months before my 18th birthday I put my arms around my parents for the last time. I had no idea then, of the worth of father's work nor did I know if it was recognized by his peers. As a young man, I could appreciate neither the value of his work nor the fire burning in his mind, that consumed his entire adult life. Today, as I look back from the perspective of my eighty-plus years, I have come to realize that he was obsessed with the task of putting the History of Technology on the same podium that all history enjoys today. My father passionately believed that technology has affected world history from the earliest days of human kind to this moment. Perhaps so too do others.
Only a couple of years ago, I serendipitously discovered in the tiny print of a footnote, that I had previously ignored, my father's name mentioned in an article by Professor Troitzsch of Hamburg, then totally unknown to me. Since that time, not only have we corresponded and met but we have also become good

friends. In this work of tribute to my father, Professor Troitzsch was joined by Dr. Thomas Brandstetter of the University of Vienna. The former researched and wrote father's biography, while Dr. Brandstetter brings a critical evaluation of Father's views, theories and, most importantly, his contributions to the History of Technology. To them, I extend my deep appreciation. Had the circumstances of his life been different could father have completed his ambitious task? The reader may draw his/her own conclusions from the pages of this book that trace the accomplishments of the all too short lives of Dr.-Ing. Hugo Theodor Horwitz and his faithful helpmate my Mother, Marianne Horwitz (nee Ehrmann).

Ulrich Troitzsch

Zum Lebensweg des jüdischen Technik- und Kulturhistorikers Hugo Theodor Horwitz (1882-1941)

Seit dem ersten Versuch einer Annäherung an Leben und Werk von Hugo Theodor Horwitz, der vor allem bei der Rekonstruktion der Biographie der damals zur Verfügung stehenden Quellen nur lückenhaft und insbesondere bei der Datierung von Ereignissen fehlerhaft sein konnte, sind mittlerweile gut zweieinhalb Jahrzehnte vergangen.[1] Eine genauere Nachzeichnung seines Lebens erlauben nun die kürzliche Auffindung von Anselm, dem im Ausland verschollen geglaubten Sohn von Marianne und Hugo Horwitz, und das Auftauchen neuer Quellen. Dabei handelt es sich 1. um einen umfangreichen Nachlass im Technischen Museum Wien[2], 2. schriftliche Unterlagen im Universitätsarchiv der Technischen Hochschule Wien[3] sowie 3. zahlreiche Briefe und Postkarten an Carl Graf von Klinckowstroem im Archiv des Deutschen Museums München.[4] Da die Bedeutung der Forschungsleistung von Horwitz am Beispiel der für diesen Band ausgewählten Texte ausführlich von Thomas Brandstetter gewürdigt werden und auch der Verfasser dieses Beitrages seinerzeit schon näher darauf eingegangen ist, werden nur diejenigen Arbeiten herangezogen, welche einen engeren Bezug zur Biographie aufweisen. Da aber die sonstige wissenschaftliche Korrespondenz von Horwitz, insbesondere die Schreiben an ihn selbst, offenbar genauso wie seine Kartothek und viele Manuskripte nicht mehr vorhanden sind, weist auch diese ergänzte biographische Skizze, vor allem für die zwanziger und frühen dreißiger Jahre, weiterhin deutliche Lücken auf, und an einigen Stellen muss es der Verfasser vorerst bei Vermutungen belassen.[5]

Auf dem Weg zum Ingenieur (1882 – 1907)

Hugo Horwitz kam am 27. Februar 1882 in Wien 1, Hohenstaufengasse 4, als Sohn des Jüdischen Kaufmanns Simon Horwitz (1854-1929) und seiner Ehefrau Eugenie, geb. Fränkel (1861-1944), zur Welt.[6] Simon Horwitz sowie sein Bruder Siegfried stammten aus Koschmin (Kocmin) im ehemaligen Westpreußen, einer Kreisstadt südöstlich von Posen. Während der Bruder Siegfried später in Berlin eine Firma für Konfektionskleidung gründete, zog es Simon Horwitz nach Wien, wo er mit dem späteren Schwager Lutz Fränkel ein Import- und Exportunternehmen für Schneidereibedarf (Knöpfe, Schnallen, Borten, Kleiderfutter, Nähgarn etc.) etablierte. Die Geschäftsräume der Firma, befanden sich in der Spiegelgasse 3, Wien 1, ganz in der Nähe des Stephansdomes. Zu den in- und ausländischen Kunden zählten renommierte Schneiderateliers, die für die oberen Gesellschaftsschichten arbeiteten. Hugo Horwitz und seine ein Jahr jüngere Schwester Else wuchsen so in einer zu Wohlstand gekommenen jüdischen Kleinbürgerfamilie auf, und er sollte nach den Vorstellungen der Eltern später ein Jura- oder Medizinstudium aufnehmen. Dies scheiterte allerdings schon frühzeitig, da der elfjährige Hugo wegen Schwierigkeiten im Unterrichtsfach Griechisch vom Gymnasium zur Realschule überwechselte, deren Abschluss allerdings nur zum Studium praktischer Berufsrichtungen berechtigte. Nachdem Hugo Horwitz 1899 mit 17 Jahren die Reifeprüfung (Matura) an der »K. K. zweiten Staatsrealschule im II. Gemeindebezirk in Wien« bestanden hatte[7], entschied er sich für das Studium des Maschinenbaus an der Technischen Hochschule Wien, wo er noch im gleichen Jahr immatrikuliert wurde.[8] Im Wintersemester 1901/02 ging er für ein Semester an die Technische Hochschule Berlin-Charlottenburg und kehrte anschließend nach Wien zurück.[9] Sein Versuch, im Sommer 1902 die I. Staatsprüfung abzulegen, scheiterte, da er in zwei Fächern die Note ungenügend erhielt.[10]

Anstatt sich sofort auf die Wiederholung der Prüfung vorzubereiten, unternahm Hugo Horwitz, wie sich sein Sohn Anselm erinnert, eine einjährige, vom Vater finanzierte Reise durch zahlreiche Länder Europas, wobei er stets Erster Klasse reiste und in den besten Hotels abstieg.
Nach der Rückkehr von der Reise bestand er im Herbst 1903 die I. Staatsprüfung und schloss nach weiteren vier Semestern am 27. Juni 1905 sein Studium erfolgreich mit der II. Staatsprüfung ab.[11]
Anschließend war er bei den österreichischen Fiatwerken (Austro-Fiat) in Wien-Floridsdorf tätig, zunächst für ein Jahr als unbezahlter »Werkstättenvolontär« und ein weiteres dann als angestellter Ingenieur.[12] Offenbar war er dort in der Konstruktionsabteilung beschäftigt. Seinem Sohn Anselm hat er einmal Zeichnungen und Versuchsergebnisse eines wohl von ihm entwickelten Federungssystems für Kraftwagen gezeigt, das aber ständig je nach Belastung nachgestellt werden musste. »Well, it wasn't a roaring success«, meint der Sohn.

Während seiner Tätigkeit bei Austro-Fiat hat Hugo Horwitz wohl in zunehmendem Maße gespürt, dass ihn die auf die Praxis bezogenen Tätigkeiten eines Maschinenbau-Ingenieurs nicht recht befriedigten und es ihm mehr liegen würde, seinen Lebensunterhalt als Schriftsteller zu verdienen. Es ist daher wohl kein Zufall, dass schon im Mai 1907 Horwitz seinen ersten Aufsatz »Über die Zukunft des Automobilverkehrs« veröffentlichte, wobei er die mögliche Weiterentwicklung der Automobiltechnik und ihre Auswirkungen auf Straßenbau und Straßenplanung und die Massenmotorisierung weitgehend zutreffend beschrieb.[13] Handelte es sich hierbei noch eher um eine feuilletonistische Fingerübung zur Erprobung seiner schriftstellerischien Fähigkeiten, so weist ein vermutlich aus derselben Zeit stammendes unveröffentlichtes Manuskript von 77 Seiten zum »Automobilbau bis 1905« schon im Titel auf dessen historische Darstellung hin.[14]

Vom Ingenieur zum »Technohistoriker« (1908 – 1914)

Horwitz schrieb in seinem 1931 verfassten Lebenslauf zu diesem entscheidenden Wechsel in der beruflichen Zielsetzung: »Nach dieser Zeit [bei den Fiatwerken, U. T.] entschloss ich mich zu rein wissenschaftlicher Tätigkeit und wandte mich einer neuen, damals erst im Entstehen begriffenen Disziplin, nämlich der Geschichte der Technik zu. Ich arbeitete vorerst für mich allein in Wien, studierte die wenigen damals erschienenen Werke über Geschichte der Technik und trachtete, mein Wissen auf den Gebieten verschiedener humanistischer Disziplinen, vor allem in den historischen Fächern, dann aber auch in der Philosophie, zu vervollkommnen. Ergänzt wurden diese Studien durch die Besuche zahlreicher Ausstellungen und Museen in Deutschland, besonders des Baumuseums und des Museums für Meereskunde in Berlin, des Mathematisch-physikalischen Salons in Dresden und des damals erst provisorisch aufgestellten Deutschen Museums in München.« [15]

Dieses nach eigenen Vorstellungen und Interessen und offenbar mit der wohlwollenden finanziellen Unterstützung des Vaters gestaltete geisteswissenschaftliche »Zusatzstudium«, das der Ingenieur und »Privatgelehrte« Horwitz ohne förmlichen Abschluss absolvierte, war für jene Zeit äußerst ungewöhnlich. Aber hier liegen auch die Gründe, warum Horwitz später neue Pfade in der noch jungen Disziplin Technikgeschichte beschreiten konnte, die sich deutlich von der vom Positivismus geprägten Darstellungsweise der »engeren« Technikgeschichte, wie sie die Mehrzahl der »Ingenieur-Historiker« betrieb, unterscheiden sollte.

Spätestens am Ende dieser sorgenfreien zweiten Studienzeit, die ihm neue wissenschaftliche Horizonte eröffnete, stand der wohl auch vom Vater begrüßte Entschluss, mit einer technikgeschichtlichen Dissertation sich zumindest die Möglichkeit zu einer akademischen Karriere zu eröffnen.

Auch wenn die Anfänge der »Geschichte der Erfindungen« bis in die Antike zurückreichen und im späten 18. Jahrhundert eine

erste quellenkritische Fundierung erführen, so waren es seit der Mitte des 19. Jahrhunderts einzelne Vertreter aus dem sich mit der Industrialisierung herausbildenden Berufsstand der Ingenieure, die sich, entweder als Hochschullehrer an den Polytechnischen und später Technischen Hochschulen oder noch in der Industrie tätig, anfingen, sich mit der Geschichte der Technik zu befassen.[16] Die Gleichstellung der seit den 70er Jahren aus den polytechnischen Schulen hervorgegangenen Technischen Hochschulen mit den Universitäten und die erstmalige Verleihung des Promotionsrechtes an die TH Berlin-Charlottenburg durch Wilhelm II. – in seiner Eigenschaft als preußischer König – im Jahre 1899, dem die anderen Bundesstaaten bald nachfolgten, bildeten wichtige berufspolitische Etappenziele im Emanzipationsprozess der Ingenieure in Deutschland.[17]
Der Aufstieg Deutschlands zu einer der führenden Industrienationen um die Jahrhundertwende führte nicht nur bei den Ingenieuren, sondern auch in breiteren Bevölkerungsschichten zu einer förmlichen Technikeuphorie und Bejahung des technischen Fortschritts, ablesbar auch an einer Zunahme populärwissenschaftlicher Darstellungen über Technik, deren Geschichte und ihre »großen Männer«.[18] Nicht zufällig kommt es daher in dieser Phase auch zu ersten Schritten in Richtung einer Institutionalisierung der noch jungen Technikgeschichtsschreibung in Deutschland. Zwei Persönlichkeiten sind hier zu nennen, die auch für den künftigen Technikhistoriker Horwitz eine maßgebliche Rolle spielen sollten, Conrad Matschoß (1871-1942) und Franz Maria Feldhaus (1874-1957). Nachdem der Maschinenbauingenieur Conrad Matschoß (1871-1942)[19] mit finanzieller Unterstützung 1908 sein auch heute noch grundlegendes, aus den Quellen erarbeitetes zweibändiges Werk »Die Entwicklung der Dampfmaschine« vorgelegt hatte, gab er im Namen des VDI, der damals seinen Hauptsitz in Berlin hatte, seit 1909 das Jahrbuch »Beiträge zur Geschichte der Technik und Industrie« heraus.[20]
Für das Wintersemester 1909/10 erhielt Matschoß den ersten technikgeschichtlichen Lehrauftrag im Deutschen Reich für

»Geschichte der Maschinentechnik« an der TH Berlin-Charlottenburg, wo er 1912 zum Prädikatsprofessor und 1929 zum Honorarprofessor ernannt wurde.[21] Seit 1913 stellvertretender und seit 1916 schließlich Direktor des VDI, verhalf er der Technikgeschichte zu öffentlicher Beachtung, nicht nur durch die Herausgabe des Jahrbuches, sondern auch durch die Anregung von technikgeschichtlichen Dissertationen, Firmenfestschriften, die Zusammenarbeit mit dem Deutschen Museum und die Bewahrung technischer Denkmale.
Im Gegensatz zu dem in gesicherter Position und über einen Mitarbeiterstab verfügenden Matschoß, suchte der für die Technikgeschichte begeisterte Autodidakt und »Ingenieur«[22] Franz Maria Feldhaus als Einzelunternehmer seine auf mehreren miteinander vernetzten Karteien gesammelten Daten und Fotos zur Erfindungsgeschichte als selbständiger Unternehmer kommerziell zu verwerten. Im Jahre 1909 gründete er dazu die »Quellenforschungen zur Geschichte der Technik und Naturwissenschaften«, die dann ab 1919 unter dem Namen »Quellenforschungen zur Geschichte der Technik und Industrie« als GmbH fortgeführt wurden.[23]

Im Jahre 1911 übersiedelte Horwitz nach Berlin, nun das Zentrum technikgeschichtlicher Forschung, um bei Conrad Matschoß zu promovieren. Auf welche Weise die Kontaktaufnahme erfolgte, ist nicht bekannt. Noch im gleichen Jahr, am 12. November 1911, trat Hugo Horwitz zum römisch-katholischen Glauben über, wobei er den zusätzlichen Namen Theodor annahm.[24] Diesen Schritt vollzog er als Einziger aus der Familie, wobei wir nicht wissen, ob dies mit deren Einverständnis geschah. Der zeitliche Zusammenhang mit seinem Promotionsvorhaben in Berlin legt die Vermutung nahe, dass bei der Konversion auch pragmatische Erwägungen im Spiel waren, da die angestrebte akademische Karriere damals ohne diesen Schritt aussichtslos gewesen wäre.

Horwitz begann nach eigener Aussage mit »einer gross angelegten Untersuchung über die Entwicklung der Maschinenelemente, die später – als Dissertation (und wohl auf Anraten des Betreuers, U. T.) – auf die Geschichte der Traglager beschränkt wurde.«[25]
Parallel zu den Recherchen für die Doktorarbeit nahm er gleichzeitig engeren Kontakt zu Feldhaus auf, obwohl zur gleichen Zeit zwischen diesem und Matschoß eine »regelrechte Erzfeindschaft«[26] ihren Anfang nahm, die später zu langjährigen gerichtlichen Auseinandersetzungen zum Nachteil von Feldhaus führen sollte.[27] Mit Horwitz und Feldhaus begegneten sich zwei Persönlichkeiten, wie sie gegensätzlicher nicht hätten sein können, und die dennoch eine, wenn auch spannungsreiche Arbeitsbeziehung eingingen, die sich schließlich über anderthalb Jahrzehnte erstrecken sollte.[28]
Dass der »Doktorand« Horwitz mit Feldhaus bereits ab 1912[29] für das schließlich 1914 erschienene Lexikon »Die Technik der Vorzeit, der geschichtlichen Zeit und der Naturvölker« in Berliner Bibliotheken und Museen recherchierte, ist sehr wahrscheinlich; denn er arbeitete, wie er später schrieb, parallel zur Anfertigung der Dissertation damals auch »am Völkerkundemuseum auf prähistorischem und ethnologischem Gebiete und fing mit der Einrichtung einer im Lauf der Zeit sehr erweiterten und heute etwa (1931, U. T.) 10 000 Daten umfassenden Kartothek zur Geschichte der primitiven und aussereuropäischen Technik, die auch die aussereuropäischen Hochkulturen berücksichtigt, an.«[30] Der Artikel »Organprojektion« im Lexikon, in dem die Thesen des Technikphilosophen Ernst Kapp aus dem Jahre 1877 referiert werden, stammt übrigens von Horwitz .[31]

Nachdem Horwitz am 24. April 1914 seine Dissertation »Entwicklungsgeschichte der Traglager« eingereicht hatte, legte er am 17. Juli , also zwei Wochen vor Ausbruch des Ersten Weltkrieges, bei Matschoß und dem Maschinenbauer Otto

Kammerer, der ebenfalls durch technikgeschichtliche Untersuchungen hervorgetreten ist, die Prüfung zum Dr.-Ing. ab. Auch wenn sich wohl nicht mehr klären lässt, ob die Anregung zum Dissertationsthema von Horwitz oder vom Betreuer Matschoß gekommen ist, so zeigen doch die späteren wissenschaftlichen Arbeiten von Horwitz, dass die Untersuchung der Ursprünge der Maschinenelemente und einfachen Mechanismen als Voraussetzung für die spätere Entwicklung immer komplexerer technischer Systeme einen wesentlichen Schwerpunkt seiner weiteren Forschungen bilden sollten. Die beiden einleitenden Sätze der Arbeit, ungewöhnlich für ein doch sehr eingegrenztes Thema, lesen sich bereits wie eine Leitidee für seine künftigen Forschungen:

»Die Geschichtsschreibung der Technik steht heute nicht mehr in ihren Anfängen und deswegen lohnt es sich wohl, einige Worte über deren Methode zu verlieren, namentlich da dies auch mit den leitenden Gesichtspunkten, die bei Abfassung dieser Arbeit massgebend waren, im Zusammenhang steht.

Die Entwicklung der technischen Gebilde besitzt in ihren Grundzügen eine grosse Aehnlichkeit mit der der lebenden Organismen. Wie bei diesen können auch bei jenen Ueberbleibsel, Atavismen und rudimentäre Erscheinungsformen, wie auch ‚Sackgassen' der Entwicklung beobachtet werden, und es liegt nahe, die Darstellungsmethoden der organischen Entwicklungsgeschichte auch auf die technischen Gebilde anzuwenden.«[32] Solche einleitenden Bemerkungen zu Theorie und Methodologie der Technikgeschichte, die er als Anregung und Aufforderung zur Fortentwicklung einer noch nicht etablierten Wissenschaftsdisziplin verstanden wissen wollte, waren fortan kennzeichnend für seine wissenschaftlichen Beiträge.

Erste Erfolge (1914 – 1918)

Die Mobilmachungen Österreich-Ungarns und des Deutschen Reiches Ende Juli bzw. Anfang August 1914 hatten für Horwitz zunächst keine spürbaren Auswirkungen. Zwar hatte er seinerzeit den üblichen Militärdienst geleistet, wurde aber zu Beginn des Krieges vermutlich wegen Nachtblindheit vom Kriegsdienst zurückgestellt.[33] Somit konnte der frischgebackene Dr.-Ing. Hugo Th. Horwitz nun als »Technohistoriker« – so liest man es im Briefkopf – an die Realisierung seines eigentlichen Zieles denken, sich mit wissenschaftlichen Publikationen zur Technikgeschichte eine solide Existenz aufzubauen. Finanziell hatte er weiterhin keine Sorgen, da der stolze Vater Simon seinen Sohn – der erste Herr Doktor in der Familie! – auch weiterhin großzügig unterstützte.

Zunächst galt es jedoch, die Dissertation in eine druckreife Fassung zu bringen und dann zu publizieren. Hierbei spielte wiederum Feldhaus eine maßgebliche Rolle. Dieser gründete noch im Jahre 1914 gemeinsam mit dem an der Technikgeschichte interessierten Münchener Privatgelehrten und Mäzen Graf Carl von Klinckowstroem (1884-1969)[34] die »Geschichtsblätter für Technik, Industrie und Gewerbe«, die als »illustrierte Monatsschrift« für alle an der Technikgeschichte Interessierten Artikel, Buchbesprechungen und Meldungen über technikgeschichtliche Funde enthalten sowie als Diskussionsforum dienen sollte.[35] Da die ersten Jahrgänge mangels Autoren überwiegend Beiträge von Feldhaus und Klinckowstroem enthielten, war man froh, mit dem Vorabdruck von Horwitz' Dissertation, die sich über mehrere Hefte erstreckte, sowie mit mehreren kürzeren Beiträgen von diesem die Hefte füllen zu können. Gleichzeitig sorgte Feldhaus für den Druck der Dissertation im selben Verlag, bei dem auch die »Geschichtsblätter« gedruckt wurden.[36] Allerdings kam es in der Folgezeit wegen unterschiedlicher Auffassungen über die vertraglichen Vereinbarungen zu längeren Zwistigkeiten mit der Druckerei sowie Feldhaus, die schließlich Horwitz 1917 zu einer Aufkündigung der Zusammenarbeit mit Feldhaus und Klinckowstroem veranlassten.[37] Es ist hier nicht der Ort, um näher auf diese Horwitz offenbar sehr verletzende Auseinandersetzung einzugehen, wie sie sich vor allem in den Briefen und Karten an Klinckowstroem widerspiegelt. Deutlich wird dabei jedoch, dass mit Feldhaus und Horwitz zwei Charaktere aufeinander getroffen waren, wie sie gegensätzlicher nicht sein konnten: Hier Feldhaus, der umtriebige, nicht immer wissenschaftlich präzise arbeitende Vielschreiber, unzuverlässig bei Zusagen, harsch andere kritisierend, selbst aber höchst empfindlich auf Kritik reagierend; auf der anderen Seite der geradlinige, allseits geachtete, stets korrekte, aber auch auf seinem Recht bestehende Mann mit bürgerlichem Habitus, ein theoretischer Kopf und akribischer, selbstkritischer Arbeiter. Es mag sein, dass ihre später dann doch weiter fortgesetzte Zusammenarbeit nur möglich war, weil sie sich bei aller Gegensätzlichkeit doch schätzten und vielleicht insgeheim jeweils den Anderen ein wenig um die Eigenschaften beneideten, die einem selbst abgingen.

Neben der Mitarbeit an den »Geschichtsblättern«, der ab 1916 auch regelmäßige Veröffentlichungen in den von Matschoß herausgegebenen »Beiträgen« folgten, suchte Horwitz die für seine geplanten freiberuflichen Forschungen notwendigen Kontakte zu Wissenschaftlern an Universitäten, Museen und Bibliotheken in Wien, Berlin und Leipzig zu vertiefen bzw. neu anzubahnen und nach geeigneten wissenschaftlichen Periodika für seine Veröffentlichungen Ausschau zu halten. Zudem begann er Vorträge zu halten, die wohl dem gleichen Ziele dienten. So sprach er u. a. im Frühjahr 1915 im Österreichischen Ingenieur- und Architektenverein, dem er bereits 1911 als Mitglied beigetreten war, über »Leonardo da Vinci als Ingenieur« und wenige Monate später über »Konstruktionsprinzipien im Maschinenbau von 1500 bis zur Gegenwart.«[38]

Ein Blick auf die von Horwitz bis zum Ende des Ersten

Weltkrieges publizierten Aufsätze weisen drei Schwerpunkte auf, die später dann immer wieder von ihm aufgegriffen werden sollten: 1. Methodenfragen der Technikgeschichte, 2. Arbeiten im Zusammenhang mit dem von ihm für die technische Entwicklung seit ihrer Frühzeit fundamental erscheinenden Relais-Prinzip und dessen technischen Ausformungen und 3. die Entwicklung der Drehbewegung um eine feste Achse als genuin menschliche Erfindung. Damit verbunden war eine Fortsetzung der intensiven Beschäftigung mit den Ergebnissen und Methoden der Ur- und Frühgeschichte, der Archäologie sowie der Völkerkunde, wobei ihn zunächst die Entwicklung des Verkehrswesen, der Beleuchtung, der Beheizung und vor allem der Kriegstechnik in China fesselten.[39] Als erstes Ergebnis einer größeren Forschungsarbeit erschien ein umfangreicher Aufsatz über »Die Armbrust in Ostasien«, wobei er neben den chinesischen Schriftquellen, für die er Chinesen als Übersetzer heranzog, mit Sinologen und Völkerkundlern persönlichen Kontakt aufnahm.[40] Dazu ließ er im Berliner Völkerkundemuseum Versuche mit Originalwaffen durchführen und unter anderem ein Armbrustschloss – ein Relais! – »nach Angabe des Verfassers« rekonstruieren.[41] Während seiner parallel dazu laufenden Studien im Völkerkundemuseum in Leipzig (Grassimuseum), wo er 1916 über seine Forschungen zur chinesischen Technikgeschichte berichtete, nahm er auch Verbindung zum 1909 von dem Historiker Karl Lamprecht (1856-1915) in Leipzig gegründeten »Institut für Kultur- und Universalgeschichte« und zum Medizinhistoriker Karl Sudhoff (1853-1938) auf.[42]

Binnen weniger Jahre hatte sich Horwitz bei den verschiedensten Disziplinen durch seine solide Forschungsarbeit einen guten Namen gemacht, der eine Zukunft als freier wissenschaftlicher Autor auf dem Felde der noch weithin unbeackerten Technikgeschichte zu ermöglichen schien. Vor allem bei der Völkerkunde und ihren Nachbardisziplinen hatte Horwitz durch seine Beiträge rasch Anerkennung gefunden, was sich an

den Zuschriften zu seinen Beiträgen in den entsprechenden Fachzeitschriften ablesen lässt. Die Geisteswissenschaftler waren beeindruckt von seiner Kenntnis der nationalen und internationalen Fachliteratur und der überlieferten Quellen, die er in Übersetzungen studierte, mehr noch aber von der Tatsache, dass er als Ingenieur vorliegende Interpretationen von Artefakten und bildlichen Darstellungen korrigieren oder ergänzen konnte.
Diese für Horwitz erfreuliche Entwicklung wurde jedoch jäh unterbrochen, als sich die Kriegslage für die Verbündeten Deutschland und Österreich zunehmend verschlechterte und man daran ging, die letzten personellen Reserven zu mobilisieren. Und so wurde Hugo Horwitz im Oktober 1916 schließlich doch noch eingezogen. Damit endete jener Abschnitt in seinem Leben, den sein Sohn Anselm in der Rückschau zutreffend als »the best part in his life« bezeichnet hat. Allerdings hatte er insofern immer noch Glück, da er nicht an die Front geschickt, sondern bereits nach wenigen Wochen zum Wiener Heeresmuseum versetzt wurde. Dort beauftragte man ihn zunächst mit der Inventarisierung einlaufender Gegenstände und im letzten Halbjahr vor Kriegsende war er schließlich »mit der Anlage einer Sammlung von Ersatzstoffen, sowohl für militärische als auch die zivile Verwendung beschäftigt.«[43]

Forschungen, Pläne und Enttäuschungen (1919 – 1932)

Das Kriegsende im November 1918 führte zum Untergang der Donaumonarchie und des Deutschen Kaiserreiches. Der Übergang zur republikanischen Staatsform in Österreich und in Deutschland war begleitet von gewaltsamen Unruhen sowie wirtschaftlichen und sozialen Krisen wie Inflation und hoher Arbeitslosigkeit. Es gehörte schon viel Mut dazu, in diesen wirren Zeiten weiterhin am Ziel einer selbständigen schriftstellerischen Existenz festzuhalten und auch noch eine Familie zu gründen.

Im Jahre 1920 heiratete Horwitz Marianne Ehrmann (geboren 1893), zweite Tochter des bereits 1917 verstorbenen jüdischen Wiener Arztes Dr. Ignatz Ehrmann und seiner Frau Malvine, nach katholischem Ritus.[44] Sie war musisch begabt, spielte Klavier und erhielt schon frühzeitig eine Gesangsausbildung. So gehörte sie zeitweilig dem Chor der Wiener Volksoper an und trat mit verschiedenen Wiener Ensembles auf. Allerdings musste sie diese Karriere wegen einer schweren Lungenerkrankung während des Ersten Weltkrieges aufgeben. Kennen gelernt hatten sich Hugo Horwitz und die elf Jahre jüngere, attraktive Frau wohl schon bald nach seiner Promotion zufällig bei einem Aufenthalt im Ostseebad Warnemünde. Hugo Horwitz war beeindruckt von ihrer Attraktivität und Intelligenz, aber ebenso wohl auch von ihren praktischen Fähigkeiten – Beherrschung der Kurzschrift, Maschineschreiben und Zeichnen – und sie ihrerseits nahm regen Anteil an seiner wissenschaftlichen Arbeit und unterstützte die schriftstellerischen Ambitionen ihres Mannes. Für Horwitz stellte die Arbeits- und Lebensgemeinschaft des erfolgreichen französischen Forscher-Ehepaares Marie
und Pierre Curie ein ideelles Vorbild dar. So war sie nicht nur Ehegattin, sondern gleichzeitig auch Mitarbeiterin, die die Textentwürfe von Horwitz kritisch begleitete, zunächst in Kurzschrift notierte, mit der Maschine abschrieb und dann nach der Korrektur das druckreife Manuskript anfertigte.[45] Auch viele der Skizzen und Umzeichnungen in den wissenschaftlichen Veröffentlichungen stammen von Marianne Horwitz. Diese intensive Mitarbeit ist um so höher zu bewerten, da sie eigentlich mit der Betreuung des bereits 1921 geborenen Sohnes Anselm und der Haushaltsführung, lediglich durch eine Zugehfrau unterstützt, schon erheblich belastet war. Überdies gab sie Klavierstunden, um das knappe Familienbudget aufzubessern.

Nach der Heirat zog das Ehepaar Horwitz in die Schönburgstrasse 48 im 4. Wiener Bezirk, einem gehobenen

bürgerlichen Wohnviertel, wo es in der erste Etage eine komfortable Dreieinhalb-Zimmerwohnung gemietet hatte, die bis 1939 ihr Domizil bleiben sollte.
Neben der intensiven wissenschaftlichen Arbeit blieb aber auch noch Zeit für Theater-, Opern- und Konzertbesuche sowie – Horwitz spielte Geige – gemeinsames häusliches Musizieren. Hinzu kamen später auch alljährlich gemeinsame Urlaubsreisen, meist in die nähere und weitere Umgebung von Wien, wobei der Familienvater aber auch dort immer sein tägliches Arbeitsprogramm erledigte.

Nach der kriegsbedingten Unterbrechung setzte Horwitz seine Studien zur Ur- und Frühgeschichte sowie zur außereuropäischen Technik fort, wandte sich aber nun auch zunehmend der Geschichte der Technik in den antiken Hochkulturen des Mittelmeerraumes und der europäischen Technikgeschichte bis zur Renaissance zu.[46] Da die Zeit des Reisens schon der Kosten wegen vorüber war, nutzte Horwitz nun vor allem die in Wien vorhandenen Handschriftensammlungen in Bibliotheken, Instituten und Museen. Im Mittelpunkt standen Handschriften, mittelalterliche Miniaturmalereien und Kunstwerke mit technischen Darstellungen. In den ersten Jahren nach dem Kriege war Horwitz schriftstellerisch sehr produktiv, was sich auch in seinen zahlreichen Veröffentlichungen widerspiegelt, die später niemals wieder einen solchen Umfang erreicht haben.[47] Günstig war es in dieser Situation, dass Feldhaus nach dem Zerwürfnis seinerzeit in Berlin nun erneut seine Fühler ausstreckte und um seinen ehemaligen Autor warb und Horwitz das Angebot dann auch annahm. Zudem setzte er seine vor dem Kriege begonnene Vortragstätigkeit weiter fort. So sprach er u. a. im Österreichischen Ingenieur- und Architektenverein, der Wiener Anthropologischen und der dortigen Philosophischen Gesellschaft.[48]
Trotz dieses scheinbar erfolgreichen Neuanfangs muss es Horwitz gerade in den sehr schwierigen Nachkriegsjahren bald

bewusst geworden sein, dass eine dauerhafte Existenzsicherung nur durch eine Anstellung mit einem regelmäßigen Einkommen zu erreichen war. Bereits im Frühjahr 1915 hatte Horwitz die Absicht geäußert, dass er sich demnächst »wahrscheinlich für lange Zeit« in München ansässig machen wolle.[49] Gründe nannte er in diesem Zusammenhang nicht, aber die Hoffnung, vielleicht später eine Anstellung im noch im Aufbau befindlichen Deutschen Museum zu finden, mag ihn mit dazu bewogen haben. Vielleicht dachte er aber auch an eine Habilitation im Fach Technikgeschichte; denn kurz nach dem Kriegsende hatte er offenbar Kontakt zu dem Geographen, Mathematiker und Naturwissenschaftshistoriker an der TU München, Siegmund Günther, aufgenommen, war aber abgewiesen worden. Dass dabei vermutlich antisemitische Vorurteile eine Rolle gespielt haben, geht aus einem Brief von Horwitz an Klinckowstroem im Juli 1920 hervor: »Durch ihre Nachrichten von der Münchner Hochschule wird mir Günthers Verhalten halbwegs erklärlich. Er schrieb mir aber unmittelbar nach dem Zusammenbruch ab. Damals war doch von Antisemitismus keine Rede. Wie weit geht dieser übrigens.« Und dann folgt der – im Hinblick auf sein späteres Schicksal – erschütternd arglose Satz: »Ich selbst bin ja Katholik.«[50] Im gleichen Schreiben kündigte er an, dass er sich wegen einer Anstellung im Deutschen Museum an Oskar von Miller wenden wolle, allerdings würde er dort »nicht eine der normalen Stellen annehmen.«[51] Seine Anfrage schickte Horwitz zunächst an Matschoß, der mittlerweile zum Direktor des VDI aufgestiegen war und in enger Beziehung zum Museum stand, mit der Bitte um eine empfehlende Weiterleitung. Matschoß reichte die Bewerbung wunschgemäß weiter und bescheinigte seinem ehemaligen Doktoranden, dass dieser sich »mit Geschichte der Technik eingehend befasst habe« und »besonders wohl auch als ein sehr eifriger Sammler anzusehen« sei.[52] Wenige Wochen später erhielt Matschoß das Schreiben von Horwitz mit einer abschlägigen Antwort zurück.[53] Ob Horwitz noch woanders nach einer möglichen Anstellung gesucht hat, beispielsweise am neu eröffneten Technischen Museum in Wien, ist bislang nicht bekannt.

Spätestens ab 1920 hatte er sich mit museumsdidaktischen Fragen beschäftigt und bereits vor der Bewerbung mit dem Deutschen Museum korrespondiert. Es ging um Auskünfte über die dort zugrunde liegenden Ausstellungsprinzipien, da er für die seit 1905 erscheinende Zeitschrift »Museumskunde« eine größere Arbeit übernommen habe, »die eine Schilderung der Einrichtungen der neuen naturwissenschaftlichen und technischen Museen bringen soll. Besonderes Gewicht würde hierbei auf die musealtechnischen Einrichtungen, also hauptsächlich auf die Art der Darstellung und Erläuterung von physikalischen und chemischen Gesetzen, von technischen Arbeitsmethoden u. s. w. gelegt werden.«[54] In diesen Zusammenhang gehört auch ein 1921/22 in den »Geschichtsblättern« veröffentlichter Beitrag über die Sammlungen des 1918 eröffneten Technischen Museums in Wien. Wegen der zeitweiligen Einstellung der Zeitschrift blieben der zweite Teil über die Geschichte des Museums und der Sammlungen sowie ein dritter, der eine »Musealtechnische Kritik« enthalten sollte, nur ein Plan.[55]

Jedenfalls verschlechterte sich die Einkommenssituation der Familie gegen Ende 1921 offenbar so gravierend, dass er, mittlerweile Vater eines Sohnes, ziemlich deprimiert an Klinckowstroem schrieb: »Mir ist es in letzter Zeit auch nicht gut gegangen – ich habe ja seit jeher mit dem Herzen zu tun - … Die Zeiten sind wohl recht böse und ich muß mich immer wieder fragen ob es mit der Wissenschaft weitergehen wird. Auch käme es mich unendlich schwer an mich davon zu trennen. Dabei wüßte ich eigentlich nicht, welchen Beruf ich ergreifen sollte. Ginge es mir gesundheitlich besser, so wäre ich freilich schon längst in der Industrie tätig.«[56] Andererseits zeigte Horwitz nur wenig Neigung, sich zeitnaheren Gebieten der Technikgeschichte zuzuwenden, obwohl ihm bewusst war, dass er mit seinen Arbeiten keine breiteren Leserschichten, sondern letztlich nur einen begrenzten Kreis von Spezialisten erreichte. Insofern klang es eher missmutig, als er Klinckowstroem im Sommer 1922 mitteilte: »Ich arbeite auch seit Monaten bereits wieder ein wenig auf dem Gebiete der modernen Technik und werde mich vom Herbste an dem wohl ganz widmen *müssen* (Hervorhebung von mir, U. T.).«[57] An seinen Veröffentlichungen in den folgenden Jahren lässt sich das allerdings nicht erkennen. Diese deutliche Abneigung, sich mit der Geschichte der industriellen Technik zu befassen, sollte sich später noch nachteilig auswirken.

Welche Einnahmen Horwitz mit seinen Artikeln, Rezensionen und Vorträgen, deren Zahl ja von Jahr zu Jahr erheblich schwankte, tatsächlich erzielt hat, ist nicht mehr zu ermitteln. Einige wenige Angaben in seinen Briefen erlauben aber doch, setzt man sie in Relation zu den Veröffentlichungen innerhalb eines Erscheinungsjahres, zumindest eine grobe Schätzung. So gibt Horwitz im Jahre 1920 an, dass ihm der Verlag Diederichs in Jena für ein geplantes Buch 200 Mark pro Bogen, das sind 16 Druckseiten, zahlen wolle. »Das wäre aber ziemlich ausgeschlossen. Für meine Beiträge im Jahrbuch (von Matschoß, U. T.) erhalte ich jew. 400 M. für den Bogen.«[58] Feldhaus bietet Horwitz im gleichen Jahr ein Zeilenhonorar von 10 Pfennig an, das heißt im Schnitt etwa 5 Mark pro Seite.[59] Dabei ist allerdings zu berücksichtigen, dass die »Geschichtsblätter« im Halbformat (ca. DIN A 5) erschienen sind. Für die Publikationen in den Jahren 1920 und 1921 dürfte das Gesamthonorar jeweils 900-1000 Mark und in den Folgejahren, in denen Horwitz lediglich zwei oder drei Aufsätze unterbringen konnte, nur einige hundert Mark betragen haben. In den Jahren 1924/25 sah er sich daher wohl auch gezwungen, einige populär gehaltene, kulturgeschichtliche Artikel für die Unterhaltungszeitschrift »Moderne Welt« zu schreiben, drei davon unter dem Pseudonym Dr. A. Witt.[60]

Angesichts dieser geringen Einnahmen fragt man sich natürlich, warum Horwitz nur Aufsätze geschrieben und nach seiner Dissertation keine weitere Monographie vorgelegt hat? Entscheidend dafür war wohl die schwierige wirtschaftliche Situation während der Kriegs- und Nachkriegsjahre, die auch das Buchgewerbe stark in Mitleidenschaft gezogen hatte. Bereits vor dem Abschluss seiner Dissertation waren der Wissenschaftshistoriker und Direktor der Volksbildungseinrichtung »Urania« in Wien, Franz Strunz (1875-1953), und Klinckowstroem an ihn herangetreten, in der von ihnen herausgegebenen Reihe »Klassiker der Naturwissenschaft und Technik« den ersten Band zu den Anfängen der Technik zu übernehmen, was durch den Krieg zunächst aufgeschoben wurde.[61] Ende 1921 schrieb Horwitz an Klinckowstroem: » Dass Sie doch bei Diederichs (Eugen Diederichs Verlag in Jena, U. T.) die Fortsetzung der Klassiker erreicht haben ist sehr schön. ... Ich hoffe, dass wir damit wieder einen Sprung vorwärts für unsere Wissenschaft erreichen. Von der primitiven Technik ist noch nicht ein Wort des Manuskriptes geschrieben. (Ich beginne prinzipiell erst damit nach Abschluss des endgültigen Vertrages). Trotzdem könnte ich das druckfertige Manuskript in einem halben bis ¾ Jahr liefern.«[62] Horwitz hatte allerdings recht mit seinem Zögern; denn auch dieser erneute Anlauf kam wegen der Inflation nicht zustande. Gleiches galt für weitere Buchprojekte. Seinem späteren Habilitationsgesuch, von dem noch die Rede sein wird, hatte Horwitz in einer Anlage Abschriften von Briefauszügen renommierter Wissenschaftler beigefügt, die ihn 1921 bzw. 1926 zur Mitarbeit an geplanten Buchreihen zur Geschichte Chinas und für Bände zur europäischen bzw. außereuropäischen Technik gewinnen wollten.[63]

Nach dem Erscheinen des 11. Jahrgangs (1927) mussten die »Geschichtsblätter« aus wirtschaftlichen Gründen endgültig ihr Erscheinen einstellen. Damit verlor Horwitz, der nochmals sieben Artikel und Rezensionen beigesteuert hatte, seine neben dem Jahrbuch von Matschoß wichtigste Publikationsmöglichkeit und eine Einnahmequelle. Allerdings bot sich schon im Jahr darauf mit der vom Verband deutscher Diplomingenieure (VDDI) herausgegebenen Zeitschrift »Technik und Kultur« eine neue Möglichkeit. Ursprünglich seit 1910 unter dem Titel »Zeitschrift des Verbandes Deutscher Diplom-Ingenieure« als standespolitisches Organ – in Konkurrenz zum VDI und anderen bereits bestehenden Organisationen – gegründet, erschien sie ab 1922 unter dem Titel »Technik und Kultur«, letztlich auch hier mit dem standespolitischen Hintergrund, die Leistungen der Ingenieure als Kulturfaktor herauszustellen. Unter der Schriftleitung des Patentanwaltes und seit 1919 Honorarprofessors für »Geschichte und Kultur der Technik« an der TH Darmstadt, Carl Weihe (1872-1954), der die Zeitschrift von 1922 bis 1928 prägte, »konnten nicht nur Verbandsfunktionäre ihre Interessen- und Standespolitik betreiben, sondern beispielsweise auch Technikphilosophen, Technikhistoriker, Soziologen, Ökonomen und sonstige Repräsentanten der zeitgenössischen kulturellen bzw. wissenschaftlichen Intelligenzija sich als Diskutanten und Ideenlieferanten betätigen.« [64] Das politische Spektrum der Autoren reichte dabei von neoliberal über liberalkonservativ bis völkisch-national. Horwitz, mit Weihe schon seit 1923 bekannt und politisch nach Auffassung seines Sohnes wohl eher liberalkonservativ gesinnt, konnte hier, bevor die Zeitschrift unter Weihes Nachfolger schrittweise schon vor der »Gleichschaltung« ins nationalsozialistische Fahrwasser geriet, zwischen 1928 und 1933 insgesamt sieben Artikel veröffentlichen.[65]

Hier bot sich Horwitz nun endlich die Gelegenheit, seine schon in verschiedenen Aufsätzen angerissenen methodologischen Überlegungen zur Entwicklung einer künftigen Technikgeschichtsschreibung sowie die Entwicklung von Technik ausführlich darzulegen, für die nach seiner Auffassung Matschoß und Feldhaus nur wenig Verständnis hatten.[66] Die beiden in

diesen Band aufgenommenen Artikel über »Das Relais-Prinzip« und »Forschungsgang und Unterrichtslehre der Geschichte der Technik (Methodologie der Technohistorie)« ziehen die Summe aus seinen langjährigen Forschungen zu diesen beiden Themenkreisen. Bei dem zweiten Artikel handelt es sich um den ersten ausführlichen methodologischen Ansatz in der deutschen Technikgeschichtsschreibung.[67] Es ist der Versuch, wie Horwitz in einer Fußnote zum Untertitel seines Beitrages betont, »die Methodenlehren der allgemeinen Geschichte auf die Technohistorie zu übertragen.«[68] Er, der Ingenieur, stützte sich dabei auf die Ausführungen des Historikers Bernheim, wobei er auch manches missverstand, was aber seinen grundsätzlich richtigen Ansatz nicht entscheidend mindert.[69] Allerdings ging auch Horwitz damals noch von der festen Überzeugung aus, dass technikgeschichtliche Forschung nur von Ingenieuren geleistet werden könne.
Sein 1931 veröffentlichter Aufsatz »Über Quellenanführung und Quellenkritik in der Geschichte der Technik« wandte sich daher in erster Linie an Techniker, die sich nur gelegentlich mit technikhistorischen Fragen beschäftigten und nicht mit den historischen Arbeitsweisen vertraut waren, gedacht als eine Art Handreichung für ihre künftigen Forschungen.[70] Begonnen hatte Horwitz mit diesem Artikel, wie er an Klinckowstroem schrieb, schon Anfang des Jahres 1928 und setzte hinzu: »Das wird ohne dass ich Matschoß nenne, wohl doch auch eine Kritik der Arbeiten seines Kreises werden.«[71]

Neben der Veröffentlichung von Aufsätzen hatte sich Horwitz schon frühzeitig um die Rezension von Büchern bemüht, konnte er doch auf diese Weise ohne Kostenbelastung seine eigene Bibliothek um ihm wichtig erscheinende Büchern erweitern. Von den insgesamt bisher erfassten rund 80 Besprechungen, darunter mehrere Sammelrezensionen, u. a. auch von Jahrgängen der Feldhaus'schen »Geschichtsblätter« und der von Matschoß edierten »Beiträge«, finden sich allein 28 im

renommierten »Literarischen Zentralblatt«.[72] Von 1916 bis zur Einstellung des 1850 von dem Leipziger Germanisten Friedrich Zarncke gegründeten und nach dessen Tode von seinem Sohn Eduard Zarncke fortgeführten Periodikums im Jahre 1923 hatte er »das Referat für Geschichte der Technik…inne.«[73]
Ein Blick auf die von Horwitz im Lauf von zwei Jahrzehnten in verschiedenen Periodika rezensierten Bücher zeigt ein für einen Technikhistoriker jener Zeit ungewöhnlich weit gespanntes Interessenspektrum auf. Neben Überblicksdarstellungen zur Technikgeschichte sowie zu einzelnen Epochen (von der Ur- und Frühgeschichte bis zur Industrialisierung) und einzelnen Zweigen der Technik finden sich – vor allem bis 1919 – Biographien bedeutender Techniker und Unternehmer, aber auch Titel zur Technikphilosophie, über Technik und Weltanschauung, Technik und Gesellschaft sowie zu Kunst und Technik und Technik in der Kunst. Hinzu kamen soziologische, wissenschafts- und naturwissenschaftsgeschichtliche Darstellungen und Untersuchungen zur Psychotechnik und Wirtschaftspsychologie.[74]
Die gleiche Sorgfalt wie den wissenschaftlichen Aufsätzen widmete Horwitz, wenn man ihm dafür Platz ließ, auch der von ihm besprochenen Literatur. Hier finden sich dann einleitend Bemerkungen über forschungsmethodische Probleme, wobei er immer wieder auf die Rückständigkeit und Zerstrittenheit der Technikhistoriker hinweist. Exemplarisch sei hier etwas näher auf eine Rezension des 1931 erschienenen Buches von Feldhaus über die Geschichte der Technik in Antike und Mittelalter, die einen auf Grund seines Wissens im Urteil sehr selbstsicheren Horwitz zeigt.[75] Sie beginnt mit einem Satz voller Resignation über den Stand der Technikgeschichtsforschung zu Beginn der dreißiger Jahre: »Über der Geschichte der Technik schwebt ein eigenes böses Verhängnis: Es ist, als sollte sich ihre wahre Geburt, ihre Verdichtung und Vertiefung zu einer den übrigen historischen Disziplinen gleichwertigen Wissenschaft nur unter den größten Anstrengungen und mit

äußerster Langsamkeit vollziehen. Ist es nicht merkwürdig, dass es ihr trotz der nun bereits durch Jahrzehnte fortgesetzten Bemühungen einzelner Forscher und verschiedener Vereinigungen und trotz des Bestehens einer größeren Anzahl von technischen Museen nicht gelungen ist, tiefere Anteilnahme bei den allgemein Gebildeten zu erregen.«[76] Die Schuld liege letztlich bei den Technikern selbst, die »nur auf die Gegenwart eingestellt sind, und für die schon zwei- bis dreihundert Jahre zurück die graue Vorzeit beginnt.«[77] Mit dem Hinweis, dass die Technik als ein Teil der Kulturgeschichte zu betrachten sei und dabei alle Länder und Zeiten in vergleichender Weise zu untersuchen seien, geht er dann näher auf das Werk von Feldhaus ein, der erstmalig den Versuch unternommen habe »eine Geschichte der Technik von den ältesten Zeiten bis zum Ende der Renaissance zu schreiben: unzulänglich und unvollständig, manchmal auch danebengreifend und häufig vielleicht nicht so klar und durchsichtig im Aufbau, wie man es wünschen würde.« Nach dieser doch recht harschen Äußerung, die man vielleicht auch als Befreiungsschlag von Horwitz deuten könnte, nachdem er sich lange Jahre der geschäftlichen Beziehungen wegen mit öffentlicher Kritik zurück gehalten hatte, fährt er dann versöhnlicher fort: »Aber es ist das erste Wagnis dieser Art, ist ein Versuch, auf halbwegs gesicherter historischer Grundlage; Geschehen, Geschichte und geschichtliche Zusammenhänge zeigen sich deutlich, wo früher nur Nebel war.«[78] Dennoch weist er Feldhaus zahlreiche Fehler nach, vor allem was die Interpretation von Abbildungen mit technischen Inhalten betrifft. Hier zeige sich, »wie wenig Feldhaus aus den auf uns gekommenen bildlichen Darstellungen herauszulesen vermag.«[79]

Der (zu) späte Habilitationsversuch

Am 12. Januar 1932, wenige Wochen vor seinem 50. Geburtstag, reichte Horwitz beim Rektorat der Technischen Hochschule in Wien ein Gesuch »um Zulassung als Privatdozent für das Fach der Geschichte der Technik«[80] ein und legte als Habilitationsschrift seine Abhandlung »Über das Gesetz vom Gebrauchswechsel und die Entwicklungsprinzipien bei einfachen technischen Gebilden« vor.[81] Dem Gesuch beigefügt waren außerdem die Promotionsurkunde, die Dissertation, ein ausführlicher Lebenslauf (Curriculum vitae), Anerkennungsschreiben von Wissenschaftlern sowie drei Bände »Klebehefte« mit seinen bis dahin publizierten Artikeln. Dem vom Professorenkollegium am 27. Januar mit der Angelegenheit betrauten Ausschuss gehörten fünf Hochschullehrer an, darunter auch als einziger Nichttechniker Franz Strunz (1875-1953), Direktor der Wiener »Urania« und Paracelsusforscher, seit 1920 auch a. o. Prof. für Geschichte der Naturwissenschaften an der TH.[82] Mit ihm war Horwitz, wie bereits erwähnt, schon seit langem bekannt, so dass dieser ihn wahrscheinlich zum Habilitationsgesuch ermutigt oder ihm zumindest nicht abgeraten hat.
Mitte Juni lag ein Gutachtenentwurf vor, der sich mit den wichtigsten Thesen der eingereichten Arbeit befasste. Auf Ablehnung der Kommissionsmitglieder, mehrheitlich Techniker, stieß vor allem die von Horwitz postulierte unterschiedliche Definition des Gesetzesbegriffes in den Naturwissenschaften und den historischen Disziplinen und seiner Folgerung, dass bei der Technikgeschichte als historischer Wissenschaft letzterer Anwendung zu finden habe. Wohl entscheidend für die Ablehnung des Habilitationsgesuches waren jedoch folgende Gesichtspunkte: Die Arbeit behandle »fast nur primitive Zeiten und enthält nur ganz wenige und kaum bedeutungsvolle Hinweise auf Späteres. Gewisse Hinweise auf andere Gebiete wird wohl fast jede Arbeit enthalten. Man darf aber

wohl sagen, dass es sich hier um eine Arbeit – hauptsächlich, wenn nicht ausschliesslich – urgeschichtlicher Richtung handelt…« Auch die anderen zur Habilitationsschrift eingereichten Aufsätze gälten, wie der Ausschuss feststellte, vorwiegend speziellen Aspekten der antiken Hochkulturen, der frühen chinesischen Technik sowie des europäischen Mittelalters und der Frühen Neuzeit. Aber das, was für den »heutigen Techniker als lebendige Geschichte seiner Tätigkeit« von Interesse wäre, werde nur selten oder wenig berührt. Gemeint ist damit vor allem wohl die Geschichte der Technik im Industriezeitalter, der sich Horwitz, abgesehen von seiner Doktorarbeit, in der Tat nur in wenigen Aufsätzen zugewandt hatte. In diesem Zusammenhang wies der Ausschuss auch darauf hin, dass man von einem bereits Fünfzigjährigen kaum mehr »eine wesentliche Änderung oder Erweiterung seiner Betätigung« erwarten könne.

Das Gutachten mit dem Vorschlag zur Ablehnung des Habilitationsantrages wurde am 6. Juli 1932 vom Professorenkollegium als Beschluss übernommen. Bereits drei Tage später, am 9. Juli 1932 informierte das Rektorat Horwitz darüber, dass die eingereichte Untersuchung von der Kommission mit folgender Begründung als »nicht geeignet« befunden wurde: »Ihre Habilitationsschrift beschäftigt sich vorherrschend mit urgeschichtlichen Problemen, dagegen mit den Gebieten, die für die ‚Geschichte der Technik' als Lehrgegenstand einer Technischen Hochschule hauptsächlich in Betracht kommen, nicht in dem Masse, wie dies für den Nachweis der besonderen Eignung gerade auf diesem Habilitationsgebiete nötig wäre.«[83]

Dieses Ergebnis dürfte Horwitz zutiefst deprimiert haben, weil damit sein eigentliches wissenschaftliches Lebensziel, einmal an einer Hochschule der Technikgeschichte durch Forschung und Lehre die ihre nach seiner Auffassung gebührende Aufmerksamkeit zu verschaffen, endgültig gescheitert war. Die Ablehnung des Habilitationsgesuches durch den Prüfungsausschuss war, auch nach heutigen Maßstäben, durchaus korrekt und begründet. Bewertet wurde ausschließlich der als Habilitationsschrift eingereichte Aufsatz unter dem Aspekt der angestrebten venia legendi für »Geschichte der Technik«. Warum hat sich Horwitz, so muss man angesichts dieses Ergebnisses fragen, erst so spät und offenbar sehr kurzfristig zu dem Habilitationsversuch entschlossen und beispielsweise nicht schon zehn Jahre früher? Hätte er nicht selbst wissen können, dass ein eben publizierter, relativ kurzer Artikel, zudem thematisch am Rande allgemeiner technikgeschichtlicher Überblicke liegend, wie man sie für das Studium Generale von angehenden Ingenieuren erwartete, auf Ablehnung stoßen würde? Offensichtlich hat Horwitz keinen zweiten Habilitationsversuch mehr unternommen. Dafür hätte er eine neue Abhandlung einreichen müssen. Das Material dafür stand ihm eigentlich inzwischen zu Hause zur Verfügung. Seine Kartothek enthielt mittlerweile ca. 10 000 Daten »zur Geschichte der primitiven und der aussereuropäischen Technik« sowie ein Materialsammlung von fast 2200 in Heften zusammengefassten Seiten zur Technikgeschichte der mittelmeerischen Hochkulturen und des europäischen Mittelalters.[84] Auf dieser Materialgrundlage bot Horwitz 1934 einem Verlag in Wien an, eine zweibändige »Entwicklungsgeschichte der materiellen Kultur [...] von der Urzeit bis zum Ende des Mittelalters« zu liefern.[85] Auch dieses Vorhaben ist, wie diejenigen der frühen zwanziger Jahre, nicht mehr zustande gekommen.

Die letzten Jahre (1933 – 1941)

Mit dem Erstarken des Nationalsozialismus und dem damit einhergehenden Antisemitismus in den letzten Jahren der Weimarer Republik sowie der bald nach der Machtübernahme 1933 begonnenen sukzessiven »Gleichschaltung« aller

Organisationen, einschließlich der Vereine und der Medien, verlor Horwitz in Deutschland bald seine Publikationsmöglichkeiten und damit einen wesentlichen Teil seiner Einkünfte. Hatten die Feldhausschen »Geschichtsblätter« 1927 ihr Erscheinen wegen wirtschaftlicher Schwierigkeiten einstellen müssen, so beendete der Wechsel in der Herausgeberschaft der Zeitschrift »Technik und Kultur«, die ab 1930 von einem überzeugten Nationalsozialisten übernommen wurde, die bis dahin gedeihliche Zusammenarbeit.[86] Auch die Mitwirkung an den»Beiträgen« fand mit einem Aufsatz »Über urtümliche Seil-, Ketten- und Seilbahnbrücken« 1934 ihr Ende. Bis zu diesem Zeitpunkt hatte Horwitz, nach Matschoß, die meisten Aufsätze, Kurzbeiträge und Buchbesprechungen zu diesem Jahrbuch beigesteuert! Der letzte Beitrag von Horwitz in einer (reichs-)deutschen Zeitschrift vor dem »Anschluss« Österreichs erschien 1935 und befasste sich mit dem Transport von Steinkolossen im alten Ägypten und Mesopotamien.[87] In diesem umfangreichen und mit zahlreichen Abbildungen versehenen Beitrag beweist Hortwitz nochmals seine auf technischem Sachverstand und genauer Beobachtung beruhende Fähigkeit zur Interpretation historischer Quellen, in diesem Falle Reliefs sowie deren fehlerhafte Umzeichnungen durch Ägyptologen.

Für die Veröffentlichung von Artikeln in deutscher Sprache blieben Horwitz nun nur seine Heimat Österreich, für kurze Zeit noch die Tschechoslowakei und die Schweiz. Es war für ihn ein Glücksfall, dass er ab 1933 in der bereits seit 1906 von Steyler Missionaren in St. Gabriel bei Wien herausgegebenen kulturanthropologischen Zeitschrift »Anthropos« etliche Artikel unterbringen konnte.[88] Auch heute noch vorbildlich ist vor allem die 1933 verfasste umfangreiche Untersuchung über »Die Drehbewegung in ihrer Bedeutung für die Entwicklung der materiellen Kultur«, zweifellos einer der Höhepunkte seiner technikhistorischen Forschungen, der die Ergebnisse und Überlegungen der bereits 1920 zu diesem Thema veröffentlichten und in diesem Bande wieder abgedruckten Studie deutlich

erweiterte und ergänzte. Grundlage seiner Analyse bilden wissenschaftliche Veröffentlichungen aus den Gebieten der Ur- und Frühgeschichte, der Archäologie und der Völkerkunde, weniger eigene Quellstudien oder Untersuchungen an materiellen Objekten. Die eigentliche Leistung von Horwitz liegt vor allem darin, weit verstreute und zum Teil bruchstückhafte empirische Befunde und wissenschaftliche Erkenntnisse und Theorien unter einer systematischen Fragestellung zusammengetragen, sie aufgrund seiner naturwissenschaftlich-technischen Kenntnisse kritisch reflektiert und zu einer geschlossenen, weitgehend plausiblen Theorie von der Entwicklung der Drehbewegung geformt zu haben.[89] Der bekannte britische Anthropologe Arthur Maurice Hocart (1883-1939) nennt diesen Beitrag in einer Besprechung, »an important contribution to the evolution of the wheel and other rotating machines.«[90]
Vermutlich in den Jahren 1938/39 arbeitete Horwitz an zwei Aufsätzen zur Geschichte des Spinnens und des Webens, die schließlich 1941 in der Schweizer »Ciba-Rundschau« erschienen. Nach Erinnerung seines Sohnes soll sein Vater dafür ein unerwartet gutes Honorar erhalten haben, das bei der prekären wirtschaftlichen Situation der Familie höchst willkommen war; denn schon seit einiger Zeit war man auch auf gelegentliche Zuwendungen von im Ausland lebenden Verwandten angewiesen.[91]
»Through careful management of resources the little family had a measure of happiness up to March 1938 when this world, as they knew it, collapsed.«
Mit dem Einmarsch der Deutschen Wehrmacht am 12. März 1938 in Österreich und dem am folgenden Tage von Hitler auf dem Heldenplatz in Wien erklärten Anschluss an das Deutsche Reich waren alle Juden den rasch zunehmenden Repressalien der Nationalsozialisten und ihren Helfern ausgesetzt. Am 2. März 1939 musste zunächst die Wohnung in der Schönburgstraße aufgegeben werden.[92] Bereits 1938 hatte die Familie Horwitz über in New York lebende Verwandte

Möglichkeiten zur Einwanderung in die USA erkundet. Aber nur Mutter und Sohn hätten eine Einreiseerlaubnis erhalten. Am 28. April 1939 nutzte Sohn Anselm, der in einem Wiener Vorort die letzte Klasse des dortigen Staatsrealgymnasiums besuchte, die ihm gebotene Möglichkeit zur Auswanderung nach Irland, wo er sich als eben achtzehnjähriger junger Mann ohne Schulabschluss und berufliche Ausbildung auf eigene Füße stellen musste.[93] Auch die Eltern hätten nach der Erinnerung des Sohnes in dieser Zeit noch nach Brasilien auswandern können, fassten aber aus nicht näher bekannten Gründen gemeinsam den Entschluss, in Wien zu bleiben. Bis 1. Juli wohnte das Ehepaar Horwitz dann in der Praterstrasse, Wien 3, und anschließend bis Mitte Januar 1941 in der Reisnerstrasse 38, Wien 3. Da es Juden nun nicht mehr erlaubt war, öffentliche Einrichtungen wie z. B. Bibliotheken oder Museen zu besuchen, war Horwitz die Möglichkeit zu wissenschaftlicher Forschung genommen. Hinzu kamen bei ihm gesundheitliche Probleme. Neben den chronischen Herz- und Gehbeschwerden litt er zeitlebens an einer starken Augenschwäche, so dass er sich im Frühjahr 1940 einer Staroperation unterziehen musste, die, wie die Mutter in einem ihrer letzten Briefe schrieb, die den Sohn in Irland noch erreichten, erfolgreich verlaufen war.

Der letzte erzwungene Wohnungswechsel von Hugo und Marianne Horwitz erfolgte Mitte Januar in die Ungargasse 15, Wien 3. Von hier wurden sie zusammen mit annähernd 1000 anderen Menschen jüdischer Herkunft am 28. November 1941 nach Minsk im besetzten Weißrussland deportiert und in das dortige Ghetto eingewiesen.[94] Es handelte sich um den letzten von sieben Transporten aus dem Deutschen Reich. »Viele, vor allem die älteren, starben in den folgenden Monaten an Unterernährung, schlechter medizinischer Versorgung, mangelhaften medizinischen Bedingungen und an Schock. In der Zeit vom 28. bis 30. Juli 1942 wurden etwa 3500 dieser Menschen aus Berlin, Bremen und Brünn und ein Teil der Düsseldorfer Juden in Minsk zusammen mit etwa 6500 russischen Juden erschossen.

Spätestens mit dieser ‚Aktion' endete das Leben der Eheleute Horwitz in oder bei Minsk.«[95] Die Schwester Else Horwitz, schon länger in einer psychiatrischen Anstalt untergebracht, war bereits am 6. März 1941 als »Pflegling« der Station am Steinhof in eine nicht genannte Anstalt überführt und dort wahrscheinlich im Zuge der Euthanasieaktionen umgebracht worden.[96] Und selbst die dreiundachtzigjährige Mutter Eugenie Horwitz entging nicht dem Holocaust, ihr Leben endete in Auschwitz.[97]

Gemessen an der relativ geringen Anzahl von Abhandlungen bleibt es außergewöhnlich, was Hugo Th. Horwitz, im Vergleich mit Matschoß, Weihe oder Feldhaus, an wichtigen Ergebnissen und vor allem originellen theoretische Ansätzen für das Fach Technikgeschichte hinterlassen hat. Er war ein Grenzgänger und gleichzeitig ein Brückenbauer zwischen den Wissenschaften wie auch der von Matschoß und Feldhaus polarisierten Technikgeschichte. Im Geflecht der damals auf ihre jeweilige Fachkompetenz pochenden kulturgeschichtlichen Disziplinen und ihrer akademischen Vertreter fand er aber letztlich keine feste Heimat und die ihm eigentlich zustehende Anerkennung für seine weit über die damalige Zeit hinaus weisenden innovatorischen Ideen. Vorbehalte gegen seine jüdische Herkunft sowie die fehlende institutionelle Einbindung des »Privatgelehrten« Horwitz dürften weitere Gründe gewesen sein. Ein nobles zeitgenössisches Urteil über den Wissenschaftler Horwitz, das ihn treffend charakterisiert, sei zum Abschluss zitiert. Es stammt bemerkenswerter Weise von Feldhaus. In einem Brief an Klinckowstroem hatte er bereits im Jahre 1920 geschrieben: »Du weißt, dass ich Horwitz stets als einen der wenigen kritischen und innerhalb der verschiedenen historischen Schulen unparteiisch sehenden Fachmann geschätzt habe.«[98]

Anmerkungen

1 Vgl. Ulrich Troitzsch, Hugo Theodor Horwitz – ein fast vergessener Theoretiker der Technikgeschichte, in: Technikgeschichte 50 (1983), S. 337-358.

2 Technisches Museum Wien (TMW), Archiv: Nachlass Hugo Th. Horwitz.

3 Universitätsarchiv der Technischen Universität Wien, Habilitationsakte Horwitz, Hugo, RZ 691 – 1931/32. –
Als grundlegend für die Rekonstruktion der Biographie erwies sich der in der Akte enthaltene achtseitige maschinenschriftliche Lebenslauf (»Curriculum vitae«).

4 Deutsches Museum, Archiv, Korrespondenz Horwitz- Klinckowstroem im Handschriftenbestand: HS 1972-6/1-19 (Mikrofilm) und Nachlass Carl Graf von Klinckowstroem, Korrespondenz Horwitz: NL 070/270-277. Insgesamt handelt es sich um rund 100 Briefe und Postkarten, darunter auch einige Briefe und Durchschriften von Franz Maria Feldhaus an Klinckowstroem sowie 2 Briefe an Horwitz.

5 Mein tief empfundener Dank gilt vor allem Anselm, der mir sein Vertrauen schenkte und in einer intensiven Korrespondenz per E-Mail sowie bei unserer persönlichen Begegnung im Oktober 2006 vorbehaltlos umfangreiche Auskünfte über sein Elternhaus sowie seinen eigenen Lebensweg gab. Aus der für seine Nachkommen aufgezeichneten Familiengeschichte hat er mir zudem Auszüge über E-Mail zugesandt.
Zu danken habe ich ferner für freundliche Unterstützung bei der Materialbeschaffung und weiterführende Hinweise den Herren Dr. Helmut Lackner und Dr. Christian Klösch sowie ihren Mitarbeiterinnen, Technisches Museum Wien, ferner Frau Dr. Juliane Mikoletzky, Universitätsarchiv der Technischen Hochschule Wien; Dr. Wilhelm Füßl und Frau Dr. Eva A. Mayring, Archiv des Deutsches Museums München, sowie Herrn Alfred Gottwaldt vom Deutschen Technikmuseum Berlin.

6 Eintrag in der Geburtsmatrikel (Nr. 2510/1882) der Israelitischen Kultusgemeinde in Wien.

7 Vgl. Vierundzwanzigster Jahresbericht der K. k. zweiten Staatsrealschule im II. Gemeindebezirk in Wien, veröffentlicht am Schlusse des Schuljahres 1898/99, Wien 1899, S. 98.

8 Universitätsarchiv der TU Wien, Hauptkataloge der Studienjahre 1899/1900-1904/1905.

9 Vgl. Technische Universität Berlin, Immatrikulationsbüro: Immatrikulationsbuch, Band 5: Studierende 1899-1904, S. 193.

10 Universitätsarchiv der TU Wien, Prüfungsprotokoll II. Staatsprüfung Maschinenbauschule, Z. 108 vom 27. Juni 1905.

11 Universitätsarchiv der TU Wien, Immatrikulationsbüro (wie Anm. 9), S. 193.

12 Universitätsarchiv der TU Wien, Habilitationsakte (wie Anm. 3): Curriculum vitae, Bl. 1.

13 Hugo Horwitz, Die Zukunft des Automobilverkehrs, in: Der Motorwagen 10 (1907), S. 364-366.

14 Leider konnte der Verfasser dieses Manuskript, das sich im TMW befindet, bisher nicht einsehen. Da die hinterlassenen Manuskripte meist nicht datiert sind, sind Aussagen über den Zeitpunkt ihrer Entstehung häufig nicht möglich.

15 Universitätsarchiv der TU Wien, Habilitationsakte (wie Anm.3): Curriculum vitae, Bl.1f.

16 Vgl. Kurt Mauel, Technikgeschichte in ingenieurwissenschaftlichen Werken des 19. Jahrhunderts, in: Technikgeschichte 50 (1983), S. 289-305; Torsten Meyer/Sven Tetzlaff, Zur Geschichte der deutschen Technikhistoriographie bis 1945. Eine Problemskizze, in: Günter Bayerl/Jürgen Beckmann (Hg.), Johann Beckmann (1739-1811). Beiträge zu Leben, Werk und Wirkung des Begründers der Allgemeinen Technologie, Münster u. a. 1999, S. 275-286.

17 Vgl. Wolfgang König, 100 Jahre Dr.-Ing. Ein »Ritterschlag der Wissenschaft.« Das Promotionsrecht der Technischen Hochschulen und der VDI Verein Deutscher Ingenieure. Festschrift des VDI zum 100-jährigen Jubiläum der Verleihung des Promotionsrechtes durch den preußischen König Wilhelm II im Jahre 1899, Düsseldorf 1999.

18 Vgl. z. B.: Das Buch der Erfindungen, Gewerbe und Industrien, 10 Bde., Neunte, durchaus neu gestaltete Auflage, Leipzig 1896-1901.

19 Zu Matschoß vgl. Wolfgang König, Programmatik, Theorie und Methodologie der Technikgeschichte bei Conrad Matschoß, in: Technikgeschichte 50 (1983), S. 306-336.

20 Ab Jg. .22 (1933) – Jg. 30 (1941) unter dem Titel: Technikgeschichte, nach kriegsbedingter Einstellung ab 1965 unter gleichem Titel als Vierteljahresschrift fortgeführt.

21 Vgl. Hans Ebert, Geschichte in praktischer Absicht. Zur Geschichtswissenschaft an Technischen Hochschulen unter besonderer Berücksichtigung der Technischen Universität Berlin, in: Technikgeschichte 47 (1980), S. 138f. und Wolfgang König, Programmatik (wie Anm. 19), S. 309.

22 Ein Studienabschluss ist nicht nachgewiesen. Zu Feldhaus sind in letzter Zeit drei Aufsätze erschienen, die sich allerdings kaum inhaltlich mit den schließlich 35 Büchern und mehr als 3500 Artikeln befassen, sondern vorwiegend mit seiner schillernden Persönlichkeit sowie den Ordnungsprinzipien seiner in den Karteien gespeicherten Materialsammlung zur Technikgeschichte: Vgl. Erhard Lessing, Franz Maria Feldhaus. Kann man von Technikgeschichte leben?, in: Peter Blum (Hg.), Pioniere aus Technik und Wirtschaft in Heidelberg, Aachen 2000, S. 81-93.; Marcus Popplow, Franz Maria Feldhaus – Die Weltgeschichte der Technik auf Karteikarten, in Kaleidoskopien Heft 4 (2002): cut and paste um 1900. Der Zeitungsausschnitt in den Wissenschaften, S. 100-114; Markus Krajewski, Der Privatregistrator. Franz Maria Feldhaus und seine Geschichte der Technik, in: Sven Spieker (Hg.), Bürokratische Leidenschaften. Kultur- und Mediengeschichte im Archiv, Berlin 2000, S. 295-318 und 371-374.

23 Im Jahre 1915 umfasste die Kartothek ca. 40 000 Sach- und 21000 Personenkarten. Bis 1927 hatte sich allein die Zahl der Sachkarten verdoppelt. Vgl. Hugo Theodor Horwitz, Geschichte der Technik, in: Deutsche Geschichtsblätter. Monatsschrift für Erforschung deutscher Vergangenheit auf landesgeschichtlicher Grundlage 16 (1915), S. 198 sowie F. M. Feldhaus, Die Sammlungen Feldhaus und ihr neues Heim, in: Geschichtsblätter für Technik, Industrie und Gewerbe 11(1927), S. 8.

24 Vgl. Ulrich Troitzsch, Hugo Theodor Horwitz (wie Anm. 1), S.339.

25 Universitätsarchiv der TU Wien: Habilitationsakte (wie Anm. 3): Curriculum vitae, Bl. 2.

26 Markus Krajewski, Der Privatregistrator (wie Anm. 22), S. 300.

27 Vgl. Wolfgang König, Männer machen Technikgeschichte. Die »Matschoß – Feldhaus – Kontroverse« als Exempel früher Technikgeschichte zwischen Wissenschaft, Kommerz und Rivalität, in: Conrad Matschoss, Männer der Technik. Biographisches Handbuch, Berlin 1925, Einführung zur Reprintausgabe, Düsseldorf 1985, S. V-XIV. Vgl. auch Hans-Erhard Lessing, Franz Maria Feldhaus (wie Anm. 22), S. 86-88.

28 Dass Horwitz bis 1934 für das Jahrbuch des VDI nach Matschoß selbst die meisten Artikel beigesteuert hat, kann als Beleg gelten, dass dieser seinem ehemaligen Schüler die enge Verbindung mit seinem Gegenspieler Feldhaus wohl nicht nachgetragen hat, weil er die Qualität seiner Arbeiten schätzte.

29 Vgl. Franz Maria Feldhaus, Die Technik der Antike und des Mittelalters, Potsdam 1931, S. 70.

30 Universitätsarchiv der TU Wien, Habilitationsakte (wie Anm. 3): Curriculum vitae, Bl. 2.

31 Franz Maria Feldhaus, Die Technik der Vorzeit, der geschichtlichen Zeit und der Naturvölker, Leipzig und Berlin 1914, Sp. 758-761. – Dass Horwitz schon damals im Gegensatz zu Feldhaus den Schlussfolgerungen von Kapp kritisch gegenüberstand und sich deshalb jeglicher Bewertung enthielt, hat er später nochmals ausdrücklich bestätigt. Vgl. Hugo Th. Horwitz, Organprojektion, in diesem Band S. 194-199.

32 Zitiert nach dem Vorabdruck der Dissertation, in: Geschichtsblätter für Technik, Industrie und Gewerbe 1(1914), S. 45.

33 Vgl. Universitätsarchiv der TU Wien: K. k. Technische Hochschule Wien, Hauptkataloge wie Anm. 8). In Bd. 1 (1900/1901) findet sich bei Horwitz (Matr. Nr. 662) unter der Rubrik »Militär-Dienstpflicht« der Vermerk »Erbracht«.

34 Klinckowstroem übernahm die Schriftleitung der »Geschichtsblätter« und beteiligte sich 1919 mit 120 000 Reichsmark an der GmbH von Feldhaus, die, wie auch sein sonstiges Vermögen, durch die Inflation ver-

loren gingen. Ab 1934 wurde er Leiter der Abteilung Geschichte der Arbeit bei der Deutschen Arbeitsfront (DAF), die 1935 in das Hauptarchiv der NSDAP eingegliedert wurde. Er veröffentlichte seine technikgeschichtlichen Beiträge in den von der Partei kontrollierten Zeitschriften »Technik und Kultur« sowie »Deutsche Technik«. Nach dem Zweiten Weltkrieg veröffentlichte er eine mehrfach aufgelegte populäre Geschichte der Technik. Vgl. dazu Volker Husberg, Technikgeschichte als Kulturgeschichte: Carl Graf von Klinckowstroem, in: Burkhard Dietz/Michael Fessner/Helmut Maier (Hg.), Technische Intelligenz und »Kulturfaktor Technik«. Kulturvorstellungen von Technikern und Ingenieuren zwischen Kaiserreich und früher Bundesrepublik Deutschland, Münster u. a. 1996, S. 133-154.

35 Es erschienen insgesamt die Bände 1 (1914; Juli-Dez.) – 10 (1923) und nach einer mehrjährigen Unterbrechung Bd. 11 (1927). Fast analog gab es in den Jahren 1923-1926 offenbar auch keine Korrespondenz zwischen Horwitz und Klinckowstroem.

36 Die von Horwitz aufbewahrten Besprechungen der 1916 erschienenen Dissertation waren in der Tendenz alle positiv. Vgl. TMW, Archiv, Nachlass Horwitz, Mappe 65: »Besprechung eigener Arbeiten«.

37 In den im Deutschen Museum aufbewahrten Briefen und Karten an Klinckowstroem kam Horwitz auf diese Auseinandersetzung immer wieder, zuletzt noch 1920, zu sprechen.

38 Vgl. Universitätsarchiv der TU Wien, Habilitationsakte (wie Anm. 3): Curriculum vitae, Bl.3. – Kurzberichte über die Vorträge in: Zeitschrift des österreichischen Ingenieur- und Architekten-Vereins 67 (1915), S. 62 und 591.

39 Universitätsarchiv der TU Wien, Habilitationsakte (wie Anm. 3): Curriculum vitae, Bl. 4.

40 In: Zeitschrift für historische Waffen- und Kostümkunde 7 (1915-1917), S. 155-183.

41 Vgl. a. a. O., S. 164.

42 Vgl. Universitätsarchiv der TU Wien, Habilitationsakte (wie Anm. 3): Curriculum vitae, Bl. 3.

43 Archiv der TU Wien, Habilitationsakte (wie Anm. 3): Curriculum vitae, Bl. 4.

44 Nachfolgend stütze ich mich auf Schilderungen von Sohn Anselm (E-Mail vom 25.3. an den Verfasser)

45 Eine Arbeitsgemeinschaft spezieller Art, wie sie ihm allerdings gerade nicht vorschwebte, hatte Horwitz aber vermutlich auch vor Augen, nämlich Feldhaus und seine vie jeweiligen Ehefrauen. Feldhaus' Tochter, die Schriftstellerin Eva Zeller, schrieb dazu: »Alle seine Frauen hat er zu einen Mitarbeiterinnen gemacht, ihnen wie ein Regisseur ihre Rollen zugeteilt, und der Film heißt: ich und mein Werk« Aus: Eva Zeller, Solange ich denken kann. Roman einer Jugend, Stuttgart 1981, S. 406.

46 Universitätsarchiv der TU Wien, Habilitationsakte (wie Anm. 3): Curriculum vitae, Bl. 5.

47 Siehe in der Bibliographie am Ende des Bandes die Erscheinungsjahre 1920 und 1921.

48 Universitätsarchiv TU Wien, Habilitationsakte (wie Anm. 3): Curriculum vitae, Bl.4.

49 Deutsches Museum, Archiv (wie Anm. 4), HS 1972-6//1-19: Horwitz an Klinckowstroem, 7. 2. 15, S. 3.

50 Deutsches Museum, Archiv (wie Anm. 4), NL 070/275: Horwitz an Klinckowstroem, 18. 7. 20, S. 3. – Dass Klinckowstroem sich später als Mitarbeiter des NSDAP-Hauptarchivs in einem Artikel über die angeblichen Zusammenhänge von »Rasse und Kultur« auslassen würde, hat er nicht ahnen können. Vgl. Volker Husberg, Technikgeschichte (wie Anm. 34), S. 147.

51 Deutsches Museum, Archiv (wie Anm. 4), NL 070/275: Horwitz an Klinckowstroem, 18. 7. 20.

52 Deutsches Museum, Archiv, VA 0956/1: VDI an Deutsches Museum, 13. 10. 20. – Vgl. Ulrich Troitzsch, Hugo Theodor Horwitz (wie Anm. 1), S. 339.

53 Deutsches Museum , Archiv, VA 0956/1: Deutsches Museum an Matschoß, 21. 11. 20 (Entwurf).

54 Deutsches Museum, Archiv, VA 0142/2: Horwitz an das Deutsche Museum, 25. 8. 20. – Dieser Aufsatz ist aus unbekannten Gründen nicht erschienen. Allerdings könnte es sich bei dem im Nachlass Horwitz vorhandenen 32seitigen Typoskript (TMW, Nachlass

Horwitz, Mappe 10: Museum I + II) mit dem Titel »Technisch-geschichtliche Museen im Vergleich mit anderen Sammlungen« um diesen Beitrag handeln, der wegen seiner bemerkenswerten museumsdidaktischen Anregungen einer Analyse wert wäre.

55 Deutsches Museum, Archiv (wie Anm. 4), NL 070/ 276: Horwitz an Klinckowstroem, 21. 2. 21.

56 Deutsches Museum, Archiv, NL 070/276, Horwitz an Klinckowstroem, 10.12.21., S. 2.f.

57 Deutsches Museum, Archiv (wie Anm. 4), NL 070/: Horwitz an Klinckowstroem, 6. 7. 22.

58 Deutsches Museum, Archiv (wie Anm. 4), NL 070/276: Feldhaus an Klinckowstroem, 10.12. 21.

59 Deutsches Museum, Archiv, (wie Anm. 4): NL 070/274: Feldhaus an Klinckowstroem, 10.1. 20. – Auch im Jahre 1927 war dieser Honorarsatz noch der gleiche! Vgl. dazu Geschichtsblätter für Technik, Industrie und Gewerbe 11(1927), S. 162.

60 Die Beiträge befinden sich in den Klebeheften und weisen somit Horwitz als Autor aus.

61 Vgl. Geschichtsblätter für Technik, Gewerbe und Industrie 1 (1914), S. 17. Zum genauen Titel wird auf den Umschlag des Heftes verwiesen, der, wie üblich, beim Binden des Jahrganges leider entfernt wurde.

62 Deutsches Museum, Archiv, Nachlass Klinckowstroem (wie Anm. 4), NL 070/276: Brief Horwitz, 8. 11. 21.

63 Vgl. Universitätsarchiv der TU Wien, Habilitationsakte (wie Anm. 3): Empfehlungen, Bll. 1-3.

64 Burkhard Dietz, »Technik und Kultur« zwischen Kaiserreich und Nationalsozialismus. Über das sozio-kulturelle Profil der »Zeitschrift des Verbandes Deutscher Diplom-Ingenieure« (1910-1940), in: Burkhard Dietz/ Michael Fessner/ Helmut Maier (Hg.), Technische Intelligenz (wie Anm. 34), S. 106.

65 Vgl. Universitätsarchiv der TU Wien, Habilitationsakte (wie Anm.3): Anerkennungsschreiben, Bl. 2. – Weihe hatte um Artikel für »Technik und Kultur'« gebeten. Warum Horwitz das Angebot damals nicht wahrgenommen hat, wird im Lebenslauf nicht begründet.

66 In seinen Briefen an Klinckowstroem hat sich Horwitz wiederholt über

die Theoriefeindlichkeit von Feldhaus beklagt.

67 Vgl. dazu die Ausführungen von Ulrich Troitzsch, Hugo Theodor Horwitz (wie Anm. 1), S.342-345.

68 Hugo Theodor Horwitz, Forschungsgang und Unterrichtslehre der Geschichte der Technik (Methodologie der Technohistorie), in diesem Band S. 233-260.

69 Vgl. Ernst Bernheim, Einleitung in die Geschichtswissenschaft, Dritte und vierte, unbearbeitete Auflage, Berlin und Leipzig 1926.

70 Vgl. dazu auch Ulrich Troitzsch, Hugo Theodor Horwitz (wie Anm. 1), S. 346.

71 Deutsches Museum, Archiv (wie Anm.4), NL 070/277: Brief Horwitz an Klinckowstroem, 15.1.1928, S. 3.

72 Vgl. Thomas Lick, Friedrich Zarncke und das »Literarische Centralblatt für Deutschland«. Eine buchgeschichtliche Untersuchung, Wiesbaden 1993.

73 Universitätsarchiv der TU Wien, Habilitationsakte (wie Anm. 3): Curriculum vitae, Bl. 7f.

74 Vgl. die Liste der von Horwitz rezensierten Bücher am Ende der Bibliographie in diesem Band. – Im dem TMW übereigneten Nachlass von Horwitz befanden sich auch über 90 Buchtitel, darunter siebzehn Rezensionsexemplare.

75 Hugo Th. Horwitz, Besprechung von: Franz M. Feldhaus: Die Technik der Antike und des Mittelalters, Potsdam 1931, in: Zeitschrift für historische Waffen- und Kostümkunde, N. F., 4 (1932-1934), S. 171f.

76 A. a. O., S. 170.

77 Ebd.

78 Ebd. – Dieses Feststellung hat auch heute noch Bestand: »So gehört Feldhaus, was die Breite des berücksichtigten Materials angeht, unbestritten zu den Pionieren der mittelalterlichen Technikgeschichte.« Zitat aus: Marcus Popplow, Franz Maria Feldhaus (wie. Anm. 22), S. 113.

79 Hugo Th. Horwitz, Franz M. Feldhaus (wie Anm. 75), S. 171.

80 Archiv der TU Wien, Habilakte Horwitz, Hugo, RZ. 691-1931/32: 1.

81 Veröffentlicht in: Beiträge zur Geschichte der Technik und Industrie 21 (1931/32), S. 123-130.

82 Vgl. Nachruf auf A. o. Prof. i. R. Franz Strunz, in: Technische Hochschule in Wien. Bericht über die feierliche Inauguration der für das Studienjahr 1953/54 gewählten Rector Magnificus Dr. techn., Dr. rer. nat. h. c. Erwin Kruppa. O. Prof. für Darstellende Geometrie am 31. Oktober 1953, Verlag der TH, Wien 1962, S. 99-102.

83 Universitätsarchiv der TU Wien, Habilitationsakte (wie Anm. 3): Schreiben des Rektors der TU vom 9. 7. 1932 (Durchschrift).

84 Universitätsarchiv der TU Wien, Habilitationsakte (wie Anm. 3): Curriculum vitae, Bll. 2 und 5.

85 TMW, Archiv: Nachlass Horwitz, Mappe 18: Schreiben von Horwitz an den Verlag Anton Scholl & Co. vom 20. 10. 1934 sowie Kapitelübersicht und Binnengliederung.

86 Vgl. Burkhard Dietz, »Technik und Kultur« (wie Anm. 64), S. 121-127.

87 Hugo Th. Horwitz, Über den Transport von Steinkolossen im alten Ägypten und Mesopotamien, in: Der deutsche Steinbildhauer 47 (1931), S. 39-41, 61-63 und 51(1935), S. 49-52, 55-58.

88 Das 1931 dort gegründete Anthropos-Institut geriet 1938 rasch mit den Nationalsozialisten in Konflikt und verlegte seinen Sitz in die Schweiz, wobei die umfangreiche Bibliothek mit ethnologischer, ethnographischer Literatur sowie zur Prähistorie beschlagnahmt und öffentlichen Bibliotheken zugeschlagen wurde. Den letzten Beitrag für Anthropos hatte Horwitz 1937 abgeliefert. Veröffentlicht wurde er dann postum 1945, als die Zeitschrift wieder erscheinen konnte.

89 Vgl. den Beitrag von Thomas Brandstetter in diesem Band, S. 64, sowie die Ausführungen bei Ulrich Troitzsch, Hugo Theodor Horwitz (wie Anm. 1), S. 348-351.

90 Anthropos 29 (1934), S. 812.

91 Auch der Verkauf von älteren Jahrgängen der »Neuen Freien Presse« im Jahre Februar 1939 an die Städtischen Sammlungen dürfte auf materielle Ursachen zurückgehen. Vgl. Zusammenfassender Bericht der Wiener Stadt- und Landesbibliothek über die Erwerbung von Dr. Hugo Theodor Horwitz, in: http:www.stadtbibliothek.wien.at/bibliothek/1938/restitutionssbericht2005.pdf. Dort S. 42f. und 48.

92 Zu den erzwungenen Wohnungswechseln vgl. Technisches Museum Wien mit Österreichischer Mediathek, Dossier Dr. Ing. Hugo Theodor

Horwitz (1882-1941), bearbeitet von Mag. Christian Klösch, 1. August 2005, S. 3f.

93 Zu den Auswanderungsmöglichkeiten nichtgläubiger Juden vgl. Theodor Venus/Alexandra-Eileen Wenck, Die Entziehung jüdischen Vermögens im Rahmen der Aktion Gildemeester. Eine empirische Studie über Organisation, Form und Wandel von »Arisierung« und jüdische Auswanderung in Österreich 1938-1941, Wien/München 2004.

94 Über die Situation im Ghetto berichtete ein Überlebender, der nur wenige Wochen vor dem Wiener Transport aus Berlin dort eingetroffen war. Vgl. Karl Loewenstein, Minsk – Im Lager der deutschen Juden, Bonn 1961.

95 Aus einem Schreiben von Alfred Gottwaldt an den Verfasser. Vgl. auch Alfred Gottwaldt/Diana Schulle, Die »Judendeportationen« aus dem Deutschen Reich 1941-1945: eine kommentierte Chronologie, Wiesbaden 2005, S. 89f. u. 97.

96 Vgl. Zusammenfassender Bericht (wie Anm. 92), S. 43.

97 Nach Auskunft des Enkels Anselm.

98 Deutsches Museum, Archiv, Nachlass (wie Anm. 4): NL 070/274: Brief Feldhaus an Klinckowstroem, 10.1. 20. Feldhaushat sich kurz nach dem Ende des Zweiten Weltkrieges bei der Israelitischen Gemeinde in Wien nach dem Schicksal von Horwitz erkundigt. er erhielt die Mitteilung, dieser sei »abgeholt worden und nicht wieder aufgetaucht.« Technisches Museum Wien, Archiv: Brief von Feldhaus an den Kustos Erich Kurzel-Runtscheiner, vom 7. 4. 1947, S. 5.

Thomas Brandstetter

Elemente einer Philosophie der Technik nach Horwitz

Hugo Theodor Horwitz war ein Wissenschaftler, der stets über die Grenzen seiner Disziplin zu blicken bereit war. Das zeigt sich nicht nur an den persönlichen Kontakten mit Vertretern anderer Fächer, sondern auch in seiner Aneignung verschiedenster Gedanken und Theoreme aus Völkerkunde, Biologie und Philosophie. Darin unterschied er sich von den zeitgenössischen Technikhistorikern, deren rein sammlerische Zusammenstellung von Fakten er für unzureichend hielt. Seine beträchtliche Akribie in Bezug auf Quellen und technische oder historische Details war nie Selbstzweck, sondern stand stets im Dienste eines größeren Ziels: nämlich eines umfassenden Verständnisses der Phänomene des Technischen. Für Horwitz war dieses nur durch eine gleichermaßen historische wie systematische Forschung zu gewinnen, die sich sowohl vom chronologieverliebten Positivismus der Historiker als auch von den spekulativen Höhenflügen der Philosophen fernzuhalten hatte. Seine Technikgeschichte nahm die empirischen Befunde der Geschichte, Völkerkunde, Ingenieurswissenschaft und Biologie ernst, ruhte dabei jedoch auf erkenntnistheoretischen Grundlagen, welche die Frage_richtung bestimmten und den philosophischen Anspruch untermauerten. Auch wenn er sich in vielen Punkten auf die Positionen zeitgenössischer Autoren bezog, so ist das Gesamtergebnis im zeitgenössischen Kontext doch einzigartig. Horwitz' Ansatz bereitete ein Denken des Technischen vor, das sich konsequent einem anthropozentrischen Blickwinkel verweigert. Ein solcher Ansatz ist erst nach dem Zweiten Weltkrieg von Autoren wie Georges Canguilhem und Gilbert Simondon (wieder-)entdeckt worden, um 1985 in Donna Haraways *Manifesto for Cyborgs* seine wohl bekannteste Artikulation zu finden.[1]

Die Schriften, die in diesem Band versammelt sind, wollen die Aufmerksamkeit vor allem auf diesen Aspekt des Horwitz'schen Schaffens lenken. Deshalb erhebt die vorliegende Auswahl keinen Anspruch auf Vollständigkeit oder Repräsentativität. Horwitz war ein äußerst produktiver Autor, der Zeit seines Lebens mehr als einhundert Aufsätze veröffentlichte, von denen hier nur sieben wiederabgedruckt sind.[2] Aus diesem Grund wird diese Einleitung keine Rekonstruktion der Horwitz'schen Technikgeschichte und -philosophie durchführen, sondern nur einige wenige Punkte herausarbeiten. Ziel ist es, eine erste Anregung zur Lektüre der Texte zu bieten. Dass dabei einiges vernachlässigt werden muss, ist bedauerlich; es bleibt jedoch zu hoffen, dass diese Edition Interesse weckt und ausführlichere Forschungen folgen werden.

Im weiteren soll es um drei Leitgedanken gehen, die im Zentrum von Horwitz' technikhistorischem Zugang stehen. Dabei sollen einerseits seine Position im zeitgenössischen Diskurs über Technik und die Differenzen zu anderen Autoren herausgearbeitet werden; andrerseits soll aber auch versucht werden, die Aktualität seines Denkens darzustellen und die Anregungen, die sein Zugang für eine heutige Technikgeschichte und -philosophie bieten könnte, anzudeuten. Drei Themenbereiche scheinen dabei von besonderer Bedeutung: Erstens das Problem, welcher Ordnung technische Gebilde zugehören und auf welche Weise man sie systematisieren soll. Horwitz bediente sich hier bei der Entwicklungsbiologie, namentlich bei Lamarck und Darwin, um sowohl die Eigengesetzlichkeit der Evolution von Artefakten in den Blick zu bekommen, als auch von einer anthropozentrischen Sicht der Technikgeschichte Abstand zu nehmen. Damit verbunden ist, zweitens, seine Neufassung des Verhältnisses von Organismus und Werkzeug. Der Körper wird von ihm nicht als ursprüngliche Ganzheit verstanden, der der Technik – erkennend oder entfremdet – gegenübersteht. Statt beide als getrennte und voneinander wesensmäßig verschiedene Entitäten zu betrachten, betont er ihre intimen Verbindung, wie sie sich in den konkreten Dispositionen von Greifhand und Werkzeuggriff stets von neuem gestaltet. Der dritte und letzte hier angesprochene Aspekt ist Horwitz' Relais-Prinzip, das es ihm ermöglichte, eine Genealogie der kybernetischen Maschine *avant la lettre* zu entwerfen.

1. Entwicklungsreihen

Bereits 1915 hatte Horwitz die Aufgaben einer künftigen Technikgeschichte programmatisch dargelegt.[3] Seiner Auffassung nach stelle die bislang praktizierte Sammelarbeit nur einen ersten Schritt dar. Das Registrieren und Beschreiben der historisch entstandenen Werkzeuge, Geräte und Maschinen wäre zwar unabkömmlich, man dürfe dabei jedoch nicht stehen bleiben. Stattdessen gälte es zur »genetischen Methode« überzugehen und die Entwicklungsgesetze technischer Gebilde zu untersuchen. Analog zu den Organismen in der Biologie solle die Eigendynamik der Entstehung und Veränderung von »Technismen« in den Blick genommen werden: »In diesem Falle betrachten wir die uns entgegentretenden Technismen als Erscheinungsformen an sich, lassen deren Urheber, den Menschen, hierbei völlig aus dem Spiel und konstatieren im Laufe der Zeiten eine allmähliche Vervollkommnung und Entwicklung der Artefakte«[4]. Horwitz spielte Zeit seines Lebens die Möglichkeiten einer solchen Betrachtungsweise durch, nicht nur in seinen detaillierten Untersuchungen zur Entwicklung technischer Gebilde und Prinzipien, sondern auch in grundsätzlichen Überlegungen und Gedankenexperimenten. So legte er etwa eine Tabelle an, in der er biologische und technische Begriffe analog setzte und Entsprechungen zwischen der Welt der Organismen und jener der Technismen auszumachen versuchte. Der Funktion im Biologischen entsprach dabei etwa der »Effekt/Gebrauch« im Technischen, der Urzeugung die

Erfindung, der Generation die Entwicklungsreihe, dem Kampf ums Dasein die Konkurrenz, der Krankheit die Beschädigung usw.[5]

Die Möglichkeit einer solchen Parallelität verdankte sich den Ordnungs- und Klassifikationsschemata technischer Artefakte, wie sie Ende des 18. Jahrhunderts entwickelt worden waren. Während in den ersten Systematisierungen der Handwerke – etwa in der *Encyclopédie* – Werkzeuge und Maschinen nur eine untergeordnete Rolle spielten, findet sich beim französischen Polytechniker Gaspar de Prony erstmals die Darstellung eines autonomen Entwicklungsverlaufes technischer Geräte. In seiner *Nouvelle architecture hydraulique* von 1790 beschrieb er die »filiation« von Wasserhebemaschinen: ausgehend von der einfachsten Möglichkeit, nämlich einem Gefäß, das man mit Wasser füllt, gelange man über verschiedene Zwischenstufen, etwa der Noria, einem einfachen Wasserrad mit darauf befestigten Behältern, zu den Saug- und Druckpumpen.[6] Prony jedoch betonte ausdrücklich, dass diese Reihe keineswegs der historischen Abfolge der Erfindungen entspräche, ja dieser in vielen Fälle sogar widerspräche. Es handelte sich nämlich um eine rein systematische Darstellung, die nur die Ordnung – vom Einfachsten zum Kompliziertesten – vorgab, in der die Maschinen im Buch behandelt werden sollten. Keineswegs jedoch handelte es sich um die Beschreibung eines tatsächlichen historischen Werdens. Prony folgte dabei dem Klassifikationsmodell der Naturgeschichte, das zu jener Zeit die Ähnlichkeiten und Unterschiede der Lebewesen in einer räumlichen Anordnung verzeichnete und die Arten als unveränderliche Entitäten betrachtete. Dennoch stellte sein Systematisierungsversuch einer Systematik eine Neuheit dar: denn erstmals wurden technische Gebilde nur aufgrund ihrer eigenen Strukturprinzipien, losgelöst von ihren konkreten und lokalen Anwendungszusammenhängen, betrachtet und klassifiziert.

Pronys System der Verwandtschaftsverhältnisse von Wasserhebemaschinen entstammte dem Kontext der Mechanik. Die weitere Entwicklung der Klassifikationssysteme für technische Gebilde fand in einem anderen Zusammenhang statt: dem der Ethnologie. Ab der Mitte des 19. Jahrhunderts brachten Übersee-expeditionen mehr und mehr Artefakte, Werkzeuge und Kulturgegenstände aus allen Teilen der Welt in die Metropolen Europas. Privatsammlungen wie die des Dresdener Bibliothekars Gustav Klemm legten nicht nur den Grundstock für völkerkundliche Museen, sondern bewirkten auch eine erhöhte Aufmerksamkeit gegenüber den materiellen Grundlagen der Kultur.[7] Gleichzeitig stellte die Überfülle von Objekten neue Herausforderungen an die Archivierungs- und Aufstellungs-systematiken, zumal man sich bemühte, diese auf wissenschaftliche Prinzipien zu gründen. Klemm etwa benutzte ein typologisches Ordnungsschema: er sortierte die Werkzeuge und Waffen nach verschiedenen Klassen, etwa Keulen, Messer, Bogen und Pfeil, Axt, und innerhalb dieser Klassen nach ihren Formen. Dadurch versuchte er, die zunehmende Komplexität der Artefakte darzustellen. Die Klassen selbst waren aber, wie die Arten in der vordarwinschen Biologie, als überzeitliche Einheiten gedacht. Klemm stellte fest, dass alle Werkzeuge, die auf der primitivsten Stufe auftauchten, auch noch auf den höchsten vorhanden waren, auch wenn sie in der Zwischenzeit Abwandlungen erfahren haben mögen.[8] Ein anderer wichtiger Sammler aus der Mitte des 19. Jahrhunderts war Augustus Henry Lane-Fox Pitt-Rivers, ein englischer Offizier, der durch seine Aufenthalte in den britischen Kolonien eine eindrucksvolle Sammlung ethnologischer Artefakte anlegen konnte. Für sein Ordnungssystem bezog er sich bereits auf den Evolutionsgedanken, der seit Herbert Spencers Popularisierung der darwinschen Theorie auch auf den Bereich der menschlichen Gesellschaft angewandt wurde. In seiner Abhandlung *Principles of Classification* von 1874 formulierte er die Grundprinzipien seiner Sammlung: typische Gegenstände waren in einer Sequenz anzuordnen, um die Entwicklung vom Einfachen zum Komplexen und vom Homogenen zum Heterogenen zu veranschaulichen.[9]

Der Gedanke, technische Gebilde in Serien ähnlicher Formen zu ordnen und damit ihre sukkzessiven Veränderungen herauszustellen, bewirkte, dass diese aus ihren lokalen Anwendungskontexten gelöst wurden. Nun standen nicht mehr die Absichten der handelnden Individuen oder die gesellschaftlichen Bedürfnisse im Zentrum der Aufmerksamkeit, sondern die Eigendynamik der Formentwicklung und damit die Autonomie der Sphäre des Technischen. Am weitesten in der Ausarbeitung der Implikationen einer solche Betrachtungsweise ging jedoch kein Ethnologe, sondern eine Literat. Samuel Butler, Cambridge-Absolvent und zu jener Zeit Schafzüchter in Neuseeland, schrieb in den 1860er Jahren eine Reihe kleiner Aufsätze, in denen er die Darwin'sche Entwicklungstheorie über die drei Reiche der Natur – das mineralische, das pflanzliche und das tierische Reich – hinaus ausdehnte: »in these last few ages an entirely new kingdom has sprung up, of which we as yet have only seen what will one day be considered the antediluvian prototypes of the race« – das Reich des Mechanischen.[10] Technische Objekte unterlägen, so Butler, den selben Entwicklungsgesetzen wie die biologischen Organismen: es gäbe eine natürliche Auslese, die in diesem Fall jedoch durch wechselnde Anforderungen menschlichen Gebrauchs bewirkt werde, man finde bei Mechanismen rudimentäre Organe, d.h. unnütze Überbleibsel aus früheren Entwicklungsstufen, und Maschinen begännen allmählich sogar, sich selbst fortzupflanzen, was man am Gebrauch von Werkzeugmaschinen, also Maschinen zur Herstellung von Maschinen, beobachten könne. In seinem Roman *Erewhon* führte er diesen Gedanken weiter und kam zu einer konsequenten Analogie zwischen Organismen und Technismen: Maschinen bräuchten Nahrung (Dampfmaschinen etwa Brennstoff), sie pflanzten sich fort (wobei die Menschen gewissermaßen die Fortpflanzungsorgane darstellen, wie die Bienen für die Blumen), sie kommunizierten miteinander (ein Eisenbahnsignal bringt die Lokomotive zum Stehen), und avancierte Apparate wie die Dampfmaschine hätten »wonderful self-regulating and self-adjusting contrivances«[11]. Butlers Texte waren Satiren; aber gerade durch die offensichtliche Übertriebenheit ihrer Argumentationsketten gelang es ihnen, die epistemologischen Konsequenzen einer biologistischen Betrachtungsweise technischer Artefakte auszubuchstabieren. Der Verfremdungseffekt, der eintrat, wenn man die Welt aus der Perspektive der Maschinen betrachtete, bewirkte eine Dezentrierung des Menschen, der nun weder Ursache noch Endzweck der technischen Entwicklung war.

Die Technikgeschichte, wie sie Horwitz vorschwebte und wie er sie selbst durchführte, stand nicht nur in der Tradition der ethnologischen Sammlertätigkeit eines Klemm und Pitt-Rivers; sie verdankt auch einiges der radikalen Sichtweise des Butler'schen Gedankenexperiments. Diese griff Horwitz direkt auf, wenn er forderte, dass man zur Untersuchung der technischen Gebilde einen »extellurischen Standpunkt« einnehmen müsse und diese so betrachten solle, wie sie sich dem Auge eines außerirdischen Besuchers darbieten würden: nämlich als Fossilien, ähnlich den versteinerten Überresten der Pflanzen und Tiere.[12] Immer wieder versuchte er deshalb, Begriffe aus der Biologie – wie etwa Atavismus, Auslese oder Kampf ums Dasein – auf die Technismen anzuwenden. Damit sollte es möglich sein, nicht nur ihre Abstammungslinien zu rekonstruieren, sondern auch die ihrer Entwicklung zugrunde liegenden Prinzipien, also die »Entwicklungsgesetze« der Technik, aufzufinden.

Die Technik war damit aus dem Kontext einer Philosophie gelöst, die Handlungen nur als Erfüllungen vorher vorgestellter Zwecke denken konnte. Unter einem solchen Blickwinkel würde sich der Nutzen von Werkzeugen und Maschinen lediglich nach dem Erfolg dieser Zweckhandlungen bemessen. Der Kantianer Fred Bon hat demgemäß die Philosophie der Technik als Teilgebiet der Ethik verstanden und damit dem – allein dem Menschen zukommenden – Bereich der praktischen Vernunft zugewiesen.[13] Horwitz' evolutionstheoretisch fundierte Rekonstruktion autonomer Entwicklungsreihen hingegen löste Artefakte vom Primat der Zweckerfüllung und mithin auch vom Bereich menschlichen Handelns. Aus dieser Perspektive lässt sich auch sein Interesse am Werkzeuggebrauch von Tieren verstehen, dem er intensive Recherchen widmete. So beschäftigte er sich etwa mit den an der Anthropoidenstation auf Teneriffa durchgeführten Versuchen an Menschenaffen, die zeigten, dass zumindest Schimpansen erfolgreich Werkzeuge benutzen konnten.[14] Technik war damit nichts mehr, das nur dem Menschen eigen war. Zu einem adäquaten Verständnis ihrer Funktions- und Entwicklungslogik konnte man nur durch einen Bruch mit dem Anthropozentrismus traditioneller Technikphilosophien gelangen.

2. Organismus und Werkzeug

Die Irreduzibilität der technischen Formentwicklung auf die Sphäre der menschlichen Vernunft stand im Mittelpunkt des Gesetzes vom Gebrauchswechsel, das Horwitz als eines der vier Entwicklungsgesetze der Technik formulierte.[15] Dieses besagt, dass der Mensch vorgefundene Werkzeuge durch den Gebrauch in ihren Möglichkeiten erkunde, modifiziere und die entstehenden neuen Werkzeuge selektiere; wobei dieser Vorgang bei sogenannten primitiven Völkern unbewusst ablaufe, in der heutigen Zeit jedoch geplant und zielgerichtet sei. Bemerkenswert ist, dass Horwitz damit von einem Primat des Gebrauchs vor der Reflexion über Ziel und Zweck eines Gegenstandes ausgeht (zumindest für die Zeit vor der Entstehung der Ingenieurswissenschaften und der wissenschaftlich fundierten Erfindertätigkeit). Die Praxis der Formgestaltung steht vor der Zuweisung einer Funktion. Technismen sind demnach nicht auf das Verhältnis von Zweck und Mittel reduzierbar: sie realisieren nicht vorausgesetzte

Handlungszwecke, sondern sind Ausdruck eines »tastenden« Vorgehens, das die Gebrauchsmöglichkeiten eines Werkzeuges auf experimentelle, spielerische Weise erkundet.[16] Erst wenn sich dabei ergibt, dass eine Werkzeugform eine bestimmte Aufgabe hinreichend gut zu lösen im Stande ist, wird es – zumindest temporär – auf diese Funktion festgelegt. Horwitz' Position innerhalb der zeitgenössischen Technikphilosophie steht hier diametral der von Friedrich Dessauer gegenüber, der die Technik allein über die zweckmäßige Bearbeitung von Dingen definierte und die Schaffung technischer Artefakte als »Herüberholen prästabilierter, eindeutiger Formen aus einem ‚Reiche' der Bereitschaft in unser Lebensreich sinnlicher Wahrnehmung« definierte.[17] Demnach existierten sämtliche Lösungen technischer Probleme in einem »vierten Reich« der Ideen, und die Aufgabe des Erfinders wäre es, diese in der Lebenswelt zu materialisieren. Ein solcher Ansatz musste natürlich dem Erfinden einen privilegierten Status zuweisen. Da sie Konkretisierungen idealer Formen seien, stelle das ins-Leben-treten von Erfindungen stets eine Diskontinuität dar, die keineswegs Ergebnis sukkzessiver und erratischer Abwandlungen sein könne: »es gab einen Tag, da waren sie zum ersten Mal und von diesem Tag an ‚war es anders' im Menschenleben, als zuvor«[18].

Eine solche heroische Auffassung vom Erfinden war um 1900 durchaus nichts außergewöhnliches und findet sich – wenn auch nur selten in einer so konsequent platonistischen Weise wie bei Dessauer – bei verschiedenen Autoren.[19] Für Horwitz dagegen waren auch avancierte Erfindungen nur durch die kontinuierliche Variation und das Durchprobieren von verschiedenen technischen Formen erklärbar: »Das Bestreben, immer nur einen Erfinder bei neuen Errungenschaften zu suchen, ist nach dem heutigen Stand der technik-geschichtlichen Forschung als durchaus unwissenschaftlich zu bezeichnen«.[20] Stattdessen müssen man die Entwicklungsreihen belegen, die zur Herausbildung eines bestimmten technischen Gebildes geführt haben. Das trage auch zum Abbau des »nationalen Chauvinismus« bei, der stets versuche, die eigentliche Erfindung einer Errungenschaft für das eigene Land in Anspruch zu nehmen. Horwitz richtete damit die Aufmerksamkeit auf die Austausch- und Transferbeziehungen zwischen verschiedenen Ländern und Kulturkreisen, die er dank seiner umfassenden Kenntnis auch außereuropäischer Entwicklungen immer wieder zu belegen vermochte.[21]

Horwitz ersetzte also die Reihe Geist (Idee/Begriff)–Materialisierung (Einprägung der Idee in die Materie)–Zweckerfüllung durch die Reihe Formvariation (Basteln/Spiel)–Selektion (Auswahl aus Vielfalt von Hervorbringungen)–Funktion, wobei die Funktion stets nur eine temporäre Festlegung darstellte, die durch Änderungen der Umweltbedingungen wieder obsolet werden konnte.[22]

Eine solche Abkehr von einer anthropozentrischen Konzeption der Technik stand auch hinter Horwitz‘ beharrlicher Kritik an der Theorie der Organprojektion. Diese war Ende des 19. Jahrhunderts von Ernst Kapp formuliert worden und stellte lange Zeit eine der einflußreichsten Positionen der Technikphilosophie dar. Kapp ging davon aus, dass »der Mensch unbewusst Form, Functionsbeziehung und Normalverhältnisse seiner leiblichen Gliederung auf die Werke seiner Hand überträgt und dass er dieser ihrer analogen Beziehung zu ihm selbst erst hinterher sich bewusst wird«[23]. Demnach projiziere der Mensch die innere Struktur seines Körpers auf die Artefakte, die er schaffe: der Hammer stelle die Projektion der Faust dar, die Säge jene der Zähne und das Eisenbahnsystem jene der Blutzirkulation. Diese Theorie unterstellte ein unproblematisches Verhältnis zwischen Subjekt, Körper und Außenwelt, indem es alle drei in einem kontinuierlich fortschreitenden Prozess vereinte, der sich in Richtung immer komplexerer technischer Systeme entwickle. Die Evolution der Werkzeuge folge nämlich der Stufenfolge Unbewusstes-Bewusstes-Selbstbewusstes, wobei die unteren Stufen in den höheren aufgehoben

und bewahrt bleiben. Mit dieser Theorie der Technik als »Selbstfindung« des Menschen träumte Kapp von einer Ganzheit, in der sich der Mensch in den von ihm hergestellten Gegenständen selbst begegne und darin erkenne.[24]
Horwitz kritisierte diese Theorie einerseits aus der Perspektive der empirischen Forschung: so hätten die bereits erwähnten Versuche an Affen gezeigt, dass keine spekulative Theorie vonnöten sei, um die tatsächliche Entstehung des Werkzeuggebrauchs zu erklären; und niemand habe je die Zähne eines Kiefers als Säge benutzt.[25] Wichtiger als diese Einwände waren jedoch die prinzipiellen Überlegungen, die ihn zu einer Verwerfung der Organprojektionsthese führten. Denn Horwitz ging nicht von einem wechselseitigen Repräsentationsverhältnis zwischen den zwei Ganzheiten Körper und Werkzeug aus, sondern nahm die lokale Verkoppelung von Hand und Griff in den Blick und entwickelte daraus die Theorie der anthropomorphen Berührungsflächen: »Dort, wo die Hand am Fremdkörper angreift, muß dieser stets so gestaltet werden, daß er sich dem menschlichen Organe stets anschmiegt und vom ihm dadurch leicht gehandhabt werden kann«.[26] Die jeweilige Gestalt eines Werkzeuges und damit die Konfiguration der Verbindung Hand-Artefakt resultiere aus einer Vielzahl von Elementen: den physiologischen Eigenschaften des Greiforgans, der Grifffläche des Werkzeuges, seinem Gewicht sowie der auszuführende Bewegung. Die Form von Technismen ist demnach ein Resultat ihrer Handhabung und kein Ergebnis einer bewussten Zwecksetzung. Wenn das Werkzeug ein Mittel ist, dann in seiner Materialität als Ding und nicht als Element eines vorgängigen Handlungskonzepts. Die ersten Werkzeuge wurden vorgefunden, nicht hergestellt; technische Dinge treten uns damit in einer ursprünglichen Fremdheit gegenüber und können weder als Projektion noch als Ausdruck eines transzendentalen Subjekts verstanden werden.
Genauso fremd wie der Technismus wird dabei aber auch der Organismus, mithin der menschliche Körper und dessen

Organe. Die Hand ist nicht mehr, wie in der Philosophie seit der Antike behauptet wurde, eine »Wesensauszeichnung des Menschen«, die untrennbar mit der Fähigkeit zu Denken verbunden wäre.[27] Die Theorie der anthropomorphen Berührungsflächen richtet die Aufmerksamkeit stattdessen auf das je-spezifische Dispositiv, das als Einheit von »Organismus + technische[m] Gebilde« kinematische Ketten realisiert. So etwa bei der Drehmühle, deren Getriebe eine Koppelung von Handgriff und Kurbelarm, der als Kurbelstange dient, darstellt, und das damit »zum Teil aus organischen, zum Teil aus anorganischen Gliedern« besteht.[28]

3. Horwitz und die Kybernetik

Mit dem Gesetz vom Gebrauchswechsel und der Theorie der anthropomorphen Berührungsflächen zeichnete Horwitz ein Bild des werkzeuggebrauchenden Organismus, das erstaunliche Berührungspunkte mit dem vorweist, was ein anderer gebürtiger Wiener, Manfred Clynes, 1960 als Cyborg bezeichnen sollte: ein integriertes System aus Mensch und Maschine, das sich selbst in einem homöostatischen Gleichgewicht halten könne.[29] Technische Apparate waren damit nicht länger Projektionen oder Verlängerungen der menschlichen Organe. Stattdessen wurde das »very close coupling« zwischen Mensch und Maschine, wie es vor allem beim Gebrauch von informationsverarbeitenden Apparaten auftrete, als Symbiose zwischen zwei gleichwertigen Partnern begriffen.[30]
Der Begriff des Cyborgs verdankte sich einer Wissenschaft, die 1946 von einer interdisziplinären Forschergruppe um Warren McCulloch ins Leben gerufen worden war und die seit 1949 unter dem Namen Kybernetik firmierte.[31] Diese sollte »das ganze Gebiet der Regelung und Nachrichtentheorie, ob in der Maschine oder im Tier«[32], umfassen, und mithin die Anthropologie zugunsten einer universalen Theorie von

Regelkreissystemen verabschieden. Gemäß des Gründungsmythos der Kybernetik, wie er auch von ihrem einflussreichen Proponenten Norbert Wiener erzählt wurde, liegt ihr Ursprung in den Forschungen zur Lenkung von Flugabwehrgeschützen, wie sie in den 1940er Jahren von Wiener und Weaver durchgeführt worden waren.[33] Ihre Wurzeln reichen jedoch weiter zurück: so lassen sich etwa proto-kybernetische Theorien in so unterschiedlichen Gebieten wie den ökonomischen Lehren der deutschen Romantik, in Maxwells Analyse des Watt'schen Fliehkraftreglers oder in Ernst Jüngers Überlegungen zur »organischen Konstruktion« finden.[34] Damit soll keineswegs eine direkte Vorläuferschaft reklamiert werden; es kann jedoch festgestellt werden, dass sich auch die Kybernetik trotz ihres universalen Anspruchs nur vor dem Hintergrund einer historisch lokalisierbaren epistemischen Formation konstituieren konnte, in der bestimmte Wissensformen und Denkfiguren bereits vorgebildet waren. Eine solche Perspektive macht es möglich, Vorformen kybernetischen Denkens zu identifizieren ohne einer naiven Aufzählung von scheinbaren Vorläufern anheim zu fallen.

So kann auch Horwitz' Theoriebildung als Arbeit an Denkmöglichkeiten verstanden werden, die von den Protagonisten der Kybernetik schließlich zur kohärenten Ausformulierung ihrer Theoreme benutzt werden konnten. Seine Kritik an einer anthropozentrischen Technikphilosophie wurde bereits erwähnt; ebenso wegweisend sind seine Untersuchungen zur Entwicklung automatischer Maschinen, denen er sich vor allem in den Texten zum Relais-Prinzip und zu den primitiven Fallensystemen widmete.

Horwitz' Antwort auf die Frage nach dem Ursprung der Maschine wirkt auf den ersten Blick überraschend. Es seien nämlich die Fallenkonstruktionen, die am Anfang der Maschinenentwicklung stünden: »Ein großer Teil ihrer Ausführungsformen stellt die Anfänge der mechanischen Technik, vielleicht auch die des Maschinenbaues dar«.[35] Fallen zeichnen sich erstens dadurch aus, dass sie selbsttätig funktionieren und dem Menschen nicht nur physische Arbeit, sondern auch psychische Aufmerksamkeitsleistungen abnehmen. Zweitens sind sie Auslösevorrichtungen, mittels derer aufgespeicherte Energie in einem geeigneten Moment freigesetzt werden kann. Der für Horwitz paradigmatische Fall eines solchen Mechanismus ist das elektromagnetische Telegrafenrelais, das in den 1830er Jahren von Joseph Henry erfunden worden war. Dank dieser Konstruktion musste der schwache Strom des übertragenen Signals nicht selbst die Arbeit an der Empfangsapparatur verrichten, sondern brauchte lediglich einen zweiten Stromkreis zu schließen, durch dessen Kraft dann erst der Schreibarm des Empfängers bewegt wurde. Beim Relais wurde also mittels eines sehr schwachen Impulses ein unverhältnismäßig großer Effekt verursacht. Damit gehörte es zu jenen merkwürdigen Phänomenen, die Robert Julius Mayer Ende des 19. Jahrhunderts unter dem Begriff der Auslösung zusammenzufassen versuchte. Mayer verstand darunter Vorgänge, die nicht unter das thermodynamische Grundgesetz *causa aequat effectum* zu fallen schienen, wie etwa das Betätigen eines Gewehrabzugs, das Anstecken eines Streichholzes oder die Explosion einer Dynamitpatrone, da dort eine kleine Ursache zu einer überproportionalen Wirkung führe.[36] An der Wende zum 20. Jahrhundert erfuhr der Begriff eine erstaunliche Karriere und wurde in so verschiedenen Felder wie der Soziologie, Psychologie und Biologie benutzt; der Maschinenbauingenieur Franz Reuleaux wies ihm in seiner Beschreibung von Spannwerken eine zentrale Stelle in der Technik zu.[37]

Was mit dem Relais und den Spannwerken in den Blick geriet, war die Ausdifferenzierung von Energie und Signal.[38] Horwitz unterschied in dieser Hinsicht das Relais vom Transformator: während letzterer mit der Umwandlung von Energieformen befasst war, wobei die Energiemenge (abgesehen von unbeabsichtigten und unvermeidlichen Verlusten) konstant blieb, war

aus der Perspektive des ersteren eine solche Ökonomie nebensächlich; bei den meisten Relais gehe der Primärstrom sogar verloren.[39] Mit dem Begriff der Auslösung stand nicht mehr der Energiehaushalt eines geschlossenen Systems zur Disposition, sondern jenen Operatoren, die ein bestimmtes Ereignis im Hier und Jetzt überhaupt erst hervorbringen. Die Welt dieser Operatoren war die der Steuerung und Kontrolle. Was damit denkbar wurde, war das Programm als abstraktes Schema von Handlungsanweisungen. Gemäß Horwitz' systematischer Genealogie des Relais-Prinzips entstanden aus den primitiven Auslösevorrichtungen Schablonen, mittels derer vorab gesetzte Abläufe potentiell unendlich oft wiederholt werden konnten, ohne dass menschliches Eingreifen notwendig wäre. Eine historisch diesbezüglich wegweisende Erfindung war der durch Lochkarten gesteuerte automatische Webstuhl von Joseph-Marie Jacquard, der auch einen direkten Ansatzpunkt für die Entwicklung des ersten Computers durch Charles Babbage darstellt.[40] Denn mit der Lochkarte wurde ein Notationssystem entwickelt, das die Maschine lesen konnte, mithin eine universelle Maschinensprache, die es erlaubte, eine fast unendliche Menge unterschiedlicher Webmuster zu entwerfen und ausführen zu lassen. Von hier aus war es zu sich selbst regulierenden Regelkreisen nur noch ein kleiner Schritt, und was Horwitz mit dem Begriff der »Überwachungseinrichtung« beschrieb, war bereits die Logik jener *feedback*-Mechanismen, denen die Kybernetik später so viel Aufmerksamkeit schenken sollte.[41]
Eine Maschine definiert sich demnach primär weder durch ihre kinematischen Strukturelemente noch durch ihre Fähigkeit zur Transformation von Energieformen, sondern durch den »Schaltungs- und Überwachungsdienst«[42]. Damit hat Horwitz nicht nur die Bedeutung von Schaltungsvorrichtungen für eine Erkenntnistheorie der Technik betont, sondern auch einen historiographischen Entwurf vorgelegt, der sich konsequent kulturkritischen Entfremdungstheorien entzieht. Während etwa Martin Heidegger den Übergang zwischen primitiven, in die

Landschaft und Lebenswelt eingefügten Mechanismen – etwa einer Mühle – und modernen Maschinen, die Schaltungsdienste verrichten, als Effekt einer Seinsvergessenheit und Entfremdung diagnostizierte, hält Horwitz dem entgegen, dass Maschinen immer schon auf der Differenz von Energie und Information gegründet sind.[43] Und damit unterscheiden sie sich nicht wesentlich von der Funktionsweise lebender Organismen, bei denen ebenfalls Relaisschaltungen und vorprogrammierte Abläufe beobachtet werden können. So etwa kann sich ein Arbeiter eine unbewusste »Schablone von sinnlichen Reizungen« schaffen, die ihn bei repetitiven Tätigkeiten von der bewussten Aufmerksamkeitsleistung entlastet – Regelungsvorgänge finden also, wie die Kybernetiker später betonen würden, tatsächlich in Mensch und Maschine statt.[44] Selbst der Bereich der Kultur bleibt davon nicht unberührt. In seinen Ausführungen zu den Reproduktionsverfahren in den Künsten entwickelte Horwitz eine Theorie der mechanischen Reproduktion, die sich nicht primär von der Dichotomie Original-Kopie herleitet, sondern wieder von der Differenz zwischen Materie/Energie und Information ausgeht und Speicher- und Wiedergabetechnologien als Anwendung von Algorithmen beschreibt. Sämtliche Notationssysteme, inklusive der Schrift, können als Schablonen verstanden werden, die bei der Lektüre auf mechanische Weise Nervenreize bewirken.[45]

Mit dieser Wendung hat Horwitz seine erkenntnistheoretischen Postulate auf einer empirischen Ebene konsequent wieder eingeholt: ist er davon ausgegangen, dass technische Artefakte wie Organismen betrachtet werden können, so behandelt er nun Organismen wie technische Dinge. Damit aber droht die Grenze zwischen dem Organischen und dem Technischen zu verschwinden. Im Gegensatz zu den Proponenten der Kybernetik ist Horwitz jedoch vorsichtig mit der völligen Preisgabe solcher Differenzierungskriterien. Wie die von Fehlschlägen durchzogene Geschichte der Mensch-Maschine-

Interfaces von der Prothesenversorgung der Zwischenkriegszeit bis zu den Träumen der Neurobiologie des beginnenden 21. Jahrhunderts gezeigt hat, gestaltet sich die Materialität der Schnittstelle zwischen Leben und Technik, zwischen »nass und weich« und »trocken und hart«, als unhintergehbares Problem.[46] Davon darf auch das Denken nicht unberührt bleiben, will es seine Trennschärfe nicht verlieren. Horwitz war sich der Grenzen seiner Analogien durchaus bewußt, und er bemühte sich, auch die Differenzen zwischen Organismus und Technismus herauszuarbeiten: so zeichne sich der lebende Körper durch eine vollständige Unterwerfung unter das organisierenden Prinzips aus, während im Werkzeug stets ein Kompromiss zwischen diesem und der toten Materie notwendig sei.[47] In diesem Beharren auf den Stellenwert der Materialität unterscheidet sich Horwitz sowohl von den Vertretern der Kybernetik der 1950er Jahre, die die konkreten physischen Verkörperungen ihrer abstrakten Schemata bewußt vernachlässigten, als auch von den Cyborg-Romantikern der 1980er Jahre, die von der Verschmelzung des Fleisches mit der Maschine träumten. Einmal mehr erweist er sich als Denker, dessen Bewegungen einen Eigensinn bewahren.

Horwitz' Texte waren und sind unzeitgemäß: im Niemandsland zwischen Geschichte und Philosophie, Ingenieurswissenschaft und Biologie bemühen sie sich um die Dekonstruktion des Anthropozentrismus im Denken des Technischen. Dabei steht die akribische Rekonstruktion von Details neben prinzipiellen theoretischen Überlegungen und überraschenden Wendungen, bei denen sich – gewissermaßen hinter dem Rücken des Menschen – technische Artefakte als autonomen Entwicklungsreihen zugehörig erweisen, Hände und Werkzeuge intime Verbindungen eingehen und scheinbar primitive Fallensysteme zu Vorläufern informationsverarbeitender Maschinen werden. Solche Texte verdienen es, weitergedacht und -geschrieben zu werden. Dieser Band will dazu einen Anstoß geben.

Anmerkungen

1 Henning Schmidgen, Über Maschinen und Organismen bei Georges Canguilhem, in: Georges Canguilhem, Wissenschaft, Technik, Leben. Beiträge zur historischen Epistemologie, Berlin 2006, S. 157-178; Gilbert Simondon, Du monde d'existence des objets techniques, Paris 1958; Donna Haraway, Ein Manifest für Cyborgs. Feminismus im Streit mit den Technowissenschaften, in: dies., Die Neuerfindung der Natur. Primaten, Cyborgs und Frauen, Frankfurt/New York 1995, S. 33-72.

2 Eine vollständige Bibliographie findet sich im Anhang.

3 Hugo Theodor Horwitz, Geschichte der Technik, in: Deutsche Geschichtsblätter 16 (1915), S. 195-207.

4 ebd., S. 203.

5 Hugo Theodor Horwitz, Analogie zwischen biologischen und technischen Begriffen/Gegebenheiten, Typoskript, Technisches Museum Wien (TMW), Archiv, Karton 2, Mappe 25.

6 Gaspard de Prony, Nouvelle architecture hydraulique, Paris 1790, S. vii und S. 306ff.

7 Werner Petermann, Die Geschichte der Ethnologie, Wuppertal 2004, S. 412ff.

8 Gustav Klemm, Die Werkzeuge und Waffen, ihre Entstehung und Ausbildung, Sondershausen 1858, S. 18.

9 Augustus H. Lane-Fox Pitt-Rivers, Principles of Classification, in: ders., The Evolution of Culture and Other Essays, Oxford 1906, S. 1-19. Mit dieser Lesart von Entwicklung folgte er Spencer, der die Evolution als Wechselspiel zwischen Ausdifferenzierung und Integration in ein größeres Ganzes verstand. Vgl. George Basalla, The Evolution of Technnology, Cambridge 1988, S. 15-21.

10 Samuel Butler, Darwin Among the Machines, in: ders., A First Year in Canterbury Settlement and Other Early Essays, New York 1992, S. 208-213: 209.

11 Samuel Butler, Erehon, or, Over the Range, New York 1992, S. 198.

12 Hugo Th. Horwitz, Das Relais-Prinzip, in diesem Band S. 81f.. Ein Gedankenexperiment mit einem solchen »extellurischen« Betrachter

findet sich auch im Typoskript »Spengler II«, TMW, Archiv, Karton 1, Mappe 1.

13 Fred Bon, Über das Sollen und das Gute. Eine begriffsanalytische Untersuchung, Leipzig 1898, S. 57-95.

14 Hugo Th. Horwitz, Wege zur Technik, Typoskript, TMW, Archiv, Karton 1. Vgl. auch Hugo Th. Horwitz, Über den Gebrauch von Werkzeugen im Tierreich, in: Geschichtsblätter für Technik, Industrie und Gewerbe 11 (1927). In einem späteren Text geht er sogar soweit, die Technik als allgemeines Prinzip des Lebendigen zu postulieren: »Technik gibt es auf Erden weit früher, als es der Zeit der Menschwerdung entspricht. Alles Organische sucht zweckmässig zu gestalten, und das Streben, mit dem geringsten Aufwand an Arbeit oder Stoff ein Maximum an Wirkung zu erzielen, ist bereits auf den untersten Stufen des Pflanzen- oder Tierreiches zu beobachten.« Vgl. Hugo Th. Horwitz, Entwicklungsgeschichte der Technik, in: Technik voran! Zeitschrift des Reichsbundes deutscher Technik 14 (1932), S. 330-332: 330.

15 Hugo Th. Horwitz, Über das Gesetz vom Gebrauchswechsel, in diesem Band S. 164-193.

16 ebd., S. 168. Für Hartig, von dem Horwitz den Begriff des Gebrauchswechsels übernommen hat, ist das Spiel »ein endlos variierter Gebrauchswechsel«, in dem sich der menschliche Drang nach einem solchen experimentellen Umgang mit Dingen manifestiere. Vgl. E. Hartig, Der Gebrauchswechsel als Bildungsgesetz für Werkzeugs-Formen. Ein Beitrag zur »Geschichte der Erfindungen«, in: Allgemeine illustrirte Weltausstellungs-Zeitung 2 (1873), S. 4-5, 15-17, 31-32, 43; Zitat S. 43.

17 Friedrich Dessauer, Philosophie der Technik, Bonn 1927, S. 50.

18 ebd., S. 14.

19 So charakterisiert etwa Max Eyth den Erfinder als Ebenbild des Schöpfers, »ein Wesen, in das Gott einen Funken seiner eigenen, schaffenden Kraft gelegt hat«. Vgl. Max Eyth, Philosophie des Erfindens, in: ders., Lebendige Kräfte. Sieben Vorträge aus dem Gebiete der Technik, Berlin 1905, S. 249-284: 284. Bei Eberhard Dennert ist die Ablehnung der Theorie vom Werkzeuggebrauch der

Tiere mit dem Primat des Erfindens beim Menschen verbunden, da man seiner Auffassung nach nur da von Werkzeugen sprechen könne, wo man eine vorherige begriffliche Durchdringung und Zwecksetzung erkenne. Vgl. Eberhard Dennert, Das geistige Erwachen des Urmenschen, eine vergleichend-experimentelle Untersuchung der Entstehung der Technik, Weimar 1929, S. 61ff.

20 Hugo Th. Horwitz, Über Erfindungen, Erfinder und Erfinder-Reihen, in: Geschichtsblätter für Technik, Industrie und Gewerbe 11 (1927), S. 82.

21 Etwa in seiner Entwicklungsgeschichte der Armbrust, in diesem Band S. 147-163.

22 Die Relevanz von Umweltveränderungen für die technische Entwicklung betont Horwitz etwa in: Beiträge zur außereuropäischen Technik, in: Mitteilungen der anthropolog. Gesellschaft 48/49 (1918-19), S. 11 sowie in: Gesetze in der Entwicklungsgeschichte der Technik, in: Mitteilungen der anthropolog. Gesellschaft 50 (1920), S. 66-68.

23 Ernst Kapp, Grundlinien einer Philosophie der Technik. Zur Entstehungsgeschichte der Cultur aus neuen Gesichtspunkten, Braunschweig 1877, S. iv f.

24 Vgl. Eduard Korte, Kulturphilosophie und Anthropologie. Zum geistesgeschichtlichen Hintergrund Ernst Kapps, Hamburg 1992, S. 140-152.

25 Hugo Th. Horwitz, Gesetze in der Entwicklungsgeschichte der Technik, in: Mitteilungen der anthropologischen Gesellschaft 50 (1920), S. 67.

26 Hugo Th. Horwitz, Beiträge zur außereuropäischen Technik, in: Beiträge zur Geschichte der Technik und Industrie 7 (1917), S. 171f.; Vgl. auch Hugo Th. Horwitz, Organprojektion, in diesem Band S. 194-199.

27 So etwa Martin Heidegger, Parmenides, Frankfurt/Main 1992, S. 118f. Vgl. dazu Armin Schäfer, Lebendes Dispositiv: Hand beim Schreiben, in: Cornelius Borck/Armin Schäfer (Hg.), Psychographien, Zürich/Berlin 2005, S. 241-265: 262ff.

28 Hugo Th. Horwitz, Die Drehbewegung in ihrer Bedeutung für die

Entwicklung der materiellen Kultur, in: Anthropos 28 (1933), S. 721-755 und Anthropos 29 (1934), S. 99-124, hier S. 104.

29 Manfred E. Clynes/Nathan S. Kline, Der Cyborg und der Weltraum, in: Karin Bruns/Ramón Reichert (Hg.), Neue Medien. Texte zur digitalen Kultur und Kommunikation, Bielefeld 2007, S. 467-475. Clynes wurde 1925 in Wien geboren; sein Vater war Ingenieur, Architekt und Erfinder, die Familie emigrierte 1938 nach Australien. Vgl. Ian Hacking, Canguilhem unter den Cyborgs, in: Cornelius Borck/Volker Hess/Henning Schmidgen (Hg.), Maß und Eigensinn. Studien im Anschluß an Georges Canguilhem, München 2005, S. 239-256: 247f.

30 Joseph C.R. Licklider, Man-Computer Symbiosis (1960), online verfügbar unter http://memex.org/licklider.pdf (20.6.2007), S. 1-25: 1.

31 Vgl. dazu Claus Pias, Zeit der Kybernetik – Eine Einstimmung, in: ders. (Hg.), Cybernetics/Kybernetik. The Macy-Conferences 1946-1953, Zürich/Berlin 2004, Bd. 2, S. 9-41.

32 Norbert Wiener, Kybernetik. Regelung und Nachrichtenübertragung im Lebewesen und in der Maschine, Düsseldorf/Wien 1963, S. 39.

33 ebd., S. 44. Vgl. dazu Peter Galison, Die Ontologie des Feindes. Norbert Wiener und die Vision der Kybernetik, in: Michael Hagner (Hg.), Ansichten zur Wissenschaftsgeschichte, Frankfurt/Main 2001, S. 433-485.

34 Joseph Vogl, Regierung und Regelkreis. Historisches Vorspiel, in: Claus Pias (Hg.):, Cybernetics/Kybernetik (wie Anm. 31), Bd. 2, S. 67-79; James Clerk Maxwell, Über Regler, in: Norbert Wiener, Futurum Exaktum. Ausgewählte Schriften zur Kybernetik und Kommunikationstheorie, Wien 2002, S. 237-256; Ernst Jünger, Der Arbeiter. Herrschaft und Gestalt, Stuttgart 1982, S. 187.

35 Hugo Th. Horwitz, Über die Konstruktion von Fallen und Selbstschüssen, in diesem Band S. 117.

36 Julius Robert Mayer, Ueber Auslösung, in: ders., Die Mechanik der Wärme. Sämtliche Schriften, Heilbronn 1978, S. 411-416.

37 Vgl. dazu Joseph Vogl/Armin Schäfer, Feuer und Flamme. Über ein Ereignis des 19. Jahrhunderts, in: Henning Schmidgen/Peter Geimer/Sven Dierig (Hg.), Kultur im Experiment, Berlin 2004, S. 191-211; Peter Berz, 08/15. Ein Standard des 20. Jahrhunderts, München

2001, S. 197-209.

38 Vgl. Bernhard Siegert, Passage des Digitalen. Zeichenpraktiken der neuzeitlichen Wissenschaften 1500-1900, Berlin 2003, S. 373f.

39 Hugo Th. Horwitz, Relais und Transformator, in: Rundschau für Technik und Wirtschaft 4 (1911), Nr. 20 und Nr. 21, S. 383f.

40 Hugo Th. Horwitz, Das Relais-Prinzip, in diesem Band S. 105f. Vgl. dazu Birgit Schneider, Kleider für Automaten. Muster und Karten in der Lochkartenweberei des 18. Jahrhunderts unter spezieller Berücksichtigung des Webstuhls von Vaucanson, in: Technikgeschichte 70 (2003), S. 185-205.

41 Hugo Th. Horwitz, Das Relais-Prinzip, in diesem Band S. 106f. Erst unter den Bedingungen eines ausformulierten kybernetischen Wissens sollte ein anderer Technikhistoriker wieder den Versuch unternehmen, eine Geschichte solcher Mechanismen zu schreiben. Vgl. Otto Mayr, Zur Frühgeschichte der technischen Regelung, München/Wien 1969.

42 Hugo Th. Horwitz, Das Relais-Prinzip, in diesem Band S. 81.

43 Martin Heidegger, Die Technik und die Kehre, Stuttgart 1962, S. 16. Ähnlich auch Lewis Mumford, The Myth of the Machine, New York 1967.

44 Hugo Th. Horwitz, Das Relais-Prinzip, in diesem Band S. 115.

45 Hugo Th. Horwitz, Relais und Transformator (wie Anm. 39), S. 403-405; Hugo Th. Horwitz, Das Relais-Prinzip, Prometheus 27 (1916), S. 764-766. Horwitz liefert damit ein technikgeschichtliches Pendant zu Walter Benjamins Aufsatz über »Das Kunstwerk im Zeitalter seiner technischen Reproduzierbarkeit«. Vgl. Walter Benjamin, Gesammelte Schriften I.2, Frankfurt/Main 1980, S. 471-508.

46 Vgl. dazu Hans-Jörg Rheinberger, Epistemologie des Konkreten. Studien zur Geschichte der modernen Biologie, Frankfurt/Main 2006, S. 315.

47 Vgl. Hugo Th. Horwitz, Schlagwortniederschrift, Typoskript, TMW, Archiv, Karton 2, Mappe 16.

Hugo Theodor Horwitz

Ausgewählte Schriften

Hugo Theodor Horwitz
(1882–1941)

Marianne Horwitz
(1893–1941)

Das Relais-Prinzip

[Erstabdruck in: Technik und Kultur 20 (1929), S. 125-129 und S. 141-146.]

Inhalt: Methodologische Betrachtungen – Geschichtsphilosophie und Entwicklungsgesetze – Relais- und Transformator-Schaltung – Drehbewegung – Energieformen und Energieverteilung – Technik und Rhythmus – Ursprüngliche Relaisvorrichtungen – Höhere Relaisvorrichtungen – Überwachungseinrichtungen – Zusammenfassung.

Methodologische Betrachtungen

Die Geschichte der Technik ist eine verhältnismäßig junge Wissenschaft. Obwohl sie schon seit einer Reihe von Jahrzehnten intensiver als nur wegbereitend und volkstümlich betrieben wird, hat sie es bisher noch nicht weiter als bis zum Sammeln des ihrem Forschungsbereiche zugrunde liegenden Materials und bis zu dessen einfacher zusammenfassender Darstellung gebracht, die je nach der gefühlsmäßigen Einstellung der Vertreter dieser Disziplin, bald oberflächlicher, bald wissenschaftlich eingehender gestaltet war, ohne daß sich die Autoren über die Art der Darstellung jemals Gedanken machten.
Dies ist etwa der Zustand, in dem sich die allgemeine Geschichtswissenschaft in der Epoche befand, da man sich über ihre Methodologie noch nicht im klaren war. Jedoch auch in diesem Zeitabschnitt erfuhr die Wiedergabe der allgemeinen geschichtlichen Ereignisse schon mancherlei Wandlungen; augenfällig wurden diese Veränderungen, ihre Unterschiede und der Fortschritt, den die einzelnen Phasen bedeuteten, erst in einer späteren Epoche, nämlich in derjenigen, in der die methodologische Untersuchung eine ins einzelne gehende, analysie-

rende Erforschung der Tatsachen und Darstellungen vornahm.
Der Schritt zur methodologischen Behandlung ihres wissenschaftlichen Gebietes bleibt keiner Disziplin erspart, die geschichtlich begründet ist, oder die Beziehungen zu historischem Geschehen aufweist. So hat z. B. die Ethnologie in den letzten Jahrzehnten diese Wandlungen erfahren. Das Beispiel wurde nicht willkürlich gewählt, denn die Völkerkunde war im Anfang eine rein naturwissenschaftliche Disziplin, die sich aus den Berichten der Forschungsreisenden im Zusammenhange mit der Wiedergabe ihrer Beobachtungen von Ländern, Tieren, und Menschen entwickelte.

Dem Techniker und Naturwissenschafter wird nun die Beobachtung des allmählichen Überganges einer solchen Disziplin, die auch in der Naturwissenschaft wurzelt und nach und nach ins historische (also demgemäß auch vom naturwissenschaftlichen ins geisteswissenschaftliche Gebiet) hinüberwechselt, willkommener sein, als die Verfolgung des Werdeganges eines rein geisteswissenschaftlichen Faches, und sie wird ihn zu besonderem Nachdenken anregen. –

Die Technik hat für alle ihre auf höchster Stufe stehenden Betriebe die Forderung nach strengster Wirtschaftlichkeit aufgestellt. Auch bei der Art ihrer Unterrichtsmethoden wäre diese Forderung wünschenswert. Streng genommen wurde sie bisher noch nicht erhoben und auch keineswegs systematisch durchzuführen versucht, wenn auch manche Ansätze hierzu schon vorliegen.

Es wäre ein dankbares Gebiet für die auf ökonomische Höchstleistungen eingestellten Techniker und Ingenieure gewesen, die Geschichte ihres Faches auf ebensolcher Grundlage aufzubauen, um mit dem geringsten Aufwand von geistigen und materiellen Mitteln die höchsten Leistungen zu erzielen. Leider ist dies von Anfang an nicht erfolgt, ja, man hat vielleicht gerade den entgegengesetzten Weg hierzu eingeschlagen. Auch heute, wo die Technohistorie schon auf einige Jahrzehnte ihres Bestandes zurückblicken kann, wurde noch von niemandem diese Überlegung gepflogen; sie hätte sofort eingehende methodologische Studien nach sich gezogen. Bedenkt man, daß die allgemeine Geschichtswissenschaft über vielerlei weitreichendste methodologische Untersuchungen ihrer Disziplinen verfügt, daß eine außerordentlich reiche Literatur in allen Kultursprachen hierüber vorliegt, daß außerdem die methodologischen Forschungen in den letzten Jahrzehnten manchen Fortschritt erfahren haben, und daß auf Grund dieser Untersuchungen bestimmte, allgemein anerkannte Leitsätze aufgestellt wurden, so sieht man, wie die Nichtbeachtung all dieser wissenschaftlichen Leistungen durch die Technohistoriker einen prinzipiellen Fehler bedeutet, wie die wissenschaftliche Höhe des neuen Faches dadurch künstlich herabgedrückt und wie damit auch dem als oberstes Gesetz in der Technik geltenden ökonomischen Prinzip direkt ins Gesicht geschlagen wurde.

Man wird demnach einsehen, daß eine historische Disziplin, wie es die Geschichte der Technik ist, nicht ohne schärfste methodologische Behandlung auskommen kann. Da ein Eingehen auf die damit verbundenen mannigfaltigen Fragen Umfang und Form dieses Aufsatzes sprengen würde[1] soll deshalb – gleichsam als Endergebnis einer längeren auf methodologische Probleme sich beziehenden Auseinandersetzung – nur gesagt sein, daß jede historische Wissenschaft bei ausreichender Vertiefung ihres Arbeitsgebietes und bei genügender Klarlegung ihrer Probleme in innige Beziehung zur Philosophie treten muß.

Geschichtsphilosophie und Entwicklungsgesetze

Man hat den Teil der Philosophie, der den Kontakt mit der Geschichtswissenschaft herstellt, Geschichtsphilosophie genannt, und bei jeder geschichtsphilosophischen Behandlung tritt letzten Endes auch die Frage auf, ob es Gesetze im historischen Geschehen gibt.

Auf unser eigenes Gebiet – die Geschichte der Technik – angewendet, lautet diese Frage: Gibt es Gesetze in der Geschichte der Technik, unterliegt das allmähliche Werden, die stetige Vervollkommnung der technischen Welt allgemeingültigen Grundgesetzen?
Vorweggenommen sei hier gleich, daß man unter historischen Gesetzen etwas anderes versteht, als was der exakte Naturwissenschafter sonst unter Gesetzen zu verstehen geneigt ist. Während nämlich die Gesetze der Mathematik und der exakten Naturwissenschaften unbedingte Geltung besitzen – die Redensart: keine Regel ohne Ausnahme, ist von Philologen und Historikern aufgestellt worden und erregt in ihrer häufig gedankenlosen Verwendung oft Unbehagen, Mißbilligung und Entrüstung bei Naturwissenschaftern und Technikern – ist dies bei den Erscheinungen, die wir als historische Gesetze bezeichnen, keineswegs der Fall; sie werden in den Ablauf des Geschehens vom denkenden Menschen »hineingesehen«, sie unterliegen Schwankungen in ihrer Auffassung und ihre Aussagen sind deswegen oftmals unbestimmt und veränderlich. Dazu kommt noch, daß sich ihr Wirkungsbereich manchmal nicht auf das gesamte Gebiet der Technik erstreckt, sondern gelegentlich Ausnahmen zuläßt, und daß endlich das Gesetz auch dort, wo es am intensivsten hervortritt, keineswegs unbedingte Geltung für alle Erscheinungsformen besitzt, sondern daß es nur in der Gestalt des wahrscheinlichsten Auftretens verschiedener Möglichkeiten nach dem Gesetze der großen Zahlen angewendet werden kann.
Als Beispiel für den Versuch, Gesetze in der Entwicklungsgeschichte der Technik aufzustellen, sei hier nur das von Ernst Kapp in seinen »Grundlinien einer Philosophie der Technik« (Braunschweig 1877) verfochtene Prinzip der Organprojektion und das von E. Hartig verteidigte Gesetz vom Gebrauchswechsel[2] angeführt. Kapp war Anthropologe, Hartig Techniker; die Gedankengänge des ersteren, die freilich äußerst weitschweifend und philosophisch stilisiert darge-

stellt sind, haben bei Ingenieuren und Technikern überhaupt keine Beachtung gefunden, werden aber häufig von Ethnologen erwähnt. Die Hartigschen Untersuchungen fanden zwar durch einige Technologen Verteidigung und Weiterverbreitung, aber auch sie dürften den Ingenieuren im allgemeinen vollständig unbekannt geblieben sein.[3]

Bei diesen Versuchen, Entwicklungsgesetze in der Technik aufzustellen, von denen die oben angeführten nur zwei Beispiele bilden, kam jedoch stets das Problem des Entstehens der Maschine zu kurz. Hierbei sei unter Maschine sowohl die Vorrichtung zur Erzeugung von technisch bequem verwertbarer Energie, also die Kraftmaschine, als auch diejenige Vorrichtung verstanden, deren Zweck in einer beabsichtigten Formänderung, die durch eingeleitete Energie hervorgerufen wird, besteht. Aber gerade auf diese beiden technischen Erzeugnisse konzentriert sich unser größtes Interesse, denn sie stellen, namentlich in zwei Spezialformen, einerseits in der kalorischen Maschine mit ihrer wenn auch nur äußerlichen Ähnlichkeit mit dem Lebensprozesse organischer Gebilde, andererseits in der völlig automatisch wirkenden Arbeitsmaschine und ihrem ebenfalls an organische Einrichtungen erinnernden Schaltungs- und Überwachungsdienst, wohl die fesselndsten Schöpfungen der menschlichen Technik dar.

Die technischen Gebilde an sich zeigen ganz eigenartige Erscheinungsformen auf Erden. Um uns diese klarzumachen, müssen wir nach Möglichkeit von unserer gewohnten irdischen Betrachtungsweise absehen und uns, soweit angängig, auf einen extellurischen Standpunkt einstellen. Nehmen wir an, daß der Mensch von der Erde verschwunden wäre und ein nichtirdisches Wesen durch Zufall und Erschließung den größten Teil der vom Menschen benützten technischen Erzeugnisse wieder auffinden und in ihrem ursprünglichen Zustand rekonstruieren könnte, nehmen wir außerdem noch an, daß diesem Wesen trotz hoher Intelligenz eine solche technische und besonders eine solche Maschinenkultur unbekannt geblieben wäre, so würden

die vorgefundenen technischen Gebilde neben den anderen aufgedeckten, von Pflanzen und Tieren herrührenden Fossilien jedenfalls einen eigenartigen Eindruck gewähren.
Auch die technischen Erzeugnisse weisen nämlich bei ihrer chronologischen und genetischen Zusammenstellung eine ganz analoge Entwicklung wie die irdischen Lebewesen auf. Der Fortschritt vollzieht sich von einfachen zu immer höher zusammengesetzten Gebilden oder Formen und die Differenzierung der Arten wird mit steigender Entfernung von den Ausgangspunkten immer größer, so daß wir dadurch ein stammbaumähnliches, nach oben sich stets reicher verzweigendes Entwicklungssystem erhalten. Der wesentliche Unterschied liegt, abgesehen von einigen Punkten, wie die, daß die technischen Gebilde keineswegs ein organisches Leben aufweisen, daß sie kein Assimilations- und Regenerationsvermögen usw. besitzen – Dinge, die für die hier vorgenommenen Untersuchungen nicht weiter in Betracht kommen – darin, daß das organisierende Prinzip bei den Lebewesen in ihnen selbst, bei den technischen Erzeugnissen jedoch außerhalb dieser, nämlich im menschlichen Gehirn zu suchen ist.
Die technischen Gebilde und damit auch die Maschinen bestehen also gleichsam aus zwei Teilen, dem materiellen, ihnen innewohnenden und der geistigen, d. i. dem organisierenden, der am Menschen haftet.
Freilich besitzen die hochentwickelten Maschinen, besonders die Krafterzeuger, manches, das sie in ihrer Funktion, soweit das Technische in Betracht kommt, den Lebewesen ähnlich macht. Ein Explosionsmotor z. B., für dessen Brennstoffzuführung dauernd gesorgt ist, etwa durch stetige Verbindung mit einer Rohölquelle, oder eine Wasserturbine könnten, wenn auch die Schmierung unverändert erhalten bliebe, sehr lange Zeit ohne jegliche Wartung weiterlaufen.
Wer diese Erscheinung philosophisch betrachtet, wird des Gefühls nicht ledig, daß sich hier das technische Gebilde von seinem Schöpfer und gleichzeitig von seinem organisierenden

Bestandteil bereits ziemlich gelöst hat, und es will im ersten Augenblick nicht gelingen, die Abhängigkeit des toten Gebildes vom lebenden in so starkem Maße herzustellen, sie für den Denkprozeß so sinnfällig in Erscheinung treten zu lassen, wie es notwendig wäre, um nicht zwischen einfachen technischen Gebilden, wie einem von der Hand ergriffenen Stein oder einem als Keule zurechtgebrochenen Baumstamm, und diesen hochentwickelten Technismen einen wesentlichen Unterschied sehen zu müssen.
Tatsächlich widerstrebt es jedoch jeder einheitlichen und vertieften Betrachtung der technischen Entwicklung, eine solche Trennung bestehen zu lassen, und es wird gezeigt werden, daß das Relaisprinzip gestattet, diesen Unterschied auszulöschen.
Nach dieser Erläuterung soll nun noch in möglichst gedrängter Form gezeigt werden, was unter einer Relaiskonstruktion in ihrer allgemein technischen Bedeutung zu verstehen ist, und worin der Unterschied zwischen ihr und verwandten Vorrichtungen besteht.

Relais- und Transformatorschaltung

Es kann vorausgesetzt werden, daß der Ausdruck Relais wohl jedem Leser bekannt ist. Zum ersten Male hört man das Wort in der Schule bei Erklärung des einfachen elektromagnetischen Telegraphen. Bei dessen Entwicklung bedeutete es einen großen Fortschritt, als man zwischen Aufnahmeapparat und Fernstromkreis eine Relaisvorrichtung einschaltete, die gestattete, den schwachen Fernstrom durch eine Hilfskraft zu unterstützen, ihn mit einem »Vorspann« aufzuhelfen, und dadurch erreichte, daß trotz Verwendung eines schwachen Betriebsstromes am Empfangsort eine starke Kraftäußerung am Aufnahmeapparat zur Verfügung stand. Der Strom, der diese Kraftäußerung hervorruft, ist durch eine besondere Eigenschaft gekennzeichnet: er stellt in seiner Wirksamkeit gleichsam eine

Funktion des Fernstromes dar; gleichzeitig mit ihm setzt er ein, gleichzeitig klingt er ab und schreibt so auf einen abschnurrenden Papierstreifen die aus Strichen und Punkten zusammengesetzten Zeichen, aus denen Morse ein leicht lesbares Alphabet gebildet hat.

Dieses Relais, wie es beim elektrischen Telegraphen benutzt wird, stellt aber nur e i n e Type, und zwar die einfachste der Vorrichtungen dar, die wir hier als Relais im allgemeinen Sinne bezeichnen wollen.

Der Energiestrom, der beim elektrischen Telegraphen durch das Relais weitergegeben werden soll, ist ein einfacher galvanischer Strom, dessen Intensität entweder Null oder einen bestimmten positiven Wert beträgt; der Wechsel dieser beiden Größen läßt sich gesetzmäßig durch eine Funktion nach der Zeit ausdrücken. Das Relais hat demgemäß auch nur diese beiden Intensitäten zu übertragen: spielt der Fernstrom, so hat es den starken Ortstrom in den Morseapparat zu entsenden, sinkt die Stärke des Fernstromes auf Null herab, so hat auch das Relais keinerlei Energie abzugeben. Eine Weiterentwicklung dieser Vorrichtung ergibt sich aus der Forderung, daß vom Relais nicht nur Stromfluß und Stromlosigkeit, sondern auch Schwankungen in der Intensität der Stromstärke überragen werden sollen, so daß alle Zwischenstufen zwischen Null und einem bestimmten Höchstwert durchlaufen und eine Zeitlang auch beibehalten werden können.

Die Relaisschaltung besteht in diesem allgemeinsten Falle aus einem Akkumulator, dem Energiespeicher, der den starken jugendlichen Kraftstrom liefert, ferner aus dem oft von weither kommenden bedeutend schwächeren steuernden Primärstrom, dann aus der eigentlichen Relaisvorrichtung und dem aus dieser entlassenen Arbeitsstrom, der in einem engen Abhängigkeitsverhältnis zum Primärstrom steht. Die Schwankungen des Sekundärstromes sind hier demgemäß durch eine Funktion nach der Zeit und nach der Intensität gekennzeichnet.

Ganz anders wie das Relais ist eine auf den ersten Blick vielleicht mit ihm zu verwechselnde Einrichtung geartet, die wir als Transformator (wieder im allgemeinsten Sinn genommen) bezeichnen. Nach einer heute nicht mehr allzu jungen Auffassung bestehen alle in der Natur auftretenden Kräfte aus Energieströmungen, die größtenteils unmittelbar ineinander umgeformt werden können. Jede Umwandlung eines Energiestromes in einen anderen, der vom ersten entweder in seiner Form oder in seiner Art unterschieden ist, wollen wir als Transformation bezeichnen und die dazu notwendige Vorrichtung Transformator nennen.

Ein Transformator kann also dazu dienen, einen Energiestrom, beispielsweise den elektrischen, seiner Form nach zu ändern, d. h. ihm eine andere Stromstärke und -spannung zu erteilen, oder auch, um eine Energieart in eine andere umzusetzen, z. B. die elektrische in magnetische oder thermische Energie zu verwandeln. Das wesentliche Kennzeichen des Transformators besteht nun darin, daß, abgesehen von unvermeidlichen Verlusten, die Energie des Primär- und des Sekundärstromes konstant bleibt; für ihr Verhältnis zueinander gilt das Gesetz von der Erhaltung der Energie.

Beim Relais ist dies jedoch keineswegs der Fall; eine Umsetzung der Energie findet auf dem Wege vom primären zum sekundären Strome nicht statt, sondern die Energie des Primärstromes geht im Gegenteil meistens verloren, und wir können diese Menge am besten mit Steuerungs- oder Schaltungsenergie bezeichnen. Der sekundäre Arbeitsstrom bezieht seine Energie aus einer neuen, bisher noch nicht verwendeten Quelle, dem Energiespeicher. Ließe man dessen oft bedeutende Energiemenge ungehemmt wirken, so wäre sie für den Menschen vollkommen wertlos, ja sie würde in den meisten Fällen sogar beträchtlichen Schaden anrichten. Wird der aus dem Speicher entlassene Strom jedoch einem bestimmten Gesetz unterworfen, wird er nämlich zum Primärstrom in ein Abhängigkeitsverhältnis nach Zeit und Intensität gebracht, so leistet er dem Menschen ganz außerordentliche Dienste. Man sieht, daß trotz des unbedingten Abhängigkeitsverhältnisses von einer Beziehung des primären zum sekundären Strom nach dem Gesetz von der Erhaltung der Energie nicht die Rede sein kann.

Die beiden Vorrichtungen, die wir hier nun als Relais und als Transformator bezeichnet haben, können zu einer neuen vereinigt werden. Wir erhalten dadurch ein Relais, bei dem der Primärstrom von anderer Energieart als der Sekundärstrom sein kann.

Ein Beispiel mag dies erläutern: ein ganz einfaches Relais bildet der elektrische Schalter. Die von der menschlichen Hand herrührende mechanische Energie schließt einmal den elektrischen Strom und öffnet ihn das andere Mal. Die beiden Energiearten des primären und sekundären Stromes sind mechanischer und elektrischer Art. Den Energiespeicher bildet die Stromquelle der Elektrizitätszentrale, und die Stärke des Sekundärstromes beträgt entweder Null oder einen bestimmten, vom Relais nicht beeinflußbaren Wert. Bei der den Schalter betätigenden menschlichen Hand kann man freilich von einem Stromfluß im eigentlichen Sinne nicht sprechen; wir haben es bei diesem Schalter auch bereits mit einer höher entwickelten Form des Relais zu tun. Ein ständiger Energieaufwand während der Dauer des elektrischen Stromflusses ist aber beispielsweise bei dem Taster zur Betätigung einer elektrischen Klingel erforderlich, ebenso wie beim Niederdrücken des Klopfers eines Morsetelegraphen. In den letzten beiden Fällen tritt es klar zutage, wie der elektrische Strom, in seinem Abhängigkeitsverhältnis von der Arbeitsbetätigung der Hand, als Funktion nach der Zeit auftritt. Der elektrische Schalter, der einen tätigen Eingriff nur bei der Schaltung und bei der Unterbrechung des elektrischen Stromes verlangt, stellt eine höhere Form der Relaiskonstruktion dar, die eine bedeutende Ersparnis an Arbeitsaufwand gestattet und zu den später zu besprechenden Schablonen hinüberleitet.

Ein Beispiel für einen Transformator in unserem Sinne bildet ein Elektromagnet, bei dem die elektrische Energie in magnetische und weiterhin in mechanische Energie umgewandelt werden kann. Die Stärke des primären elektrischen Stromes muß hierbei nicht Null oder einen bestimmten konstanten Wert betragen, sondern sie kann auch sämtliche Zwischenstufen nach einer beliebigen Zeitintensitätskurve durchlaufen. Abgesehen von verschiedenen unvermeidlichen Verlusten und etwa auftretenden kleinen zeitlichen Verschiebungen weist die Zeit-Intensitätskurve der hervorgerufenen magnetischen Energie dieselbe Gestalt wie die der eingeleiteten elektrischen Energie auf.

Ein Beispiel für ein Relais allgemeinster Art, bei dem die Energie des Primär- und Sekundärstromes alle Zwischenstufen zwischen Null und einem bestimmten Höchstwert durchlaufen kann, bildet das Mikrophon. Die primäre Energie wird hierbei von den Schwingungen der durch das menschliche Sprechorgan in Bewegung gesetzten Luft geleitet.

Ein Transformator in der hier gebrauchten allgemeinen Bedeutung ist, wie gesagt, demnach nicht nur eine Vorrichtung, die dazu dient, die elektrische Energie ihrer Form nach zu ändern, d. h. ihr eine andere Stromstärke und Spannung zu erteilen, sondern ein Mittel, um eine Energieart in eine andere zu verwandeln. In diesem Sinne wäre also auch der Dampfkessel ein Transformator, weil er die in der Kohle enthaltene Wärmeenergie in mechanische umsetzt. Aber auch die Dampfmaschine ist ein solcher, denn hier wird die mechanische Energie des gespannten Dampfes, die im Kessel in einer unhandlichen, für den menschlichen Gebrauch nicht unmittelbar benutzbaren Form enthalten ist, in mechanische Energie umgewandelt, die an rotierende Materie gebunden auftritt.

Für die Kombination der verschiedenen Elemente bei Relais und Transformator sind also drei Möglichkeiten maßgebend:

1. Primär- und Sekundärstrom sind von derselben oder von ungleicher Energieform.

2. Der Primärstrom löst durch seine eigene Kraft, d. h. durch seine Umwandlung, den Sekundärstrom aus oder beeinflußt nur

die in einem Akkumulator aufgespeicherte Energie in entsprechender Weise.
3. Die Werte des Primär- und demgemäß auch des Sekundärstromes wechseln nur zwischen der Energiemenge Null und einer bestimmten konstanten Stromstärke, oder sie durchlaufen auch alle Zwischenphasen.
Unter Zugrundelegung dieser Varianten läßt sich folgendes Schema zusammenstellen:

Energieform des Primär- u. Sekundärstromes	**Akkumulator**	**Stromstärke**	**Beispiele**
gleich	nicht vorhanden (Transformator)	0 oder ein konstanter Wert	
ungleich	"	"	
gleich	"	zwischen 0 und einem Höchstwert schwankend	die einfachen Maschinen, elektrischer Transformator
ungleich	"	"	Elektromagnet, Thermoelement
gleich	vorhanden (Relais)	0 oder ein konstanter Wert	Telegraphen-Relais
ungleich	"	"	Elektrischer Schalter, photographischer Momentverschluß
gleich	"	zwischen 0 und einem Höchstwert schwankend	Verstärkerröhre
ungleich	"	"	Mikrophon

Die Drehbewegung

Für die Entwicklung der Technik hat die an rotierende Materie gebundene Energieform eine ungeheure Bedeutung erlangt, denn erst seitdem man es gelernt hat, aus Menschen-, Tier- oder Naturkräften gewonnene Energie mit Hilfe von rotierender Materie zu sammeln und weiterzuleiten, ist es gelungen, Energie in Zentralstellen in möglichst einfacher und wirtschaft-

licher Weise zu gewinnen und sodann an verschiedene Arbeitsorte zu verteilen.
Die Rotationsbewegung war zu Beginn der menschlichen Technik fast völlig unbekannt, und wir finden davon kaum irgendwelche Spuren, aus denen sich auf die Möglichkeit der Weiterentwicklung zu ihrer späteren überragenden Bedeutung schließen ließe. Die Drehbewegung im technisch-mechanischen Sinn, die durch eine festgelagerte Achse gekennzeichnet wird, tritt in der Natur niemals auf und ist erst eine Erfindung des Menschen. Bedingt durch die auf der Erde zu Gebote stehenden Baustoffe, aber wohl auch durch die Organisation des menschlichen Zentraldenkorganes, wird die Rotationsbewegung kennzeichnend für die moderne Technik, soweit sie es mit mechanischen Kräften und wägbaren Massen (ersichtlich aus den ganzzahligen Exponenten in den Dimensionsformeln) zu tun hat.
Die Bevölkerung einer Reihe von Erdteilen, nämlich Amerikas, Australiens und des von der Mittelmeerkultur nicht unmittelbar beeinflußten Teiles von Afrika, hat diese Entwicklung nicht erzielt, d. h. sie gelangte nicht dazu, die Drehbewegung zu verwenden, und dadurch war es nicht möglich, daß die mechanische Technik dort eine auch nur einigermaßen höhere Stufe erreichte[4]. Wie einschneidend diese Tatsache ist, erkennen wir am besten daran, daß schon eines der einfachsten sich drehenden Gebilde, nämlich das Rad, in diesen Gebieten fehlt, und daß ihnen dadurch auch der Wagen unbekannt blieb. Daß von etwas höher gestalteten sich drehenden Gebilden die Töpferscheibe, die Drehmühle und die Drehbank dort natürlich auch fremd bleiben mußten, soll hier nur angedeutet werden.
Die europäische Maschinentechnik fußt, soweit sie es mit mechanischen Kräften zu tun hat, auf der Rotationsbewegung. Der plötzliche Aufschwung des europäischen Maschinenbaues in der Renaissancezeit und sein neuerliches Ansteigen seit der Mitte des 18. Jahrhunderts führte den Menschen dazu, sich die Naturkräfte zu unterwerfen, und zwar nicht nur in der Art, daß

man gelegentlich ein Wasserrad oder eine Windmühle errichtete, sondern in weit wirksamerer Weise dergestalt, daß man mit Bestimmtheit oder wenigstens mit großer Wahrscheinlichkeit auf eine stets zu Gebote stehende bedeutende Energiemenge rechnen konnte. Man gelangte dazu, diese in großen Zentralen zu erzeugen und sie dann weit fortzuleiten.

Die Verteilung dieser Energiemengen wurde allerdings mit der Ausbreitung und Vervollkommnung der Elektrotechnik besonders leicht; bis dahin versuchte man es, die Energieströme mit Hilfe von rotierender Materie zu verzweigen, wobei nur an die ausgedehnten Seiltransmissionen in Fabriken und an die amerikanischen Kabelbahnen in der zweiten Hälfte des 19. Jahrhunderts erinnert sei.

Bei letzteren lief ein endloses Seil in einer Aussparung unter der Straßenoberfläche ständig um und nahm den Wagen mittels eines lösbaren Greifers mit, der durch einen meist in der Mitte zwischen beiden Schienen geführten Schlitz hinabreichte. Die Energie wird in diesem Falle freilich nicht unmittelbar in Form von rotierender Bewegung abgenommen, sie kommt aber bei den sich drehenden Wagenrädern wieder in dieser Gestalt zum Vorschein. Eine allgemeine Kraftübertragung auf solche Weise von einer Zentralstelle nach den einzelnen Gebäuden einer großen Stadt wäre jedoch praktisch vollkommen undurchführbar.

Energieformen und Energieverteilung

Weit größere Vorzüge hinsichtlich der Verteilung bietet die elektrische Energie. Außer dieser versuchte man es auch noch, andere Energieformen in großen Netzen weiterzuleiten, zum Teil mit, zum Teil ohne praktischen Erfolg. Hier sei nur an die Gasleitungen erinnert, die als Verteilungsnetze für chemische Energie anzusehen sind, wobei letztere wieder an Materie gebunden ist, aber, ähnlich wie die elektrische Energie, wenn auch nicht ganz so bequem wie diese, in mechanische Kraft, in Wärme

und in Licht umgewandelt werden kann. Andere Netze dienen zur Weiterleitung von Preßluft, Druckwasser oder Dampf.
Die Kraftübertragung durch rotierende Materie ist verhältnismäßig alt; aber erst in neuerer Zeit hat sich hier die Auffassung vom Fluß des Energiestromes den Weg gebahnt. Und so erkennen wir heute in der umlaufenden Transmissionswelle einen Energiestrom, der längs der Wellenachse, also senkrecht zur Rotationsrichtung zu den Verbrauchsstellen dahinläuft; bei der Seil- und Riemenübertragung ist die Richtung des Energieflusses derjenigen der wandernden Materie im angespannten Trum entgegengesetzt, und im Transmissionsrad läuft er in radialer Richtung längs der Radarme, also auch hier wieder senkrecht zur kreisenden Bewegung.
Merkwürdig ist es, daß die Transformation gleicher Energien von etwas verschiedener Form manchmal nur auf einem Umweg über eine andere Energie gelingen will. So ist man wenigstens bis heute nicht imstande, Gleichstrom in Wechselstrom unmittelbar umzuformen, sondern dies ist nur durch eine doppelte Transformation auf dem Wege über eine andere, und zwar entweder mechanische oder chemische Energie zu erreichen.
Der Antrieb mechanischer Arbeitsmaschinen von elektrischen Energienetzen aus geschieht stets durch Vorschaltung eines Umwandlungsapparates, des Elektromotors, der die elektrische in mechanische, an rotierende Massen gebundene Energie umsetzt. Hiervon macht man nur in seltenen Fällen, meistens dort, wo es sich ausschließlich um Anpressungskräfte handelt, wie z. B. bei elektrischen Bremsen oder Hubmagneten, eine Ausnahme. –
Was hier gegeben wurde, war ein kurzer Überblick über die von der heutigen Technik geschaffenen Energiezentralen und Energieleitungsnetze und die Anführung einer Anzahl von Beispielen für diejenigen Einrichtungen, die wir als Transformatoren in allgemeiner Bedeutung bezeichnet haben. Es wäre nun noch eine Art von Energieumwandlung zu bespre-

chen, die für den technischen Produktionsprozeß die wichtigste ist: es handelt sich um die Formänderungsarbeiten an der Materie. Diesen Prozeß können wir uns so verlaufend denken, daß der umgeformte Körper die aufgewendete Energie konsumiert, wobei es gleichgültig bleibt, ob der größere Teil der aufgewandten Energie auf das beim Herstellungsverfahren entstehende wertvolle Werkstück oder auf die sich bei diesen Arbeiten häufig ergebenden Abfallkörper kommt. Am reinsten tritt diese Erscheinung beim Schmieden und Pressen auf; abgesehen von den durch Stöße hervorgerufenen Erschütterungen der Bearbeitungsmaschinen und Fundamente und von Wärmeverlusten, die von Reibung und plötzlichen Druckerhöhungen herrühren, wird die ganze aufgewandte Energie vom Werkstück konsumiert. Hingegen müßte man beim Gießen die zum Schmelzen des Materials verwendete Energiemenge beim Erstarren wenigsten theoretisch, von Verlusten abgesehen, wieder zurückgewinnen können.

Bei Erzeugung und Weiterleitung von Energie kommt es uns allein auf deren Quantität an. Die Umwandlungsanlage, die die von der Natur stammende Energie in eine für menschliche Zwecke geeignetere Form umsetzt, wie auch das Fernleitungs- und Verteilungsnetz sollen demnach mit dem größten Wirkungsgrad arbeiten. Ist die Art der zu transformierenden Energieform und des Energieträgers (Wasserkraft, Kohle, Erdöl, Naturgas, Windkraft, Sonnenwärme usw.) sowie der Transmissionsleitung einmal festgelegt, so besteht die Aufgabe der gesamten Anlage vor allem darin, die Stetigkeit und Zuverlässigkeit der Energielieferung an den Verbrauchsstellen zu sichern und sie dort außerdem mit den kleinstmöglichen Verlusten abzugeben. Das Wesentliche der Energie liegt hier einzig und allein in ihrer Quantität. Sie wird deswegen auch nur quantitativ gewertet und nach Quantitätseinheiten gemessen und bezahlt.

Der rohe Energiestrom, der vom Menschen in großen Zentralen geschaffen und dann an die einzelnen Verbrauchsstellen weitergegeben wird, gelangt dort in Arbeitsmaschinen, die ihn in bestimmte andere Energien – meistens in die der Formänderung von Materie – umwandeln. Während aber der produzierte und der in Verteilung begriffene Energiestrom qualitativ keineswegs differenziert ist und deswegen auch, wie eben auseinandergesetzt wurde, nur quantitativ gewertet und gemessen wird, erfährt die Energie in der Arbeitsmaschine auch insofern eine Umwandlung, als sie nun einer Veränderung in ihrer Qualität unterliegt. Nicht die Quantität, die Menge der Energie, ist hier wesentlich, sondern die Art ihrer mehrfachen Verteilung und Umwandlung und das Abstimmen und Inbeziehungsetzen dieser einzelnen Vorgänge zueinander. In der Arbeitsmaschine tritt die Energie keineswegs mehr als gleichmäßig dahinlaufender Stromfluß auf, sondern sie wird nun durch oft außerordentlich komplizierte Vorrichtungen in ihrer Intensität stets verändert und ist, bald an dieser, bald an jener Stelle angreifend, nach Raum und Zeit differenziert.

Wir gelangen so zu dem Begriffe der qualifizierten Energie, bei der die Quantität ohne ausschlaggebende Bedeutung bleibt. Bei einer komplizierten automatisch arbeitenden Maschine, wie beispielsweise bei einer Rotationspresse oder einem Webstuhl, ist der Energieverbrauch sicher auch nicht vollständig gleichgültig, aber ein geringes Mehr oder Weniger davon fällt lange nicht so sehr ins Gewicht als die Qualität der Energieleistung, die durch die bis ins kleinste durchdachte Konstruktion der Arbeitsvorrichtung bedingt wird.

Technik und Rhythmus

Der Mensch der Urzeit, der am Anfang des Entwicklungsganges der Technik stand, mußte jede von ihm gewünschte Arbeit selbst verrichten. Bedingt durch den Bau und die Gliederung seines Körpers, führte er alle Tätigkeiten in hin und her gehender, intermittierender Bewegung aus. Alle Werkzeuge

und Hilfsvorrichtungen wurden dieser Art der Betätigung angepaßt oder vielleicht besser gesagt, ihre Entstehung und Ausgestaltung vollzog sich innerhalb oder in unmittelbarster Nachbarschaft eines solchen organischen Arbeitsprozesses.
Hohe Bedeutung kommt auf dieser Stufe der Technik einer merkwürdigen psycho-physischen Erscheinung, nämlich, der Beeinflussung des Menschen durch den Rhythmus zu. Jede gleichmäßig geführte intermittierende Arbeitsbewegung verursacht dem primitiven Menschen heftige Unlust und baldige Ermüdungsgefühle. Ein eigenartiges Mitschwingen der Psyche mit dem Körper, die Auslösung rhythmischen Gefühls, das nun nicht nur Behagen, sondern sogar hohe Lustempfindungen durch die stetige gleichmäßige Wiederholung ein und derselben Bewegung hervorruft, hilft dem Menschen auch auf dieser Stufe der technischen Entwicklung verhältnismäßig große Arbeitsleistungen zu vollbringen, bedingt aber durch eine Verschiebung des Zieles auch die Anfänge aller rhythmisch betonten Künste. Der Mensch hat das merkwürdige psychische Erlebnis des Taktes empfunden und Arbeit wandelt sich nun, indem die Bewegung ohne technisches Ziel bleibt und an sich zur vollkommen sich selbst genügenden Handlung wird, in Tanz und Musik, deren Zweck nicht Bewältigung physischen Widerstandes zu bearbeitender Stoffe, sondern Erhöhung des Lebensgefühles, Entspannung des Körpers und rein psychisches Lustempfinden ist. Eine Unzahl von Arbeitsgesängen, von Ruder- und Marschliedern, wie auch viele Tätigkeiten primitiver Wirtschaft, die unter Musikbegleitung ausgeübt werden, ja einzelne Verrichtungen, die, wie z. B das mit Instrumentenspiel erfolgende, zwischen Tanz und Arbeit die Mitte haltende Austreten der Trauben, geben uns Zeugnis für diese der heutigen Menschheit völlig aus dem Gedächtnis entschwundenen Zusammenhänge.
Der nächste Abschnitt in der Entwicklung der mechanischen Technik ist durch das Vorwalten der Drehbewegung gekennzeichnet. Sie selbst ist in ihren Ursprüngen sehr alt und wurzelt

in einer Reihe von Betätigungen des primitiven Menschen, wie im Stochern mit einem Zweige oder einem Halm in einem Loche, wobei diese leicht hin und her drehend bewegt werden, ferner in der quirlenden Hin-und-Herbewegung eines Stäbchens zwischen den beiden Handflächen oder auch im Schwingen eines an einem Faden befestigten Körpers um die das andere Ende des Fadens haltende Hand usw. Den Ursprung der technischen Drehbewegung bildet jedoch die zwischen zwei festen Lagern streng fixierte Achse, von der im weiteren alle höher entwickelten Maschinen mit Drehbewegung abgeleitet werden können. Aber auch die sich drehende Achse, die ursprünglich stets vom Menschen angetrieben wird, schwingt anfangs nur intermittierend hin und her, und sie läßt ebenfalls den für alle intermittierenden Bewegungen charakteristischen Rhythmus erklingen.

In einer höheren Entwicklungsstufe rotiert die Achse kontinuierlich, doch auch hier tritt, wenn der Antrieb durch einfache Mechanismen vom Menschen aus erfolgt, noch ein leichter Rhythmus auf. Werden die Vorrichtungen entwickelter und komplizierter, werden Zwischenglieder wie Zahnräder und Seil- oder Riementransmissionen eingeschaltet oder wird gar die Drehung durch Naturkräfte hervorgerufen, so verschwindet jeglicher Rhythmus. An seine Stelle ist das Mathematisch-Technische der absolut gleichförmigen Umdrehung getreten, und wo die Maschine, durch zufällig auftretende Umstände bestimmt, zu rhythmischen Schwankungen neigen sollte, dort wird durch eigene, fein erdachte und sorgsam durchgebildete Vorrichtungen, die Regulatoren, eine möglichste Annäherung an die ideale Forderung zu erreichen gesucht. Mit der absolut gleichförmigen, arhythmischen Rotation der Maschine ist aber jeder Zusammenhang mit künstlerisch zeitbetonten Betätigungen verlorengegangen, und auch der bildende Künstler, der Arbeitsweisen mit rhythmischen Wiederholungen gern darstellt, wendet sich von der ihm kalt dünkenden Maschine, die ihm in rhythmischer Hinsicht nichts mehr zu sagen hat.

Vom rein technischen Standpunkt aus, im Sinne der Erhöhung des Wirkungsgrades, steht aber die kontinuierliche Drehbewegung weit über jeder rhythmisch ungleichförmigen oder gar intermittierend hin und her gehenden. Jede Ungleichförmigkeit einer rotierenden Welle ist mit Massenbeschleunigung oder -verzögerung verbunden, und der vom Künstler so bewunderte Rhythmus in der Bewegung beim Ausüben einer anstrengenden menschlichen Leistung, wie Hacken, Hämmern, Sägen, Mähen usw. bewirkt stets einen fünfzigprozentigen Leergang der Tätigkeit, nämlich bei Rückführung des Werkzeuges in die Anfangslage des aktiven Arbeitsganges[5].
Die kontinuierliche Rotation entspricht bei der Transmissionswelle dem vollkommen gleichmäßig dahinfließenden Energiestrom, und bei den Werkzeugmaschinen hat sie es durch gleichzeitige Vermehrung der unmittelbar wirkenden Werkzeuge – in den meisten Fällen handelt es sich hierbei um Schneiden – und ihre Anordnung in einem Kreise oder an einem endlosen Bande erreicht, daß die rückläufige Leergangsbewegung fortfällt oder genauer genommen, von einer Anzahl von Schneiden dann vollzogen wird, wenn indessen andere Schneiden aktive Arbeit verrichten.

Ursprüngliche Relaisvorrichtungen

Ähnlich, wie die kontinuierliche Drehbewegung zu einer neuen Art der Technik hingeführt hat, die sich von den bei organischen Gebilden vorkommenden technischen Vorgängen und auch von der materiellen Kultur primitiver Völker wesentlich unterscheidet, hat auch die Einführung von Relais-Schaltungen der menschlichen Technik ein durchaus neues Gesicht verliehen. Dabei muß allerdings hervorgehoben werden, daß, abweichend von der kontinuierlichen Rotation, Relaisschaltungen auch schon bei organischen Lebewesen und auf einer ziemlich frühen Entwicklungsstufe der menschlichen Technik auftreten. Eine der frühesten Verwendungen des Relaisprinzipes stellen die von vielen Naturvölkern und auch schon vom prähistorischen Menschen benutzten Fallen dar. Es ist heute noch nicht möglich, einwandfrei anzugeben, in welchen Kulturkreisen Fallen zum erstenmal auftreten und welchen Gebieten bestimmte Bauformen eigentümlich sind; diese Frage fällt jedoch auch aus dem Rahmen der vorliegenden Abhandlung.

Der primitive Mensch ist anstrengenden körperlichen Arbeiten, wenigstens dann, wenn sie nicht zu lange Zeit währen, ziemlich gewachsen; geistige Leistungen dagegen fallen ihm weit schwerer. Die Lebensfürsorge bei einer großen Zahl primitiver Völker ist nun derartig unter beiden Geschlechtern verteilt, daß der Frau das Einsammeln der vegetabilen Nahrungsstoffe, dem Mann dagegen das Jagen des Wildes zukommt. Das Verfolgen der Beute, das lange Umherschweifen und der stetige Ortswechsel bedingen aber eine fortwährende Aufmerksamkeitsleistung hinsichtlich Veränderungen in der näheren, und weiteren Umgebung; und gerade dieses Spähen, Lauern und Suchen ist mit einer ziemlich bedeutenden geistigen Arbeitsleistung verbunden. Dazu kommt noch, daß den Menschen dann, wenn er des Wildes endlich ansichtig wird, oder wenn er sich an seine Beute herangeschlichen hat, in vielen Fällen eine oft recht große körperliche Anstrengung erwartet. Schon der Wurf oder der Pfeilschuß verlangt dies, manchmal ist aber mit dem Erlegen des Tieres noch ein Nahkampf mit einem vielleicht ebenbürtigen oder gar an Kräften überlegenen Feinde verbunden, manchmal schließt sich ein langwieriges Verfolgen auf der Fährte des angeschweißten Wildes an, und gelegentlich ist es vielleicht auch notwendig, daß der Mensch bei nur verwundeten Steppentieren in stundenlangem Dauerlauf hinter ihnen hersetzt.

Daß der primitive Jäger diese gewaltigen Leistungen überhaupt zustande bringt, kommt daher, weil er zur Beschaffung seines Lebensunterhaltes häufig dazu gezwungen wird, weil manchmal Sein oder Nichtsein von diesem Arbeitsaufwand abhängt, und weil seine Instinkte durch eine Jahrtausende alte, sich von Generation auf Generation vererbende Überlieferung gerade auf eine solche Tätigkeit eingestellt und seine Sinne dafür besonders geschärft sind. Außerdem tritt vor allem bei der Jagd das ein, was beim primitiven Menschen für eine intensive und andauernde Arbeitsleistung anscheinend vonnöten ist: nämlich eine gehobene Stimmung, eine Art Verbissenheit, ja manchmal beinahe ein Rauschzustand. Und das, was man heute als Sportseifer bezeichnet, hat sicher in diesen ursprünglichen Affekten seinen Ausgangspunkt.

Aber nicht immer bieten Wald und Flur den Jägerstämmen reichliche Nahrung. Es kann auf einem Gebiete Übervölkerung eintreten oder das Wild kann abwandern; es kann ferner durch Raubjagd, durch plötzlich in größerer Zahl auftretende Raubtiere oder durch Krankheiten dezimiert werden. Dann heißt es für den primitiven Menschen den Bauchgurt enger schnüren, dann tritt Nahrungsmangel auf, der den Jagdeifer vorerst natürlich doppelt steigert. Aber der Jäger muß jetzt ein weit größeres Gebiet als früher durchstreifen, um auf eine genügende Anzahl von Beutetieren zu stoßen. Er muß täglich weite Strecken zurücklegen, deren Bewältigung seinem schon nicht mehr so widerstandsfähigen Körper besonders schwer fällt; und wir wissen nicht, wie viele Katastrophen die Weltgeschichte bei derartigen Gelegenheiten gesehen haben mag, wie viele unbekannt gebliebene Stämme durch solche Zufälle vollständig von der Erdoberfläche verschwunden sein mögen.

Einfacher als das weite Umherschweifen in einem wildarmen Gebiet ist es, dem Wildwechsel nachzuspüren oder täglich am Flusse, an der Stelle der Tränke zu lauern, bis das Wild in gewohnter Weise dort erscheint. Jetzt ist der Mensch schon der großen körperlichen Anstrengung des Wanderns enthoben, er braucht sich auch nicht mehr langsam, unter größter Vorsicht an das Wild heranzupirschen, sondern jetzt kommt die Beute zu

ihm, und es heißt nur ausharren, lange Zeit stillhalten, dauernd aufmerksam bleiben, um den gegebenen Augenblick nicht zu versäumen und zu diesem Zeitpunkt schnell und schlagfertig zu reagieren. Aber der primitive Mensch braucht Aktivität, wenn er eine Hochleistung vollbringen soll. Die gehobene Stimmung, von der früher die Rede war, tritt viel eher ein, wenn er sich körperlich betätigen kann. Hier jedoch, hinter dem Busch an der Tränke, heißt es stille halten und trotzdem, ohne eine Ermüdung aufkommen zu lassen, lange Zeit lauern, um unter Umständen nach stundenlanger Aufmerksamkeitsleistung vielleicht ohne jeglichen Erfolg abziehen zu müssen.
Da bedeutete es nun einen ungeheueren Fortschritt, als der Mensch eine automatische Vorrichtung ersann, die ihm nicht nur die physische, sondern auch die psychische Arbeitsleistung abnahm und alles das vollführte, was für ihn besonders anstrengend, unangenehm, ermüdend und langweilig war.
Schon die Fallen, bei denen der Jäger noch aufmerksam wachen muß, um im gegebenen Augenblicke die Auslösung von Hand aus, meistens durch Zug an einer Schnur vorzunehmen, entlastet ihn bei der körperlichen Handlung beträchtlich. Hierbei spielt nicht so sehr die Ersparung an Energie eine wesentliche Rolle, als die Tatsache, daß die Bewegungen der einzelnen mechanischen Fallenteile durch deren Bauart genau vorgeschrieben sind und daher innerhalb gewisser, durch die Primitivität der Konstruktion gegebener Grenzen zwangläufig erfolgen. Es ist also vor allem die Genauigkeits- und Aufmerksamkeitsleistung, die hier dem Menschen erspart wird, eine Leistung, ebenso notwendig, wie der reine Energieaufwand, weil auch von ihr häufig der Erfolg des Fanges überhaupt abhängt.
Die vollständig automatisch arbeitende Falle aber ist ein reines Wunderwerk: richtig aufgestellt, gestattet sie dem Menschen, sich von ihr zu entfernen, und ohne jedes weitere Eingreifen seinerseits vollführt sie nun den Fang. Die die Arbeit leistende Energie gelangt durch das Tier selbst zur Auslösung, und

Richtung und Stärke ist so genau bemessen, daß die Wirkung in den meisten Fällen zu fast unbedingtem Erfolg führt.
Dadurch aber, daß der Mensch beim Beutemachen nicht mehr selber anwesend zu sein braucht, tritt nun vielleicht zum erstenmal in der Entwicklung der Technik das auf, was für die moderne Industrie besonders kennzeichnend ist, nämlich die Vervielfachung der Leistungen eines einzelnen Menschen, weit hinaus über jedes Maß, das er allein ohne technische Hilfsmittel zu vollbringen imstande wäre. Denn auch dem primitiven Menschen wird es nun möglich, eine größere Anzahl von Fallen gleichzeitig in Tätigkeit zu halten, und ihre Zahl wird hier nur dadurch eingeschränkt, daß er bei seinem täglichen Rundgang jede von ihnen besuchen muß, wenn er von ihr tägliche Fangbereitschaft erwartet[6].
Die Arbeitsleistung des Menschen an der Falle besteht darin, daß er eine »Ladung des Energiespeichers« vornimmt, indem er bei einer Schwerkraftfalle Klotz oder Fallspeer auf entsprechende Höhe hebt oder bei einer elastischen Falle die Gerte, den Baumast oder den Bogen spannt, und daß er die Auslösung derart einstellt, daß das Tier im gegebenen Augenblick durch ganz leise Berührung die im Akkumulator gespeicherte Energie zur Entladung bringt, die aber dann nicht in wilder ungeregelter Weise, sondern in genau nach der ihr vom Menschen vorgeschriebenen Bahn wirkt.

Höhere Relaisvorrichtungen

Die Falle kommt schon in der Phase der technischen Entwicklung vor, die in der Ethnologie als die der höheren Jäger bezeichnet wird. Merkwürdigerweise bleibt die Anwendung von Relais-Konstruktionen, die sich in diesem Falle für den Menschen bereits außerordentlich vorteilhaft erwies, in der Folgezeit recht selten.
Nur bei denjenigen Fernwaffen, die eine Weiterentwicklung des

Bogens darstellen, wird dieses Prinzip gern angewandt. Beim Spannen des Bogens muß nämlich der Schütze im Augenblick des Abschießens die größte körperliche Anstrengung (die hierzu nötige Kraft steigt mit der Größe des Aufzuges) aufwenden und zugleich die größte Aufmerksamkeitsleistung beim ruhigen Zielen vollbringen. Die Armbrustkonstruktion bot hier große Vorteile, denn nun brauchte im Augenblick des Losschießens nicht mehr der Arm den Bogen gespannt zu erhalten, sondern die körperliche Energie war zu einem früheren Zeitpunkt im Bogen akkumuliert worden und mit Hilfe eines Gesperres konnte durch eine verhältnismäßig sehr geringe Anstrengung diese gespeicherte Energie freigegeben werden. Immerhin mag die Armbrust nicht aus solchen Überlegungen entstanden sein, sondern es ist viel wahrscheinlicher, daß sie, wie der Verfasser an anderer Stelle gezeigt hat[7], aus der Bogenschießfalle entstanden ist.

Das Altertum kannte die großen Armbrustgeschütze als die vornehmste Anwendung des Relaisprinzipes in der damaligen Technik, und auch dem Mittelalter waren sie zum mindesten in der Spätzeit bekannt. Sonst benützte das Mittelalter große Schwerkrafthebelgeschütze, im Prinzip ebenfalls vollkommene Beispiele für die Anwendung von Relaiskonstruktionen. Gelegentlich wäre noch die eine oder die andere Ausführung solcher Art zu erwähnen; beispielsweise die Nachtuhr des Plato, ein hydraulisches Relais mit Hochreservoir und Heberauslösung, ohne daß diese Vorrichtungen irgendwelche Bedeutung für die damalige Technik erlangten, geschweige denn in ihrer Auswirkung an die der Geschützkonstruktionen heranreichen konnten. Auch die Araber wendeten manchmal solche hydraulische Relais, deren Kenntnis sie wohl der Antike verdankten, bei mechanischen Spielereien an.

In der Renaissancezeit treffen wir gelegentlich, vor allem bei Entwürfen Leonardo da Vincis, auf Relaiskonstruktionen. Eine Uhr mit Weckereinrichtung weist z. B. auch ein hydraulisches Relais auf, und andere Arten sind bei manchen

Arbeitsmaschinen zu finden, hier sogar hin und wieder in einer Form, die einigermaßen an die Konstruktionen moderner automatischer Werkzeugmaschinen erinnert. Aber Leonardo da Vincis Entwürfe blieben bis zur Eroberung Mailands durch die Franzosen im Jahre 1796 unbekannt, und sie blieben deswegen auch ohne Einfluß auf die technische Entwicklung.

Ganz ohne Relaiseinrichtungen kamen diese Epochen freilich nicht aus; sie waren aber äußerst primitiv, gleichsam nur rudimentär vorhanden, und ihr Erkennen ist erst heute, wo der Begriff der Relaisschaltung schärfer herausgearbeitet wurde, möglich.

Der ursprüngliche Mensch mußte jede von ihm gewünschte Leistung selber vollbringen, und die Vorstellung des schweifenden Jägers zeigt uns, wie unsinnig bei der damaligen Tätigkeit die Indienststellung von Naturkräften gewesen wäre. Tiere konnte er auf einer höheren Stufe schon als Jagdgehilfen verwenden (wir erinnern an Hund, Falken, Jagdtiger, Pelikan usw), aber dem Ackerbauer, dem die Hochspannung und das damit verbundene Lustempfinden bei seiner tagelang gleichmäßig verlaufenden Arbeit fehlte, war die Ausnützung tierischer Kräfte in weit höherem Maße wertvoll als dem Jäger, und um diese Zeit finden wir Tiere vor Pflug und Wagen gespannt[8]. Hier tritt bereits eine Art von versteckter Relaisschaltung auf: der Mensch benützt die rohe Zugkraft des Tieres, er gibt dabei jedoch an, wann die Bewegung einsetzen, wann sie zum Stillstand gelangen soll. Er regelt die Geschwindigkeit und seine Geißel oder die von der Hand gelenkten Zügel bestimmen die Bewegungsrichtung.

Die Verwertung der Naturkräfte begann mit der Ausnützung des Windes, vorerst zum Antrieb von Wasserfahrzeugen. Ein besonderer Motor war hierfür nicht nötig, denn das Fahrzeug wurde vom Winde mitgenommen; es schlug je nach der Stellung des Steuers eine mehr oder weniger in der Richtung des Windes gelegene Bahn ein. Das Relais hier zu erkennen, ist, soweit es sich um das Hissen oder Reffen der Segel handelt, nicht schwer, und die zusätzliche Verwendung großer oder kleiner Segelflächen, sowie der Einfluß des Steuerruders gestatten die Stärke der Windkraft innerhalb gegebener Grenzen zu verändern und eine Beeinflussung der von ihr ausgehenden Bewegungsrichtung zu erzielen.

Zum Antrieb von Arbeitsvorrichtungen wurde vorerst die Wasserkraft verwertet, der in späterer Zeit die Windkraft folgte. Beide Energien bieten sich dem Menschen in gleichmäßigem Fluß dahinströmend dar[9]. Daraus entspringt die eigenartige Tatsache, daß die bei den ersten Kraftmaschinen, das Wasser- und das Windrad, bereits Vorrichtungen mit kontinuierlicher Drehbewegung waren. Dieser Ursache ist aber auch ihre verhältnismäßig einfache Konstruktion zuzuschreiben. Sie brauchten bei den damaligen äußerst geringen Ansprüchen an Gleichförmigkeit der Bewegung und konstanter Drehzahl keinerlei steuernde Organe, und so beschränkt sich die Relaiswirkung, ähnlich wie bei Ausnützung der Zugtiere, auf die Ein- und Ausschaltung des Energiestromes und gelegentlich auf eine Regelung der Stärke, besonders beim Auftreten zu heftiger und deswegen vielleicht zerstörend einwirkender Naturkräfte. Aber die Übereinstimmung war auch äußerlich eine große, denn sowohl Wasser- als Windrad waren ja nichts anderes als ein Ersatz der am Göpel kreisenden Tiere.

Die Selbststeuerung

Ganz verschieden hierzu lagen die Verhältnisse beim Aufkommen der kalorischen Maschinen. Die Entwicklungsgeschichte dieser Vorrichtungen führte, wenn man von einigen, ohne jede praktische Bedeutung gebliebenen frühen Versuche zur Herstellung von Dampfrädern absehen will, zur Kolbenmaschine, und ihre hin und her gehende Bewegung war auch beim Antrieb der Bergwerkspumpen erwünscht, deren Ingangsetzung vorerst als einziges Ziel der kalorischen Maschine ins Auge gefaßt wurde[10].

Die hin und her gehende Bewegung des Kolbens mußte aber durch eigene Steuerorgane erzielt werden, und diese Steuerorgane wurden im Anfang von der menschlichen Hand betätigt. Jeder Hingang, jeder Rückgang des Kolbens erforderte einen Eingriff des Menschen, der die Ein- und Ausschaltung der Dampf- und Kondenswasserleitung vorzunehmen hatte. Man erkennt die fortwährende unbedingte Abhängigkeit dieser primitiven kalorischen Maschine vom Menschen, man sieht, wie der Zusammenhang zwischen ihren Bewegungen und denen des menschlichen Körpers noch außerordentlich stark aufrechterhalten ist, wenn auch lange nicht mehr in dem Maße, wie bei dem einfachen Faustkeil, der in der Hand des Menschen zum Hammer wird, der aber keinesfalls etwa eine selbständige Arbeitsvorrichtung darstellt, sondern diese erst im Zusammenhang mit dem menschlichen Arm ergibt.

Es bedarf wohl keiner weiteren Auseinandersetzung mehr, um zu erläutern, daß die Eingriffe der menschlichen Hand bei Betätigung der Feuermaschine nichts anderes als ständige Relaisschaltungen bedeuten. Da war es ein ungeheuerer Fortschritt, als man auf den Gedanken kam, die Steuerung der Maschine durch Schnüre mit dem Gestänge des arbeitenden Mechanismus zu verbinden, und auf diese Weise eine Selbststeuerung der intermittierend arbeitenden Vorrichtung zu erzielen[11].

Was hiermit geschaffen wurde, ist nichts anderes als die Ausschaltung der das Relais betätigenden menschlichen Hand, innerhalb des Bereiches einer ständig wiederkehrenden, sich in einem bestimmten Rhythmus vollziehenden Bewegung. Wir binden demnach die Schaltbewegung, statt sie von der menschlichen Hand ausführen zu lassen, an eine materielle Schablone. Die Freiheit des Eingriffes wird dadurch freilich beschränkt, denn die Schablone arbeitet in zeitlich sich stets wiederholendem Rhythmus, aber die Tätigkeit des Menschen ist nun bei der Steuerung ganz ausgeschaltet, und die Maschine läuft vollkommen automatisch.

Noch deutlicher zeigt sich dieser Vorgang bei der Entwicklung der Arbeitsmaschine. Denken wir beispielsweise an den Webstuhl: die ihn in Tätigkeit setzende Energie wird nur an der als rotierendes Transmissionsrad ausgebildeten Aufnahmestelle eingeleitet. Diese Energie hat dann die Schützen hin und her zu schießen, die Kette allmählich weiter zu bewegen und durch geeignete Hebung der einzelnen Kettfaden das mehr oder weniger zusammengesetzte Muster zu bilden. Letztere Aufgabe war auf dem Wege zur Mechanisierung des Webstuhls die schwierigste. Wohl gelang ihre Lösung bald bei der einfachen Leinwandbindung, weil es sich hierbei um nichts anderes als um zwei auf- und abwärts gehende Schäfte und dementsprechend um zwei davon abhängige Tritte handelt, die bis dahin vom Weber abwechselnd niedergetreten werden mußten und nun maschinell durch Daumenscheiben betätigt wurden. Bei zusammengesetzteren Mustern genügten aber auch beim Handwebstuhl die beiden Schäfte nicht, und deren Vermehrung war aus konstruktiven Gründen bald ein Ziel gesetzt. Die Muster wurden jedoch stets komplizierter, der Künstler, der sie anfertigte, verlangte immer mehr Freiheit bei ihrem Entwurf, und hier versagten bald die der damaligen Technik zur Verfügung stehenden Mittel. Man verlangte, daß die Hebung oder Senkung jedes einzelnen Kettfadens gesondert von dem anderen vorgenommen werde, und der Zeitabschnitt bis zur Wiederkehr des Anfangsstadiums bei der Musterbildung (der Rapport), also der zeitliche Rhythmus, war außerordentlich groß. Man wußte sich keinen anderen Rat, als daß man einen besonderen Gehilfen oben an den Litzenzugmechanismus setzte, damit er unter Aufwand einer höchst anstrengenden und sehr viel Aufmerksamkeit erfordernden Tätigkeit stets die richtigen Kettfaden hebe[12].

Den nächsten Fortschritt zur Mechanisierung erzielte Jacquards geniale Konstruktion. Die Schaltbewegung, die der Hilfsarbeiter hoch oben an der Maschine vornehmen mußte, wird nun durch eine materielle Schablone, durch die gelochten

Pappkarten, vollzogen. Sie gestatten, jeden Kettfaden gesondert von den anderen zu beeinflussen, und die Größe des Rapports hängt nur von der Zahl der Karten ab und ist nur durch den zu ihrer Unterbringung zur Verfügung stehenden Raum beschränkt.

Einen kleinen Schritt vorwärts bedeutete es noch, die Schaltung, d. h. den Wechsel der Pappkarten, nicht von Hand aus, sondern von der Maschine selbst vornehmen zu lassen. Der eingeleitete Energiestrom verzweigt sich nun mehrfach in der Maschine; der größte Teil wird zum Vollzug der eigentlichen Arbeitsleistung verwendet, ein kleiner Teil aber läuft zum Schaltmechanismus, betätigt ihn und wirkt bei dieser Relaiskonstruktion jetzt als Primärstrom, der den die Arbeitsleistung vollbringenden Hauptstrom steuert. Man sieht, daß hier bei der Arbeitsmaschine, ebenso wie früher bei der kalorischen Maschine, der Weg zur Selbststeuerung damit vollzogen war.

Es würde zu weit führen, hier zu zeigen, wie dieses Ziel, eine automatisch wirkende Maschine zu erreichen, ein Grundzug in der Entwicklung der Technik beim Bau fast aller Kraft-, Werkzeug- und Arbeitsmaschinen ist. Natürlich eignen sich solche Automaten wegen der notwendigerweise mit der Bindung der Schaltbewegung an eine materielle Schablone im Zusammenhange stehenden zeit-rhythmischen Wiederkehr (des Rapportes) nur zur Herstellung von Massenerzeugnissen, aber auch hier wird es Aufgabe des Fortschrittes sein, ebenso wie bei der Jacquardschen Maschine, dahin zu wirken, daß die Schablone, was die Zahl der möglichen Einzelwirkungen und die Größe des Rapportes betrifft, weitestgehende Freiheit gestattet.

Überwachungseinrichtungen

Gerade beim mechanischen Webstuhl wurde aber auch zum erstenmal ein Fortschritt erzielt, der später prinzipiell bei anderen Arbeitsmaschinen Nachahmung fand. Es sind dies Kontrollvorrichtungen, die den richtigen Gang der Maschine überwachen und sie bei einer auftretenden Störung sofort stillsetzen. Beim Webstuhl war es vor allem der Schuß- und der Schützenwächter, denen diese Aufgabe zufiel – auch wieder Relaiskonstruktionen. Ihnen kommt für gewöhnlich keine unmittelbare Beeinflussung der Maschine zu: was sie vollbringen sind Aufmerksamkeitsleistungen, die man in einem weniger technischen Zeitalter ausschließlich der Psyche des Menschen zugetraut hätte. Sie liegen auf der Lauer, wartend, ob nicht eine Störung eintritt. Dann aber setzt eine, gewöhnlich sehr kleine Energiemenge durch geeignete Relaisschaltung rasch den starken in die Maschine eingeleiteten Energiestrom außer Tätigkeit, schaltet vielleicht noch Bremsen ein, um auch die in der Vorrichtung selbst vorhandenen Massenkräfte zu vernichten und ersetzt in fast vollkommener Weise so den die Maschine in früherer Zeit stets überwachenden Menschen, ohne jemals irgendwelche Ermüdungserscheinungen oder Unlustäußerungen zu zeigen. Die kleine Energiemenge, die von der die Maschine steuernden Überwachungsvorrichtung als Primärstrom ausgesandt wird, kann in einfacher Weise durch die Schwerkraft oder durch elastische Federn erzeugt werden, bei größerem Energiebedarf ist es auch hier möglich, wieder einen Teil von unserem Hauptenergiestrom abzuzweigen und ihn dem Überwachungsrelais zuzuführen.

Man glaube aber ja nicht, daß sich die Überwachungsvorrichtung, selbst nur im technischen Sinn, zu einer gewissen handelnden Selbständigkeit entwickelt hätte, und daß ihr Eingreifen auch nur bildhaft demjenigen des Menschen gleichgestellt werden darf. Wohl reagiert sie der ihr gestellten Aufgabe gemäß in feinster und von jeder Ermüdung unabhängiger Weise auf diejenigen Einwirkungen, zu deren Überwachung sie vom Menschen ersonnen wurde, aber weitere Reaktionen auf andere, vom Menschen nicht vorher ins Auge gefaßte Geschehnisse sind ausgeschlossen. Es fehlt ihr daher jede Ähnlichkeit mit einem lebenden Organismus, der mit seinem ganzen materiellen und energetischen System auf jede Reizung der Außenwelt antwortet, und der durch schöpferische Neugestaltung sich an neue Bedingungen der Umgebung anzupassen imstande ist.

Auch die Wächtereinrichtung ist nur zu verstehen, wenn wir sie in Abhängigkeit vom Menschen betrachten, wenn wir zu der, durch ihre Gestaltung bedingten Konstruktion den organisierenden Menschengeist, der sie geschaffen hat, hinzufügen. Sie steht prinzipiell in genau demselben Verhältnis zum Menschen, wie der von seiner Hand ergriffene und nun als Schlagwerkzeug verwendete Stein, nur daß die Distanz zwischen ihr und dem menschlichen Körper sehr groß geworden ist, und daß die Verbindung zwischen beiden an materiellem Gehalt verloren hat.

Ist der Wächterapparat einmal vom Menschen fertiggestellt worden, so arbeitet er unter Umständen eine außerordentlich lange Zeit, nämlich bis zum Eintritt einer katastrophalen Störung, selbständig weiter. Der Mensch braucht nicht mehr zur Beobachtung des Apparates in dessen unmittelbarer Nähe anwesend zu sein, er kann sich weit weg von ihm begehen und kann auch eine außerordentlich große Zahl solcher Vorrichtungen an den verschiedensten Orten gleichzeitig im Betrieb erhalten. Diese Loslösung der selbständig gewordenen Relaisschaltung vom Menschen wurde bereits bei den primitiven Fallen der Jägervölker erläutert. Der materielle Zusammenhang zwischen Mensch und Vorrichtung bleibt nur bei ihrer Ingangsetzung und bei ihrer Ausschaltung aufrecht. Die Einwirkungen des primären steuernden Energiestromes sind hier auf ein Minimum reduziert, ebenso wie wir es an früherer Stelle bei dem Schalter einer elektrischen Leitung auseinandergesetzt haben.

Zusammenfassung

Bei allen Ausführungen, die hier zur Darlegung des Relaisprinzipes gemacht wurden, ist fast immer nur von mechanischen Relaisvorrichtungen die Rede gewesen. Nur gelegentlich, z. B bei der einleitenden Erklärung des Begriffes der Relaiskonstruktion, wurde auch auf Anlagen, die durch Einwirkung anderer Energien zur Betätigung gelangen, hingewiesen. Es ist einleuchtend, daß beim Übergang von mechanischen zu anderen, immateriellen Kräften die Relaiskonstruktionen noch viel feiner ausgestaltet werden können. Komplizierte Kupplungen, umfangreiche Konstruktionen zur Aufnahme und Weiterleitung bedeutender mechanischer Energiemengen fallen beispielsweise bei elektrischen Schaltungen vollkommen fort, wo eine gut konstruierte Kontaktvorrichtung allein genügt, um große Energiemengen ein- und ausschalten zu können. Die Möglichkeit, Relaiskonstruktionen zu den verschiedensten Zwecken anzuwenden, wächst dadurch ins unendliche, und es gelingt in der Folge auch technische Gebilde herzustellen, die eine sehr große Zahl von Relais aufweisen. Letztere können wieder in ein gegenseitiges Abhängigkeitsverhältnis zueinander gestellt werden, so daß die Gebilde dadurch, wenn auch nur äußerlich, eine immer größere Ähnlichkeit mit dem lebenden Organismus erhalten.
Fassen wir die durch die Anwendung des Relaisprinzipes in der Technik erzielten Fortschritte an Hand eines Beispieles (der Arbeitsmaschine) noch einmal zusammen, so ergeben sich folgende Stufen:

1. Der Mensch arbeitet ohne jedes Werkzeug; sein lebender Organismus ist die einzige Materie, die von seiner Psyche beeinflußt auf die Außenwelt einwirkt und darin Änderungen nach Raum und Zeit vornimmt.
2. (Transformatorschaltung.) Der Mensch arbeitet mit einem Werkzeug, das von seiner Hand gehalten wird. Die Form des Werkzeuges gestattet, die Kraftäußerung in bestimmten

Punkten zu konzentrieren, ihr auch eine besonders gewünschte Richtung zu erteilen oder sie, wie bei den einfachen Maschinen in ihrer Stärke zu verändern. Diese Transformatorschaltung, die, außer beim Gebrauch der Werkzeuge, auch sonst noch häufig in der Technik Verwendung findet, ist in Abbildung 1 schematisch dargestellt. Eine Vergrößerung der Energiemenge des Sekundärstromes im Vergleich zu der des Primärstromes kann mit dieser Einrichtung nicht erzielt werden.

3. (Relaisschaltung.) Der Mensch benützt eine Arbeitsmaschine; für die Arbeitsleistung steht hier eine zusätzliche Kraft in einem Energiespeicher zur Verfügung (Abb. 2). Die Vorrichtung gestattet die Ausnützung leibfremder Energie und dadurch wird die Indienststellung von Tier- und Naturkräften möglich. Der Sekundärstrom ist hinsichtlich seiner Zeit-Intensitätskurve eine Funktion des Primärstromes; ein Verhältnis zwischen Primär- und Sekundärstrom nach dem Gesetz von der Erhaltung der Energie besteht jedoch keineswegs.

4. Bindung des steuernden Energiestromes an eine materielle Schablone (Abb. 3). Die durch diese Schaltung erzielte Vorrichtung ergibt die automatisch arbeitende Maschine. Die Einwirkung des Menschen beschränkt sich meistens nur noch auf wenige Handgriffe beim Anlassen und Abschalten der Anlage, sowie beim Zurichten und Einstellen vor ihrer Inbetriebsetzung.

5. Schaltung wie bei 4., jedoch unter Hinzufügung einer oder mehrerer Überwachungseinrichtungen (Abb. 4). Im Gegensatz zu den Energieströmen, die die Arbeitsleistung und die Relaissteuerung der Anlage nach Schaltung 4 bewirken, fließt die Energieströmung in den Überwachungsleitungen gewöhnlich rückläufig. Die unmittelbare Einwirkung des Menschen wird auf ein noch geringeres Maß herabgedrückt. Sie ist nun selbst bei Katastrophen nicht notwendig, soweit diese vorhergesehen und in den Bereich der Konstruktion mit einbezogen wurden.

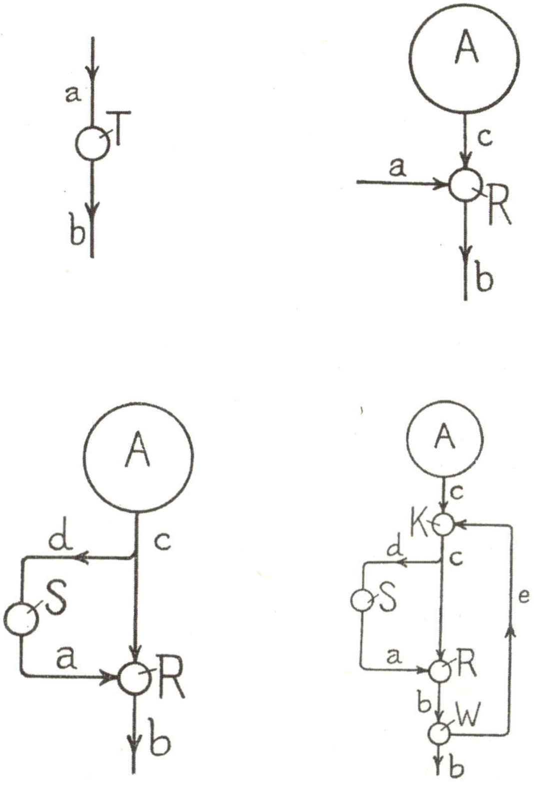

Abb. 1–4

Erklärung der Buchstaben auf den Abbildungen: a Primärstrom, b Sekundärstrom, T Transformator, R Relais, A Akkumulator, c motorische Leitung, S steuernde Schablone, d motorische Leitung zum Antrieb von S, W Wächterapparat, K Kupplung (Stromschalter), e Überwachungsleitung.

Wir sehen, daß durch den dargelegten Entwicklungsgang der Einfluß des Menschen ins ungeahnte gesteigert wurde, sowohl hinsichtlich der Energiemenge, die ihm nun zur Verfügung steht, als auch hinsichtlich der Vervielfältigung von deren Wirkungsmöglichkeit, so daß die von ihm beherrschten und gelenkten Kräfte gleichzeitig und unabhängig von seiner Anwesenheit an vielen voneinander getrennten Orten zweckmäßig ausgenützt werden können.

Dieser ganze, für den Menschen von ungeheuerer Bedeutung gewordene Entwicklungsgang, vollzog sich jedoch auf Kosten der Freiheit. Dem ohne Werkzeug tätigen Menschen waren hinsichtlich seiner Leistungen nur durch die kinematischen und dynamischen Befähigungen seiner Organe Grenzen gezogen. Schon das einfache, von der Hand geführte Werkzeug ist einem Sonderfall angepaßt, leistet für diesen weit mehr, als die unbewaffnete Hand, ist aber in seiner Benützungsmöglichkeit auch auf diesen einen Sonderfall allein beschränkt. Jede weitere Ausgestaltung der Maschine nach der oben dargelegten Richtung, engt aber ihr Verwendungsgebiet immer mehr ein. Für den Sonderfall bleibt sie freilich ein wunderbares Instrument, weil sie den Menschen, wie wir sahen, sogar vom Überwachungsdienst enthebt und beim Eintritt von Katastrophen geeignete, folgerichtige Maßnahmen zur Verhinderung belangreicher Schäden trifft. Sie versagt jedoch natürlich bei jeder unvorhergesehenen Katastrophe gänzlich, und hier bleibt ihr der vollkommen unbewaffnete lebende Organismus unendlich überlegen.

Parallelen beim lebenden Organismus

Die eben angestellte Betrachtung führt zum Vergleich lebender Organismen mit den technischen Gebilden auch in anderer Hinsicht. Wie früher dargelegt, dürfen wir diese Gebilde in ihrer Funktion niemals selbständig und vom Menschen losgelöst, sondern nur im Zusammenhang mit ihm und vor allem mit seinem Zentraldenkorgan betrachten. So erscheinen die Technismen als Erweiterungen der menschlichen Physis, als abhängige Organe des menschlichen Energiesystems[13], auch dann, wenn sie sich vom menschlichen Körper längst losgelöst und wenn sie in ihrem Aufbau fast selbständige Wirkungsmöglichkeiten errungen haben. Und die Aufrechterhaltung der Abhängigkeit des technischen Gebildes vom menschlichen Zentraldenkorgan, die mit Hilfe des Relaisprinzipes bis zu den beinahe vollständig selbsttätigen Maschinen möglich bleibt, ergibt eine befriedigendere Eingliederung der Technismen in die gesamten Erscheinungsformen der Erde, als ihre Betrachtung als selbständige Vorrichtungen.

Bei einem eingehenden Vergleich des Aufbaues und der Arbeitsweise höherer technischer Gebilde mit lebenden Organismen zeigt sich nämlich eine gewisse Ähnlichkeit, die allerdings nicht in sämtlichen Funktionen besteht und auch nicht etwa zu einer vollständigen Wesensgleichheit hinführt, die aber in vielen Fällen den unbefangenen Beobachter äußerst überraschen mag und dann zu Ratlosigkeit in wissenschaftlicher Beziehung oder zu mystischen Erklärungsversuchen Veranlassung geben kann. Die eben berührte Tatsache, daß gewisse Funktionen des technischen Gebildes und des menschlichen Körpers einander sehr ähneln, bewogen Ernst Kapp in seiner »Philosophie der Technik« seine Lehre von der Organprojektion zu formulieren, nämlich die Behauptung aufzustellen, daß der Mensch nur fähig wäre, Gebilde zu ersinnen, die ganz analog dem Bau seines Körpers gestaltet sind. Tatsächlich ist ja die Ähnlichkeit bei manchen Erscheinungen überraschend, aber es wurden bei technischen Gebilden doch Formen und Funktionen ersonnen, die in der organischen Welt kein Analogon finden.

In dieser Beziehung braucht bloß an das Aufkommen und die Ausgestaltung der technischen Drehbewegung erinnert zu werden, die nicht nur die in festen Lagern rotierende Achse hervorbrachte, sondern der es sogar gelang, das zu überwinden, was bei ihrer Einführung als unangenehme Beigabe mit in Kauf genommen werden mußte, nämlich das Auftreten gleitender Reibung. Die Kugel- und Walzenlager ermöglichen eine feste

Lagerung der Achse und trotzdem tritt, praktisch genommen, keine gleitende, sondern nur wälzende Reibung auf.

Auch die Verwendung des Feuers, einer Errungenschaft verhältnismäßig primitiver Technik, die Benützung einer Menge chemischer Reaktionen, die Verwendung magnetischer und elektrischer Kräfte zeigen, daß die Kappsche Theorie nur auf sehr schwankenden Füßen steht, und wenn sich der Techniker, hier wohl mit Recht, mit seiner ganzen Skepsis gegen die Anerkennung dieser Anschauung wendet, so mag nur an die von Duprell ersonnene Fortführung der Kappschen Hypothese erinnert werden, um zu erkennen, wo solche Spekulationen zu enden imstande sind.

Unabhängig von allen Erklärungsversuchen obliegt aber dem wissenschaftlich nüchternen Beobachter die Feststellung der Tatsache, daß Relaisschaltungen nicht nur bei technischen Gebilden, sondern auch im lebenden Organismus häufig vorkommen. Die zur Bewegung eines Gliedes des menschlichen Körpers notwendige Energie ist in den Muskeln gespeichert und wird durch nervöse Beeinflussung vom Gehirn ein- oder ausgeschaltet und in ihrer Stärke gesteuert. Solche Akkumulierungen von Energievorräten in Form elastischer Spannungszustände treffen wir aber auch schon bei ganz einfachen organischen Gebilden z. B. bei Pflanzen an, wo sie dann durch gewisse innere oder äußere Reize, z. B. bei Erreichung einer bestimmten Höhe des Turgordruckes oder durch Berührung zur Auslösung gelangen.

Aber nicht nur die einfache Relaisschaltung findet sich bei organischen Gebilden, sondern es kommt auch eine Einrichtung, die sehr ähnlich derjenigen ist, die wir das Binden einer Schaltbewegung an eine materielle Schablone nannten, beim Menschen vor. Ein Arbeiter, der fortwährend sich wiederholende Bewegungen zu vollführen hat, wird diese erst unter Zuhilfenahme aller seiner psycho-physischen Fähigkeiten vollbringen. Die Folge davon zeigt sich in baldiger Ermüdung, in Unlusterscheinungen und wohl auch im Nachlassen der

Genauigkeit seiner Leistung. Eine Hilfe bietet ihm, wie früher erläutert wurde, die rhythmische Ausgestaltung seiner Tätigkeit, die aber in der modernen Technik, z. B. bei Bedienung einer Maschine, nicht mehr angängig ist, weil hier die Bewegungen häufig in anderen Zeitintervallen als sie dem menschlichen Körper entsprechen, ausgeführt werden müssen, und weil das Tempo der Bewegung nicht vom Arbeiter, sondern von der Maschine diktiert wird.

Eine merkwürdige Erscheinung gewährt jedoch dem Arbeitenden in dieser verzweifelten Lage Hilfe. Die Bewegungen und Verrichtungen, die er anfangs nur mit größter Anspannung seiner Sinne und seines Denkapparates vollführen konnte, werden ihm stets leichter und geläufiger, die Aufmerksamkeitsleistungen, die hierzu nötig sind, vermindern sich fortwährend, und endlich führt er die von ihm verlangte Aufgabe ganz »mechanisch« aus: er hat sich hier gleichsam eine Schablone von sinnlichen Reizungen geschaffen, die die Ausschaltung anderenfalls fortwährend aufzuwendender geistiger Energie gestattet.

Anmerkungen

1 Der Verfasser hofft, in einiger Zeit eine ausführliche methodologische Untersuchung der Technohistorie veröffentlichen zu können.

2 Zum ersten Male in einem Vortrag des Sächsischen Ingenieur- und Architektenvereins 1872 veröffentlicht.

3 Der Verfasser beabsichtigt, in nächster Zeit auch eine heute fast fertiggestellte eingehende Untersuchung über das Hartigsche Gesetz zu veröffentlichen.

4 Vergl. Horwitz: »Die Entwicklung der Drehbewegung« Beiträge zur Geschichte der Technik und Industrie, Jahrbuch des Vereins deutscher Ingenieure 10 (1920), 187.

5 wenigstens soweit der Arbeitsweg, nicht allerdings, soweit die dazu aufgewandte Muskelenergie in Betracht gezogen wird.

6 Aber auch dies wird bei komplizierter gestalteten Fallen, die den selbsttätigen Fang mehrerer Tiere hintereinander vollbringen, überflüssig, und der Besuch braucht nur nach einer gewissen Anzahl von Tagen zu erfolgen, sofern nicht das Verderben des getöteten Wildes oder ein Kampf der lebend gefangenen Tiere untereinander zu befürchten ist.

7 Horwitz: »Zur Entwicklungsgeschichte der Armbrust«. Zeitschrift für historische Waffenkunde 8 (1920), 313.

8 Etwas später wohl werden Tiere auch zum Antrieb von Wasserschöpfeinrichtungen verwendet, wogegen ihre Benutzung zum Drehen von Mühlen sicher in eine vorgeschrittenere Epoche fällt.

9 Von dem An- und Abflauen der Luftströmung und von Windstößen kann füglich abgesehen werden: der gleichmäßige Fluß wird hier besonders im Gegensatz zu einer intermittierenden, hin und her gehenden Bewegung betont.

10 Beim Antrieb von Pumpen durch ein Wasserrad mußte die rotierende Bewegung stets durch ein Kurbelgetriebe erst in eine hin und her gehende verwandelt werden, denn Wasserhebevorrichtungen mit rotierender Bewegung waren damals im Prinzip wohl bekannt, praktisch aber ohne jede Bedeutung.

11 Ob es, wie die Sage will, der zur Bedienung der Feuermaschine angestellte kleine Junge Potter war, dem die fortwährende Arbeits- und Aufmerksamkeitsleistung zu langweilig wurde, und der deswegen die Schnursteuerung ersann, konnte bisher historisch nicht einwandfrei nachgewiesen werden.

12 Es mag die besondere Beachtung verdienen, daß die Entwicklung des Webstuhles bis zu diesem Punkt sowohl im europäischen, als auch im ostasiatischen Kulturkreis in ähnlicher Weise vor sich gegangen ist.

13 nicht aber als Organprojektionen.

Über die Konstruktion von Fallen und Selbstschüssen

[Erstabdruck in: Beiträge zur Geschichte der Technik und Industrie 14 (1924), S. 85-100.]

Von den von Menschen verfertigten Gebilden, die schon ziemlich früh im Laufe der Entwicklung der Technik ersonnen wurden, gehören die Fallen zu den eigenartigsten. Ein großer Teil ihrer Ausführungsformen stellt die Anfänge der mechanischen Technik, vielleicht auch die des Maschinenbaues dar[1], und zwar hat man in ihnen besonders den Ursprung der Automaten zu erblicken. Freilich darf man hierbei nicht an diejenigen Automaten denken, die der spielerische Menschengeist, angefangen von Griechen und Römern bis in die Rokokozeit hinein, erdacht hat. Bei ihrer Erfindung sah man es als höchstes Ziel an, menschliche und tierische Gestalten in Bewegungen und Tätigkeiten, die diesen Lebewesen eigen sind, vorzuführen, und noch im 18. Jahrhundert hielten manche solche wohl oft sehr sinnreich konstruierte, im Grunde aber völlig nutzlose Vorrichtungen, die nur zum Vergnügen dienten, ohne irgend welchen praktischen Wert zu besitzen, für den höchsten Triumph der Technik.

Die Fallen aber bedeuten nicht die ursprünglichen Anfänge solcher Automaten und ebenso wenig die unserer heutigen selbsttätigen Verkaufsvorrichtungen, sondern sie sind die Vorläufer der automatisch arbeitenden Werkzeugmaschinen. Geradeso wie diese führen sie praktisch wertvolle, sonst vom Menschen zu verrichtende Arbeit selbsttätig aus. Der wesentliche Unterschied zwischen beiden mechanischen Gebilden besteht darin, daß sie die Ergebnisse zweier in technischer und wirtschaftlicher Beziehung weit voneinander getrennten Perioden darstellen: hier ein technisch hochentwickeltes Zeitalter mit großen Fabrikanlagen, in denen auf engstem Raume riesige menschliche und anorganische Energiemengen industriell tätig sind, dort schweifende Völkerhorden, die in der unmittelbaren Erwerbung von Nahrungsmitteln ihre Hauptaufgabe erblicken; hier von Menschen bezwungene und beherrschte Naturkräfte, komplizierte und auf das feinste durchdachte Maschinengebilde und eine geschulte, für ihre besondere Tätigkeit eigens »angelernte« Arbeiterschaft, dort der Urmensch, noch ungeübt in jeder Vorstellung mechanischer oder organisatorischer Zwangsschlüssigkeit, dessen Sinne allerdings bewunderungswürdige Schärfe und dessen Körperkräfte ungewöhnliche Leistungsfähigkeit und Ausdauer aufweisen.

Die mechanischen Fallen sind die ersten technischen Gebilde, die die Arbeitstätigkeit des Menschen nicht nur zu unterstützen, sondern auch teilweise zu ersetzen bestimmt sind, und zwar sowohl bei physischen als auch bei psychischen Leistungen. Die (später erläuterte) Vogel-Klappfalle erfordert nur noch, daß im geeigneten Augenblick an einer Schnur gezogen wird, wogegen die richtige Bewegung des Netzes völlig zwangsschlüssig erfolgt. Und beim automatischen Selbstschuß ist die Anwesenheit des Menschen überhaupt nicht mehr erforderlich: die zum Absenden des Pfeiles unerläßliche Energie ist in dem elastischen Bogen aufgespeichert und die im entscheidenden Augenblick notwendige Auslösung erfolgt vollkommen selbsttätig.

Das Material, das zu einer Entwicklungsgeschichte der Fallen vorliegt, ist nicht allzugroß; es findet sich einerseits in historischen, andererseits in ethnographischen Berichten zerstreut. Leider haben die Verfasser beider Arten von Aufzeichnungen diesen eigenartigen Gebilden gewöhnlich nicht allzuviel Beachtung geschenkt und meistens noch weniger Verständnis für die Wichtigkeit einer genauen Konstruktionsangabe besessen. Da uns die historischen Berichte gerade in letzterer Hinsicht häufig im Stiche lassen, ist es mit unserer Kenntnis der Bauformen vergangener Zeiten besonders schlecht bestellt. Bei den mangelhaften Angaben der Ethnologen könnten hingegen

die in den verschiedenen völkerkundlichen Museen befindlichen Modelle aushelfen.
Der Verfasser hat im Laufe der Jahre zahlreiche von solchen Museumsstücken untersucht; leider war jedoch auch hier das Ergebnis nicht allzu erfreulich. Viele der Modelle sind derartig beschädigt oder in so unvollständigem Zustande in die Museen gelangt, daß an ihre Rekonstruktion nicht gedacht werden kann. Aber selbst bei den fast unversehrt gebliebenen Stücken fehlt oft ein wesentlicher, wenn auch manchmal nur kleiner Bestandteil, oder der Gegenstand ist zwar in allen Stücken erhalten, aber vollständig zerlegt und durcheinander geworfen, so daß er, falls die Beschreibung fehlt oder unverständlich ist, nicht wieder zusammengesetzt werden kann.
Es ist sogar vorgekommen, daß einzelne Objekte moderne Zutaten, wie Nägel, Klammem, Drähte usw. aufwiesen, die entweder bei der Versendung, manchmal aber auch erst in den Museen, und zwar zum Teil von ganz unkundiger Hand eingefügt worden waren, so daß dadurch erst recht Verwirrung entstand. Wie sehr dabei manche Ethnologen die Wichtigkeit, auch die Arbeitsweise solcher mechanischen Vorrichtungen zu überliefern, unterschätzt haben, mag daraus hervorgehen, daß in einigen Fällen sogar die Forschungsreisenden selbst, die diese Gegenstände gesammelt hatten, nicht imstande waren, über ihr Funktionieren Auskunft zu geben. Alles dies macht eine wissenschaftlich exakte Untersuchung der Fallen recht schwer, und es ist nicht daran zu denken, eine eingehende Darstellung der Entwicklungsgeschichte der mannigfaltigen Typen zu geben, wie sie der Verfasser an früherer Stelle ganz allgemein für technohistorische Untersuchungen gefordert hat[2], nämlich eine Darlegung der gegenseitigen Abhängigkeit der verschiedenen Konstruktionen voneinander und eine Bestimmung ihrer Verbreitungsgebiete und Verbreitungszeiten.
Deswegen wird auch der vorliegende Bericht in dieser Hinsicht viel schuldig bleiben müssen, und ebenso ist die technische Analyse der mannigfaltigen Konstruktionen bei allen Typen

von Fallen heute noch keineswegs durchführbar. Es handelt sich hierbei einerseits um eine kinematische, andererseits um eine dynamische Untersuchung des Aufbaues, die bei den sich häufig vorfindenden, oft sehr einfachen und in der höheren Technik kaum verwendeten Konstruktionselementen wie Schnüren, Schlingen, Netzen usw. nur schwierig und auf komplizierte Art durchzuführen ist. Da jedoch gerade solche einfache Fallen häufig sehr schöne und interessante Lösungen von technischen Problemen bieten, so wäre es schade, deswegen auf diese Bauformen überhaupt nicht einzugehen.
Die Einteilung der Fallen kann von verschiedenen Gesichtspunkten aus geschehen, einerseits von technischen, andererseits von denen des Jägers, der den Zustand berücksichtigt, in dem sich das Wild nach Betätigung der Falle befindet. Er unterscheidet Fallen, die das Wild nur gefangen setzen, wobei es also unversehrt bleibt und wieder andere, bei denen das Beutetier verletzt oder gar getötet wird. Auch hier gibt es selbstverständlich allerlei Übergänge; so kann man beispielsweise bei den »Fangfallen« solche, bei denen sich das Tier nach Funktionieren der Falle in einem abgeschlossenen Raume (einem Käfig) befindet, von denjenigen unterscheiden, die es durch ein Fangorgan (Fessel) wie Seile, Ketten oder scharf schließende Klammern mit der feststehenden Falle unlöslich verbinden.
Gleich zu Anfang sei ein Beispiel für eine einfache Fangfalle gebracht, die eine sehr gut durchdachte Konstruktion aufweist, deren kinematische Analyse aber hier nicht versucht werden soll. Es handelt sich um eine Tigerfalle, wie sie von den Chinesen ausgeführt und häufig von den diesen benachbarten Völkern nachgeahmt wird. Die Vorrichtung besteht aus zwei kreisförmigen konzentrischen Umzäunungen, die aus hohen Pfählen gebildet sind. Der innere Ring besitzt eine sicher verschließbare Öffnung. In diesen inneren Ring setzt man einen Hund oder ein Ferkel als Locktier und verschließt hierauf die zu diesem »Köder« führende Eingangspforte sorgfältig. Die äuße-

re Umzäunung ist in geringem Abstande vom inneren Pfahlring angelegt, so daß zwischen beiden nur ein schmaler Gang freibleibt; in ihn führt von außen eine enge Tür, die sich nur nach innen öffnet, und durch diese dringt der durch das Tier angelockte Tiger. In dem Gange, der so eng ist, daß er sich darin nicht umwenden kann, kreist er nun unablässig in einer Richtung, wobei er die sich nach innen öffnende schmale Tür bei seinem Vorbeilaufen stets automatisch schließt. Die Pfähle der Umzäunung sind so hoch, daß sie der Tiger von dem engen, jeden Anlauf behindernden Gang aus nicht überspringen kann[3]. Solche Fangvorrichtungen kommen sowohl in China, als auch in Korea und bei den Malaien vor[4].

Diese Falle ist sicher sehr schön durchdacht, und der Einfall, daß der Tiger beim Vorbeilaufen durch seinen eigenen Körper stets die etwa offenstehende Tür schließt, konstruktiv sehr reizvoll. Ohne auf eine kinematische Analyse einzugehen, sei nur erwähnt, daß die Tür hierbei als Klappenventil wirkt.

Sehr einfach sind die Fallen, die, wie Abb. 1 zeigt, aus einem länglichen Netz bestehen, das an einer Seite offen ist und an einen Pflock oder Baumstamm durch eine Schnur festgelegt wird. Am Ende des Netzes befindet sich ein Köder, und das hineinkriechende Tier zieht das Netz durch Spannung der Schnur selber zu.

Abb.1

Netzsackfalle für kleine Säuger, Ostafrika (nach Weule).

Über das Alter solcher Fallen können wir nichts aussagen, und auch bei verschiedenen anders konstruierten Fangvorrichtungen, die bereits eine mechanismusähnliche Bauform besitzen, befinden wir uns hinsichtlich der Zeit ihres Aufkommens und ihrer Verbreitung noch recht im unklaren. Es steht auch nicht fest, bei welchen Fallen der letzteren Art die Auslösung im Anfange von einem in der Nähe der Vorrichtung versteckten Manne vollzogen und erst später durch eine selbsttätig arbeitende (automatische) Konstruktion bewirkt wurde, obwohl dieser Entwicklungsgang bei einigen Typen nachzuweisen ist.

Abb. 2 zeigt uns eine Vogelfalle[5], bei der die Klappbewegung noch von Hand aus geschieht. Sie besteht aus zwei rechteckigen Netzen (etwa 3 m lang und 1 m breit), die zusammengeklappt einander decken. Jedes Netz ist zwischen zwei Stäbchen *b*, *b* ausgespannt. An jedem dieser Stäbchen ist oben eine längere *c*, unten eine kürzere Schnur *d* befestigt. Die anderen Enden dieser Schnüre werden in die Erde eingegraben, so daß dadurch eine sehr primitive Scharnierkonstruktion gegeben ist. An einer Seite sind außerdem oben an den Stäbchen *b*, *b* noch zwei Bindfäden *e*, *e* angebracht, die zur Schnur *f* laufen; diese ist durch den eisernen Ring *g* gezogen und reicht dann weiter bis zu dem in der Nähe der Vorrichtung versteckten Mann. Der Ring *g* liegt an zwei Schnüren, die ebenfalls mit ihren Enden in die Erde eingegraben sind. Zieht man bei *f*, so heben sich die oberen Enden der Stäbchen und die beiden Netze schwingen um die Drehpunkte *d*, *d* und klappen zusammen. Der Ring *g* bewirkt, daß die Schnur *f* ein wenig auf die Seite gezogen wird, und daß dadurch die beiden Netze nicht gleichzeitig, sondern nacheinander zusammenklappen. Freilich müßte der Ring *g* hierbei nicht, wie die Zeichnung Christians es darstellt, genau auf der Mittellinie zwischen beiden Netzen, sondern etwas seitlich liegen. Bei dieser in Syrien üblichen Ausführungsform befinden sich innerhalb des Netzes gewöhnlich noch ein Schälchen Wasser und einige Lockvögel, die dort festgebunden sind und außerdem durch eine besondere, zum Vogelsteller führende Schnur zum Aufflattern gebracht werden können.

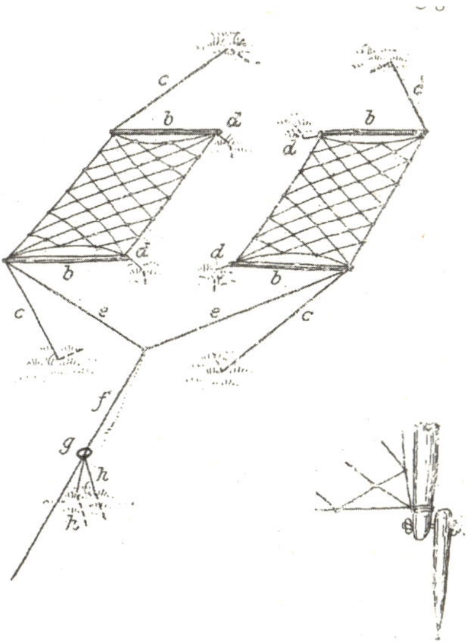

Abb. 2 u. 3
Vogel-Klappfalle aus Syrien (nach Christian) und Befestigungsweise einer gleichartigen Falle aus Hinterindien (Naturhistorisches Staats-Museum zu Wien, Ethnographische Sammlung, Signatur: 30308).

Eine mit der soeben beschriebenen fast übereinstimmende Falle aus den Laos-Ländern in Hinterindien besitzt die ethnographische Sammlung des Naturhistorischen Museums zu Wien unter der Inventarnummer 30 308. Sie ist nur etwas sorgfältiger ausgeführt, was sich besonders darin zeigt, daß die Schnurenden nicht direkt in die Erde gegraben werden, sondern daß sie, wie aus Abb. 3 ersichtlich ist, an kleinen zugespitzten Holzpflöcken befestigt sind und erst diese in die Erde gesteckt werden. Die Verbindungsschnüre an den Stellen *d*, *d* zwischen den unteren Enden der Stäbchen *b*, *b* und den Pflöcken sind hierbei ganz kurz gehalten, so daß ein richtiges Scharnier entsteht, bei dem aber die Achse, um die die Drehung vollzogen wird, noch aus einem weichen Material, nämlich einem Stückchen Schnur, gebildet ist. Es liegt hier eine ganz ursprüngliche Form einer scharnierartigen Konstruktion vor, die unmittelbar aus der Bauform, wie sie die syrische Falle zeigt, abgeleitet werden kann. Über diese primitive Gestaltung sagte der Verfasser an anderer Stelle:

> »[Scharniere], deren Entstehung fast immer aus einer ehemaligen Verbiegung der im Anfange noch aus einem Stücke bestehenden Teile« abzuleiten ist; und weiter: »So wird die Bewegung, die anfangs stets das Material weit über die Elastizitätsgrenze beansprucht... in eine höhere Art übergeleitet, indem man das früher einteilige Stück nun in zwei Teile zerlegt, die durch einen Bolzen verbunden werden.«[6]

Abb. 4 gibt eine mit der Laos-Falle fast übereinstimmende Ausführungsform wieder. Das Bild stammt aber aus einem Codex vom Jahre 1404. Er befindet sich in der Universitätsbibliothek zu Tübingen unter der Signatur: M.d.2. Das Bild bietet außer der Falle auch sonst noch einiges für die Geschichte der Technik recht Beachtenswerte. So erblicken wir rechts einen fast vollendeten Kirchenbau. Auf dem Turme befindet sich ein Drehkran, durch den mit Hilfe einer selbstschließenden Zange ein Steinblock emporgezogen wird. In Verbindung mit den an früherer Stelle gezeigten Drehkranen[7] ist dies ein weiterer Beweis für die häufige Verwendung solcher Vorrichtungen bei Bauten des Mittelalters.

Ferner erkennt man auf dem Bilde ein oberschlächtiges Wasserrad, wobei ein Mann gerade im Begriff steht, die oben an der Einlaufrinne befindlichen Schützen zu öffnen. Wir sehen hier, auch im Anschluß an eine frühere Darstellung[8], neben dem dort gezeigten oberschlächtigen Wasserrad aus dem »Dresdner Sachsenspiegel« eine zweite Abbildung, die zeitlich vor die Zeichnung einer solchen Konstruktion in der Göttinger »Bellifortis«-Handschrift fällt. Die Darstellung eines Mannes oben an der Schütze, die Beck irrtümlich schon in der

Vatikanischen Virgil-Handschrift erkennen wollte[9], ist zeitlich die erste ihrer Art.

Abb. 4
Darstellung einer Vogel-Klappfalle, eines Drehkranes und eines oberschlächtigen Wasserrades auf einem Bilde (Luna) des Cod M.d.2 der Universitätsbibliothek zu Tübingen vom Jahre 1404.

Mit Hinblick auf die zuletzt besprochenen Vogel-Klappfallen haben wir es hier mit drei fast vollständig gleichen Konstruktionen zu tun, von denen die eine aus dem westlichen, die andere aus dem östlichen Asien der Gegenwart und die dritte aus dem mitteleuropäischen Gebiet vom Anfang des 15. Jahrh. stammt. Welche Beziehungen zwischen diesen drei

Ausführungsarten bestehen, wo die Konstruktion zum erstenmal aufgetreten sein mag, welche Wege sie dann bei ihrer Verbreitung einschlug und wann ihr Gebrauch in verschiedenen Gebieten erlosch, ist uns unbekannt. Nur drei vereinzelte Lotungen im Zeitenozean liegen hier vor, von denen, um bei dem Bilde zu bleiben, zwei an der Oberfläche vorgenommen wurden, währenddessen die dritte bis in das 15. Jahrhundert hinabreicht. Aber das Auffinden derselben Bauform an drei örtlich und zeitlich so weit voneinander geschiedenen Punkten der Erde möge eine Vorstellung geben von dem mannigfaltigen, über Zeiten und Länder hinwegreichenden Austausch des technischen Kulturbesitzes der Völker[10].

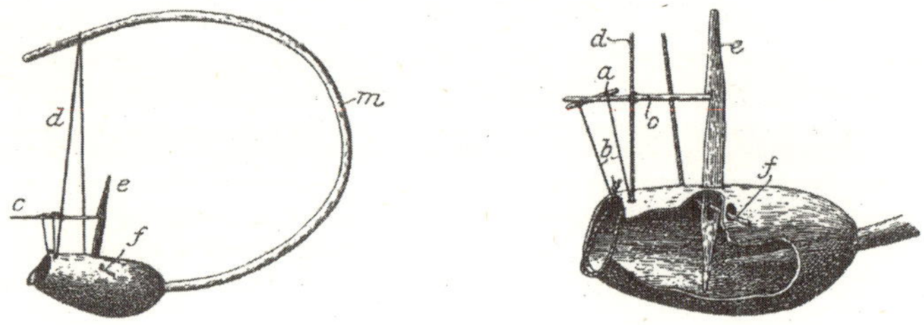

Abb. 5 u. 6
Rattenfalle aus dem südlichen Deutsch-Ostafrika (nach Fülleborn).

Währenddessen die Auslösung bei den zuletzt beschriebenen Fallenarten noch durch den Menschen vollzogen werden muß, geschieht dies bei der in den Abb. 5 und 6 wiedergegebenen Ausführungsform automatisch. Es ist eine Rattenfalle, wie sie im südlichen Deutsch-Ostafrika gerne verwendet wird. Sie besteht aus einer trockenen Fruchtschale, an der sich vorne eine Schlinge befindet, die von der Schnur *d,* die der herangebogene elastische Stab *m* zuzuziehen versucht, gebildet wird. An der Schnur *d* ist das kleine Stäbchen *c* befestigt, das auf der linken Seite von dem Stäbchen *a,* das durch die beiden Schnüre *b* wieder mit der Schale verbunden ist, auf der rechten Seite von dem hakenförmigen Stück *e* festgehalten wird. Der Teil *e* ist um die Achse *f* drehbar, unten ist an ihm der Köder angebracht. Wird an diesem gezupft, so weicht das Stück *e* oben ein wenig nach rechts aus, das Stäbchen *c* gleitet aus dem Haken heraus, schlägt um den Drehpunkt bei *a* herum nach aufwärts und das emporschnellende obere Ende von *m* zieht die Schlinge zu[11].

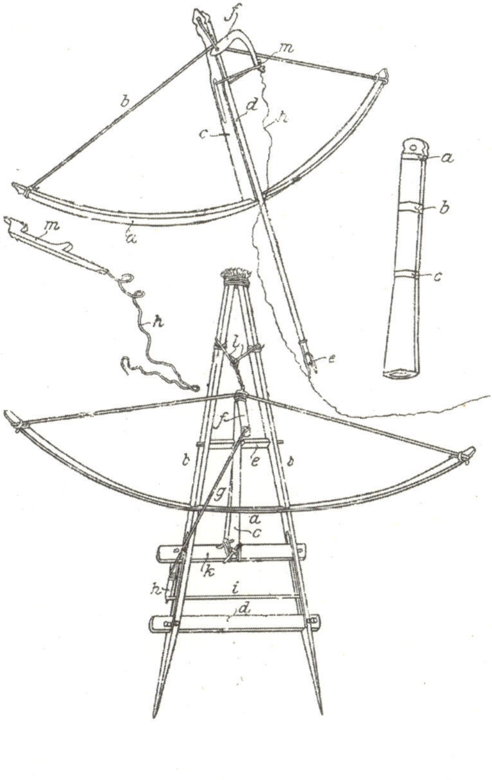

Abb. 7-10

Schieß- und Klemmfalle der Giljaken aus Sibirien (nach v. Schrenck)

Während beim Arbeiten der Vorrichtung als Kraftquelle hier ein einfacher, herangezogener Stab dient, wird bei einer etwas verbesserten Ausführungsform dieser Fallen ein richtiger Bogen verwendet. Eine solche Bauart findet sich an der in Abb. 7 wiedergegebenen Vorrichtung. Es ist eine Schießfalle, wie sie gerne von den Giljaken in Sibirien benützt wird. Der auf dem Schaft *c* aufruhende Pfeil *d* liegt mit einer kleinen, an seinem Ende befindlichen Kerbe an der Bogensehne *b* an; diese wird durch das winkelförmig gebogene Stück *f* zurück gehalten. Durch einen Schlitz des Schaftes *c* ist eine Schlinge gezogen, und diese mit dem kleinen Hölzchen *m* verbunden (in Abb. 8 besonders herausgezeichnet); an dem Hölzchen befestigt man auch die über den Weg gespannte Schnur *h.* Wird *m* abgezogen, so nimmt es die Schlinge mit, wodurch das winkelförmige Stückchen *f* herumschlägt und der Pfeil abfliegt. Zum Einstellen der Pfeilrichtung benutzt man einen Zielpflock, der in Abb. 9 zu sehen ist. Der Pfeil wird an diesem Selbstschuß zum Erlegen verschiedener Tiere verschieden hoch eingestellt. Die zwischen den beiden bei *a* befindlichen Strichen entsprechende Höhe dient für den Fang von Füchsen, die bei *b* für Hasen, bei *c* für Zobel und die Basis des Zielpflockes für Fischotter[12].

Eine gewisse Ähnlichkeit mit dieser Falle besitzt der Selbstschuß, der in Abb. 11 nach der Weuleschen Zeichnung etwas vereinfacht dargestellt ist, und der aus Deutsch-Ostafrika stammt[13]. Leider hat Weule dessen Wirkungsweise nicht genau erklärt und es ist nicht ersichtlich, wie durch Zug an der über den Weg gespannten Schnur, das kleine vertikal stehende Hölzchen, das die Sehne zurückhält, freigegeben werden soll.

Abb. 10 stellt ebenfalls eine bei den Giljaken übliche Zobelfalle dar. Diese Falle wirkt jedoch nicht als Selbstschuß, sondern klemmt das Tier nur fest. Sie besteht aus zwei nach oben konvergierenden Stäben *b, b,* die unten zugespitzt sind und aufrecht vor einem ausgehöhlten Baumstamm, in dem sich der Köder befindet, angebracht werden. Die Klemmvorrichtung besteht aus dem festen Stück *d* und aus dem beweglichen Stück *k*, das in Schlitzen der beiden Stäbe *b, b* auf und ab gleiten kann. Mit *k* ist *c* und letzteres mit der Sehne fest verbunden. Diese wird durch das Hölzchen *f*, das durch zwei kurze Schnüre *l, l* an *b, b* befestigt ist, zurückgehalten, wenn die Schnur *g* straff gespannt ist. Das Hölzchen *f* stellt nämlich einen einarmigen Hebel dar, der um die Stelle, wo er an die Sehne anliegt, schwingt. In sehr kurzer Entfernung von dem Drehpunkt greifen die zwei ihn mit *b b* verbindenden Schnüre *l, l* an, währenddessen am obersten Ende des Hölzchens die Schnur *g* im entgegengesetzten Drehsinn wirkt. Belastet das Tier das Tritthölzchen *i*, so gleitet *h* ab, *g* wird frei und *k* schnellt nach abwärts[14].

Abb. 11
Schießfalle aus Deutsch-Ostafrika (nach Weule).

Bei den drei zuletzt beschriebenen Fallen ist stets ein Bogen wirksam, und diese Art von Vorrichtungen wird gewöhnlich mit Armbrustfalle bezeichnet. Bei Abb. 11 ist die Bogenwaffe fast unverändert erhalten. Ein Schaft, der dem Pfeil zur Führung dient, ist hier noch nicht vorhanden, und die Richtung, in der der Pfeil abfliegt, wird lediglich durch die Auflagepunkte des Pfeiles auf dem Bogen und an der Sehne bedingt. Man erkennt hier also einen Selbstschuß, der nur dadurch, daß der Bogen im Ruhestand an einem Gestell festgelegt ist, ein armbrustartiges Aussehen erhält. Nach Vollzug des Abschusses fällt der Bogen überdies zur Erde nieder. Bei Abb. 7 findet sich zwar ein Schaft *c* vor, der Bogen ist aber keineswegs fest mit ihm verbunden, sondern wird nur bei angespannter Sehne an ihn gedrückt. Auch hier fällt nach Abschuß des Pfeiles die Konstruktion in sich zusammen: die armbrustartige Form bleibt also nur während des Ruhezustandes erhalten. Bei Abb. 10, wo der Pfeil nicht abgeschossen wird, sondern nur eine begrenzte Vorwärtsbewegung macht, bleibt der Armbrustcharakter der Falle auch nach dem Abschuß noch am ehesten bestehen.

Diese drei Abbildungen mögen zur Unterstützung der bereits an anderem Orte[15] entwickelten Anschauung des Verfassers dienen, daß die Armbrust nicht direkt aus dem Bogen hervorgegangen ist, sondern den Weg über die Armbrustfalle eingeschlagen hat. Bei den hier besprochenen Konstruktionen ist die Ableitung vom Bogen noch deutlich zu erkennen; bei zwei Fallen löst er sich sogar nach dem Abschusse gleichsam von der Armbrustkonstruktion wieder los. Andererseits kann der Übergang zur wirklichen Armbrust nun leicht dadurch erklärt werden, daß dieses Loslösen verhindert werden sollte, daß man deswegen den Bogen *a* mit dem Schafte *c* (in Abb. 7) fest verband und später die ganze nun in sich geschlossene Vorrichtung vom Boden abhob und frei tragbar gestaltete.

Die konstruktiven Ähnlichkeiten zwischen dem Selbstschuß von Abb. 7 und Abb. 11 liegen auf der Hand. Welche der weiter oben berührten Beziehungen der Übertragung oder der selbständigen Entstehung dieser Konstruktion in zwei so weit voneinander entfernten und verschiedenartigen Gebieten, wie Sibirien und Deutsch-Ostafrika es sind, vorliegen, wissen wir nicht. Sollte es sich aber als sicher erweisen, daß diese Armbrustfalle in Ostafrika selbständig entstand und nicht aus der Fremde übernommen wurde, so wäre auch dieses wieder als Beweis für das Vorangehen der Armbrustfalle vor der Armbrust anzuführen, weil die Armbrust in letzterem Gebiete überhaupt nicht vorkommt, währenddessen von Armbrustfallen außer der hier abgebildeten Bauform noch eine Reihe anderer bekannt geworden sind.

Die drei zuletzt besprochenen Fallen verfügen zur Vollführung der Arbeitsbewegung über einen richtigen Bogen, bei der in Abb. 5 dargestellten Vorrichtung ist dagegen nur ein herangebogener Stab, also gleichsam eine Bogenhälfte vorhanden. Stets aber sind es hier elastische Kräfte, die in dem als Feder wirkenden Bogen, beziehungsweise in dem herangebogenen Holz geweckt und dann zur Vollführung der Arbeitsbewegung benützt werden.

Statt dieser elastischen Kräfte kann man aber auch die Schwerkraft zur Arbeitsleistung heranziehen, und die im nachfolgenden beschriebenen vier Vorrichtungen sollen den Parallelismus der Auslösekonstruktion dieser Schwerkraftfallen mit der der früher besprochenen Federfallen erkennen lassen.

Die Vorrichtungen, die man unter dem Namen Schlagfallen zusammenfaßt, werden in ihrer einfachsten Ausführungsform ohne jeden besonderen Mechanismus hergestellt. Am bekanntesten ist wohl die auch in Europa gelegentlich noch benützte Mausefalle, die aus einem Ziegelstein besteht, der sich auf drei vertikal aufgestellten Hölzchen, von denen eines den Speckköder trägt, im Gleichgewicht hält. Meistens wird eines davon ein wenig in den Boden versenkt, so daß man von einem rein labilen Gleichgewicht streng genommen nicht sprechen kann. Immerhin ist die ganze Vorrichtung so empfindlich, daß sie bei leichtem Anstoßen an eines der Hölzchen umfällt, wobei die Maus von dem Ziegelstein erschlagen wird.

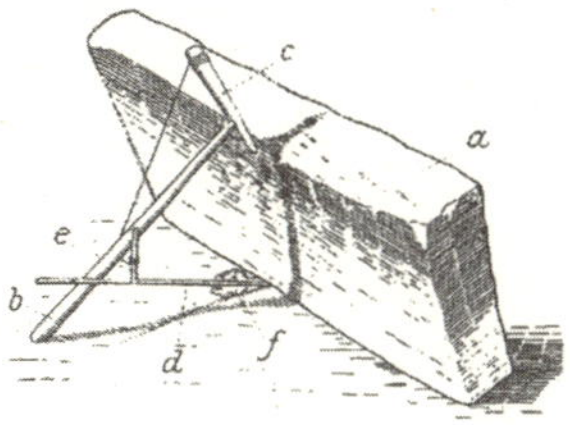

Abb. 12.

Schlagfalle der Bergdamara aus Deutsch-Südwestafrika (nach L. Schultze).

Eine konstruktiv besser durchgebildete Schlagfalle zeigt Abb. 12. Man findet diese Ausführungsform bei den Bergdamara in Deutsch-Südwestafrika. Obwohl es sich auch hier um eine Schlagfalle mit einem niederstürzenden Stein handelt, ist die Konstruktion keineswegs als labil zu bezeichnen. Die Einzelteile ähneln größtenteils denen der früher beschriebenen Fallen: Das den Stein *a* stützende Holz *b* bewirkt mit Hilfe eines Hebels *c,* von dessen oberem Ende eine Schnur zu dem vertikal stehenden Holze *e* läuft, daß bei Zug an dem Köder *f* oder bei Belastung des Trittstäbchens *d* das untere Ende von *e* frei wird, wodurch die Auslösung der Fallen zustande kommt.

Abb. 13
Falle für Großwild, Niassa-Gebiet, Afrika (nach Weule)

Abb. 13, die nach der Weuleschen Darstellung etwas vereinfacht wiedergegeben ist, zeigt eine für Großwild, und zwar besonders für Elefanten, gebaute Gewichtsfalle, wie sie im Niassa-Gebiet (Afrika) angetroffen wird[16]. Die eigentliche Waffe besteht aus einem Fallspeer, bei dem eine scharfe Spitze in einem schweren Holzklotz eingelassen ist. Dieser Holzklotz hängt an einem doppelarmigen Hebel, von dessen anderem Ende eine Schnur zu der links in der Zeichnung ersichtlichen Auslösekonstruktion führt. Hier finden wir wieder das kurze vertikale Hölzchen, das an beiden Enden gegen zwei horizontale Hölzchen drückt. Wird das untere durch Anziehen der über den Weg gespannten Schnur nach rechts abgezogen, so schnellt das vertikale Hölzchen nach aufwärts und die Falle wird ausgelöst.

Abb. 14
Elefantenfalle aus Sumatra (nach Veth)

Ganz gleichartig gebaut ist die Elefantenfalle, die man in einem ganz anderen Kulturkreise, nämlich auf Sumatra, benützt. Abb. 14 zeigt uns diese Konstruktion[17], auch hier sehen wir abermals den oben an einem Hebel aufgehängten Fallspeer, der aus einem zugespitzten, im Feuer gehärteten Bambusstück besteht, das in einem Holzklotz befestigt ist. Über den Weg wird hier keine Schnur geführt, sondern es ist ein Senkrost vorgesehen, den zwei nach rechts und links verlaufende Schnüre über einer kleinen Grube schwebend erhalten. Auch hierbei wird, wenn der Elefant auf diesen Rost tritt, die Abzugschnur *f* scharf angespannt. Die eigentliche Auslösevorrichtung weicht von der afrikanischen nur der Form und nicht der Konstruktion nach ab. Wird die Schnur *f* vom Fallrost her angespannt, so zieht sie das kleine mit einem Haken versehene Stück *k* nach links, worauf das horizontal liegende Stäbchen *l* nach aufwärts schlägt und der Fallspeer herabsaust. Das Arbeiten dieser Fallen soll so exakt vor sich gehen. daß der Elefant genau im Nacken getroffen wird.

Abb 15

Tigerfalle aus Sumatra (nach Veth)

Eine andere Schwerkraftfalle aus Sumatra zeigt Abb. 15 und 16. Dem Konstruktionsgedanken nach ähnelt sie den Fallen von Abb. 13 und 14, in der Ausführungsform weicht sie jedoch insofern ab, als das Tier hier nicht getötet oder verwundet, sondern lebend und unverletzt eingeschlossen wird.

Abb. 16

Auslösevorrichtung der Tigerfalle

Diese Falle benutzt man besonders zum Tigerfang. Sie besteht aus einem von starken Pfählen gebildeten Gelaß, das an einem Ende offen ist. Hier sowie innerhalb des Raumes, mehr gegen sein geschlossenes Ende zu, sind zwei Falltüren *a, a* vorgesehen. Diese hängen an einer langen Stange *b,* die wieder mit dem kurzen Stücke *c* gelenkig verbunden ist. Das Stück *c* ruht auf dem Querholz *d* lose auf und wird an seinem anderen Ende von der Schnur *e* nach abwärts gezogen. Die eigentliche Auslösevorrichtung ist in Abb. 16 herausgezeichnet. Wir finden wieder das mit der Schnur *e* verbundene, vertikal stehende kurze Hölzchen *f*, das sich gegen die beiden Stücke g und *h* lehnt. Von diesen steht *g* fest, wogegen *h* mit dem Trittbrette *i* verbunden ist und bei dessen Belastung mit diesem nach abwärts weicht. Dadurch schnellt dann das Hölzchen *f* um seinen Berührungspunkt mit *g* in der Pfeilrichtung nach aufwärts. Wie man erkennt, ähnelt die eigentliche Auslösebauart merkwürdigerweise weit mehr derjenigen der afrikanischen Falle nach Abb. 13, als der ebenfalls auf Sumatra gebräuchlichen nach Abb. 14. Es wäre nun für unsere Kenntnis der technischen Fähigkeiten primitiver Völker äußerst wichtig festzustellen, ob jede der beiden Auslösekonstruktionen nach Abb. 14 und 15 stets nur bei einer der zwei Fallen verwendet wird, oder ob diese Bauformen vielleicht überhaupt bei zeitlich verschiedenen Ausführungen derselben Fallen mancherlei Abweichungen voneinander aufweisen und z. B. die beiden abgebildeten Konstruktionen beliebig abwechselnd bei beiden Arten von Fallen (nach Abb. 14 und 15) vorkommen. In letzterem Falle müßte man annehmen, daß die eingeborene Bevölkerung tatsächlich schon dazu gelangt ist, zwischen dem Prinzip einer technischen Konstruktion und den verschiedenen Möglichkeiten ihrer körperlichen Gestaltung zu unterscheiden.

Sollte dies aber nicht zutreffen und die Falle nach Abb. 15 stets mit der hier wiedergegebenen Auslösevorrichtung ausgeführt werden, so bildet die Ähnlichkeit der letzteren mit der afrikanischen Falle (nach Abb. 13) wieder ein besonderes Problem.

Bei Herrichtung der Tigerfalle wird nach dem Hochziehen der beiden Falltüren in dem rechten geschlossenen Ende des Gelasses ein Locktier (gewöhnlich ein Hund oder eine Ziege) angebunden. Dadurch, daß die rechte Falltür bei Auslösung der Konstruktion niederschlägt, bleibt das Locktier unverletzt und kann mehrmals verwendet werden. Dies geschieht jedoch nur aus ökonomischen Gründen; dem Locktier, das die ganze Zeit über fürchterliche Angst empfindet, wird dadurch keine Wohltat erwiesen. –

Sowohl bei den mit elastischer, als auch bei den mit Schwerkraft arbeitenden Fallen handelt es sich um Relaiskonstruktionen. Beim Spannen des Bogens wird die Kraft gespeichert, durch die Auslösung wird sie wieder frei. Bei den Gewichtsfallen ist die gespeicherte Energie durch die Masse des Fallspeeres und seinen Abstand vom Boden gegeben. Haben wir es bei den Federfallen mit elastischen Spannungsdifferenzen zu tun, so treten hier dazu vollkommen gleichartige Niveaudifferenzen im Gravitationsfelde auf. Die zu speichernde Energie muß beim Hinaufziehen des Fallspeeres ebenso wie beim Spannen der Armbrust vom Menschen im vorhinein geleistet werden, und bei Auslösung beider Arten von Vorrichtungen wird die potentielle Energie des Kraftspeichers in die kinetische Energie des losschießenden Pfeiles umgesetzt. Jede Relaiskonstruktion besteht nun aus einem Kraftspeicher und einer automatisch oder vom Menschen aus zu betätigenden Auslösevorrichtung. Ihre Anwendung bei der Jagd bedeutet die Ersetzung des vielleicht lange Stunden mit gespanntester Aufmerksamkeit lauernden Menschen, der im gegebenen Falle auch noch eine bedeutende Muskelarbeit (beim Spannen des Bogens) und eine komplizierte psycho-physische Genauigkeitsleistung (beim Zielen) zu vollziehen hat, durch eine vollkommen automatisch wirkende maschinelle Vorrichtung. –

Während diese völkerkundlichen Beispiele sowohl für die Konstruktion, als auch für das Vorkommen von Fallen wertvolle Aufklärung geben, fehlen geschichtliche Daten über die Verwendung dieser Vorrichtungen fast gänzlich. Wie früher bereits dargelegt wurde, dürfte in allen Ländern, die die Armbrust als Handwaffe oder als Geschütz besaßen, die Armbrustfalle ersterer vorausgegangen sein. Aber sowohl aus Europa als auch aus Vorderasien sind in dieser Hinsicht weder Nachrichten noch Überreste solcher Konstruktionen auf uns gekommen. Nur in Ostasien bestehen Überlieferungen, die uns einiges von der frühzeitigen Verwendung der Armbrustfallen berichten, und auch Darstellungen dieser technischen Gebilde, die wahrscheinlich aus alter Zeit stammen, wurden aufgefunden. Schon beim Grabe des Kaisers Shih-huang-ti (221-209 v. Chr.) waren automatische Armbrustfallen aufgestellt, die das Grab gegen räuberische Überfälle schützen sollten. In dem Geschichtswerke Shih-chi heißt es hierüber: »Man befahl den Handwerkern, maschinelle Armbrüste und Pfeile zu verfertigen, so daß, wenn jemand (in das Grabgewölbe) einbrechen sollte, er sofort erschossen würde.«[18].

Wir sehen also, wie hier zu einer Zeit, in der die Kaisergräber verschiedenen räuberischen Angriffen ausgesetzt waren, die ostasiatische Technik bereits ziemlich wirksame Abwehrvorrichtungen geschaffen hat, während z. B. die ägyptischen Königsgräber im 12. Jahrhundert v. Chr. in ganz ähnlicher Lage nur durch Aufteilung einer großen Anzahl von Wächtern beschützt werden konnten. Und als auch diese in etwas späterer Zeit gegen das immer frechere Auftreten der Räuber versagten, schleppte man die Königsleichen von Grab zu Grab, immer tiefer ins Gebirge hinein, und wußte sich nicht anders zu helfen, als daß man durch alle möglichen Verrammelungen und Steinverschüttungen die Grüfte vor den Einbrechern zu sichern suchte. –

Wie die Schießfallen, die die chinesischen Gräber beschützten, in ihren Einzelheiten konstruiert waren, wissen wir leider nicht. Besonders hinsichtlich des wichtigsten Bestandteiles, nämlich der Abzugsvorrichtung, sind wir nur auf Mutmaßungen angewiesen. War sie damals bereits aus Bronze hergestellt, so dürfte sie im wesentlichen ähnlich wie das Armbrustschloß aus der Han-Zeit (206 v. Chr. bis 221 n. Chr.) ausgesehen haben[19]. War die Abzugsvorrichtung dagegen aus Bein oder hartem Holz, so mag sie dem System nach vielleicht mit dem Abzugsmechanismus der chinesischen Kugelarmbrust[20] übereingestimmt haben. Da die Errichtung der Grabanlage zu Beginn der Han-Zeit fällt und man für ein Kaisergrab sicher nur das beste Material und die sorgfältigste Bauart verwandte, so wäre es immerhin leicht möglich, daß die Abzugsvorrichtungen bereits aus Bronze ausgeführt wurden.

Wenn wir auch von der Konstruktion der Selbstschüsse in dem Grabe des Kaisers Shih-huang-ti nichts genaues berichten können, so sind uns doch Zeichnungen chinesischer Armbrustfallen aus ziemlich alter Zeit überliefert. Abb.17 und Abb. 18 zeigen uns diese; sie sind der großen Enzyklopädie T'u-shu-chi-ch'êng entnommen[21]. Der Verfasser hat an anderer Stelle bereits im Jahre 1916 auf sie hingewiesen[22]. Es wurde damals auch gesagt, daß der Text keine nähere Erläuterung bietet, und daß aus der Zeichnung nur entnommen werden könne, daß der Schuß durch Berührung einer ausgespannten Schnur ausgelöst wurde.

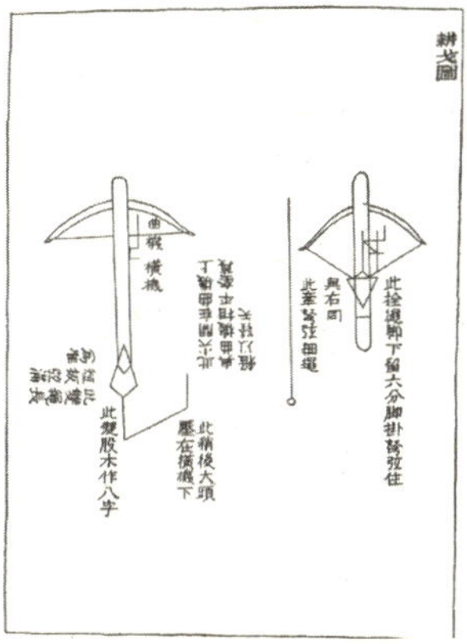

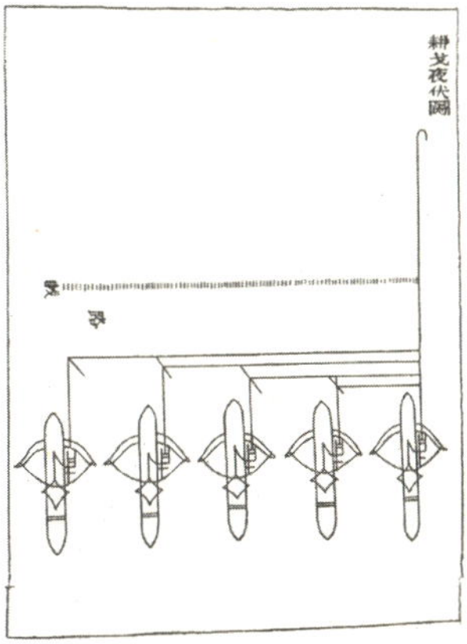

Abb. 17

Armbrustfallen. T'u.shu-chi-ch'êng, Shanghai 1884. Jung-chêng-tien, Buch 300, Blatt 10 a. Ausgabe: Peking 1726, Blatt 21 a. Das Bild befindet sich außerdem in dem Werke Wu-pei-chih (Enzyklopädie der Kriegswissenschaften) 1621, Buch 94, Blatt 25 b

Abb. 18

Armbrustfallen. T'u.shu-chi-ch'êng, Shanghai 1884. Jung-chêng-tien, Buch 300, Blatt 10 b. Ausgabe: Peking 1726, Blatt 21 b. Das Bild befindet sich in den Werken Wu-pei-chih 1621, Buch 94, Blatt 26 a und: San-t'sai-t'u-hui (Das Weltall in Bildern) 1609, Abt. 6, Buch 6, Blatt 27 a

Abb. 19
Armbrustfallen aus dem Werke: Chüeh-chang hsin-fa. (Das gestrichelte Stückchen in der linken abgerissenen Ecke wurde ergänzt.)

Indessen ist es dem Verfasser jedoch gelungen, eine Erklärung zu diesen Bildern zu finden, und zwar gibt sie Abb. 19, die aus dem Werke »Chüeh-chang hsin-fa«[23] stammt. Wir sehen, daß diese Zeichnung vollkommen der Darstellung von Abb. 17 entspricht. Nach der in dem Buche Chüeh-chang hsin-fa enthaltenen Beschreibung handelt es sich hier um den Schutz eines Lagers vor Überfällen. Zu diesem Zwecke bringt man eine Anzahl von Selbstschüssen möglichst nahe beieinander an. Bei gewöhnlichen Selbstschüssen, wie sie beispielsweise aus unserer Abb. 17 ersichtlich sind, gebrauchte man nun, um sich vor ihnen zu schützen, die List, daß man beim Anschleichen an das Lager stets mit einer langen Stange vor sich herschlug. Traf man hierbei die Auslöseschnur, so ging der Schuß entsprechend der Länge der Stange vor einem vorbei. Um nun auch diese Vorsichtsmaßregel unwirksam zu machen, wurde die Anordnung der Selbstschüsse so ausgebildet, wie wir sie in Abb. 19 erkennen. Die Armbrüste sind in einer breiten Reihe aufgestellt und werden alle durch eine einzige Auslöseschnur betätigt. Wir bemerken, wie von den anschleichenden Männern der vorderste die lange Stange, mit der er fortwährend auf den Boden schlägt, in der Hand hält. Trifft er die Schnur, so wird wegen der ausgedehnten Aufstellung der Armbrüste zum mindestens er, wahrscheinlich aber noch eine größere Anzahl von den hinter ihm marschierenden Leuten getroffen. Abb. 18 stimmt mit Abb. 19 fast ganz überein, nur daß im ersteren Falle die einzelnen Schnüre der Armbrüste nach rechts bis zur Auslöseschnur geführt, im zweiten Falle aber die Einzelschnüre vorn unmittelbar an dieser befestigt sind.

Einzelheiten der Konstruktion dieser Armbrustfallen, und zwar besonders die des Schlosses, sind uns, wie oben erwähnt, nicht bekannt; immerhin kann hierüber vielleicht noch einiges gesagt werden. In dem schon früher angeführten Aufsatze vom Jahre 1916[24] veröffentlichte der Verfasser die Zeichnung einer »Nest«-Armbrust, die auch hier in Abb. 20 noch einmal wiedergegeben sei, und wovon er damals folgendes schrieb[25]:

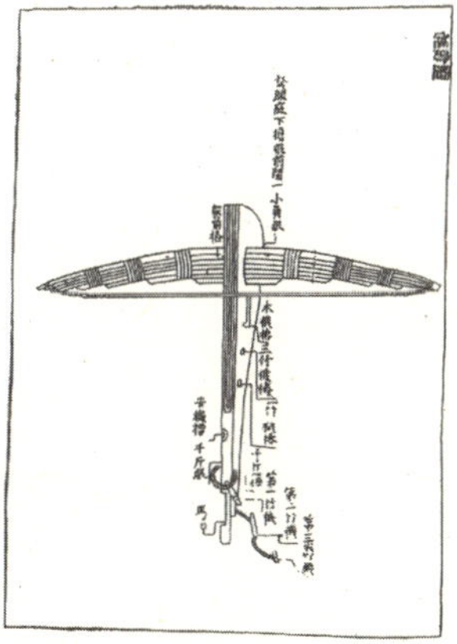

»Die Abbildung zeigt eine Waffe, die wahrscheinlich auch als Standarmbrust Verwendung fand, deren Arbeitsweise aber durch den vollkommen unverständlichen chinesischen Text[26] auch nicht ungefähr erklärt wird. Die drei am unteren Ende der Armbrust befindlichen

> knebelähnlichen Gebilde werden als erster, zweiter und dritter »Bambusspitzenmechanismus« bezeichnet und sollen in einen längs des Schaftes verschiebbaren Ring, der dabei in den oberen »Holzquerstößel« eingreift, gesteckt werden.«

Am Ende der Beschreibung heißt es, daß eine lose Schnur mit einem Querholz je nach der Breite der Straße gegenüber befestigt werden soll. Die Schnur dürfe nicht zu straff gespannt werden, weil die Waffe sonst bei heftigem Winde [von selbst] losgehen könnte.

Nach den bisherigen Ausführungen kann kein Zweifel obwalten, daß mit dieser »Nest-Armbrust« ein Selbstschuß gemeint ist. Die Schnur soll je nach der Breite der Straße gegenüber befestigt werden, und man darf sie nicht zu straff anspannen, weil die Vorrichtung sonst bei heftigem Winde von selbst losgehen kann. Dies entspricht genau der Anordnung unseres Selbstschusses in Abb. 17, wobei zu berücksichtigen ist, daß der starke Wind nicht etwa die gespannte Schnur durchbiegen und sie damit verkürzen, sondern die ganze nicht sehr standhaft errichtete Selbstschußvorrichtung ein wenig durcheinanderschütteln und damit ein Abschießen bewirken könnte. Die Auslösevorrichtung in Abb. 20 ist leider nur sehr undeutlich zu erkennen. Es wird aber im Text von drei »Bambusspitzenmechanismen« gesprochen und auch in unserer Abb. 19 sehen wir an der Stelle der Abzugsvorrichtung drei kleine Stäbchen. Wie der genaue Auslösevorgang verlaufen ist, können wir bei dieser nur angedeuteten Erklärung nicht sagen.

Zum Schluß sei noch eine europäische Armbrustfalle wiedergegeben. Abb. 21 zeigt das einzige dem Verfasser bekannt gewordene noch erhaltene Exemplar einer solchen aus älterer Zeit. Die Vorrichtung befindet sich im Kunsthistorischen Staatsmuseum zu Wien[27] und stammt mit großer Wahrscheinlichkeit aus dem 16. Jahrhundert.

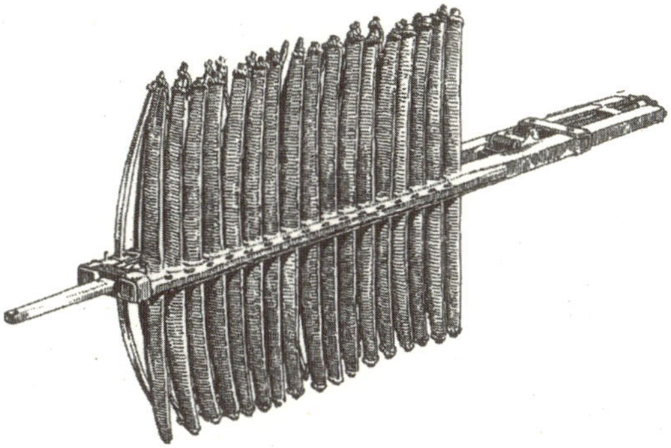

Abb. 21
Armbrustfalle mit 34 Bogen. Kunsthistorisches Museum zu Wien.
Jagdwaffen und Jagdgeräte. Invent. Nr. 461

Ganz eigenartig und vereinzelt ist die Konstruktion, die 34 Bogen aufweist. Diese sind in einem rahmenartigen Gestell eingesetzt, und im Innern des Gestelles befindet sich ein Gleitstück, das mit 34 seitlichen Ausnehmungen versehen ist; durch diese laufen die Sehnen. Das Gleitstück, das in der Abbildung links aus dem Rahmen herausragt, entspricht dem Pfeile einer und könnte, wenn es hohl wäre, als Pfeilträger dienen.

Die Vorrichtung findet sich nun im »Inventar der Waffensammlung des Allerhöchsten Kaiserhauses« vom Jahre 1896 S. 369 als Armbrust verzeichnet und im Führer durch die Waffensammlung (Wien 1889) heißt es auf S. 202: »Der Bolzen gleitet abgeschnellt durch eine Röhre.« In Wirklichkeit ist das Gleitstück, wie der Verfasser durch eigene Untersuchung feststellen konnte, keineswegs hohl, sondern nur an seiner Spitze mit einem hohlen eisernen Kopfe versehen. Dieser weist etwa 7 mm vom äußersten Ende entfernt eine kleine querstehende Bohrung (Ø = 3 mm) auf. In den Kopf wurde jedenfalls eine besondere Spitze eingesetzt und durch einen Splint, der durch die Bohrung lief, gesichert. Wir haben es hier also nicht mit einer Armbrust, sondern mit einem Selbstschuß zu tun, der aber den Pfeil nicht wirklich absendet, sondern ihn nur um ein bestimmtes Stück vortreibt.

Wie die Vorrichtung aufgestellt und benutzt wurde, kann nicht angegeben werden und auch über die Schloßkonstruktion, die nur zum Teil vorhanden ist, läßt sich nichts sagen. Am hinteren Ende des Rahmens findet sich eine besondere Spannvorrichtung, die mittels scharfgängiger Schraube betätigt wird. Hierzu sei bemerkt, daß Armbrustspanner mit Schraubenantrieb in Europa nicht vorkommen, sie finden sich aber in älterer Zeit bei den Arabern[28]. In Europa war es hingegen üblich, die Vorrichtungen, die zum Anspannen des Armbrustbogens beim Einlegen der Sehne dienten, mit einer Schraubenwinde auszurüsten. Solche Konstruktionen finden sich beispielsweise auf einer Darstellung der Schlacht bei Higuerta, die sich im Escorial zu Madrid befindet[29] und auf dem Bilde des Bogners in Weigel's Sammlung von Handwerkerzeichnungen[30].

Anmerkungen

1 Über die Frage, welche von den technischen Gebilden als die Anfänge der Maschine zu betrachten sind, kann man freilich verschiedener Ansicht sein. Beiträge zur Geschichte der Technik und Industrie. Bd. 7 S. 175 und Bd. 10, S. 183.

2 Beiträge zur Geschichte der Technik und Industrie, Band 11. S. 187.

3 W. Sieroszewski: »Korea«. Berlin [1905], S. 89.

4 Friedrich Ratzel: »Völkerkunde«. Leipzig und Wien 1895, Band I, S. 395.

5 Dr. Christian, Volkskundliche Aufzeichnungen aus Haleb (Syrien) »Anthropos«, Band XII-XIII, 1917/18, S. 1023, Abb. 22.

6 Horwitz: »Die Entstehung der Traglager, samt einer Geschichte der

Schmiermittel, der Schmiervorrichtungen und der Reibungstheorien«. Berlin 1916, S. 1.

7 Beitrage zur Geschichte der Technik und Industrie. Band 11, S. 180, Abb 2 und 3.

8 Beiträge zur Geschichte der Technik und Industrie, Band 10. S. 178, Abb. 7.

9 Beiträge zur Geschichte der Technik und Industrie, Band 10. Berlin 1920. S. 175, Abb. 1.

10 Natürlich muß hier wieder das schwerwiegende Problem aufgeworfen werden, ob überhaupt immer nur an Entlehnung und nicht manchmal auch an eine unbeeinflußte, selbständige Hervorbringung von gleichartigen technischen Gebilden an verschiedenen Stellen der Erde zu denken ist. Beiträge zur Geschichte der Technik und Industrie. Bd. 7. S. 170.

11 Dr. Friedrich Fülleborn, Das deutsche Niassa- und Rawuma-Gebiet. Berlin 1906, S. 522, Fig. 198 u. 199.

12 Dr. L. v. Schrenck, Die Völker des Amurlandes, Petersburg 1881, Taf. XLIII, Fig. 1-3.

13 Dr. Karl Weule: »Wissenschaftliche Ergebnisse meiner ethnologischen Forschungsreise in den Südosten Deutsch-Ostafrikas«, Berlin 1908, S. 90 und Tafel 36, Abb. 2.

14 Dr. L. v. Schrenck, a. a. O. Taf. XLIII, Fig. 4.

15 Horwitz: »Zur Entwicklungsgeschichte der Armbrust.« Zeitschrift für historische Waffenkunde, Bd. VIII, Heft 10/11, Dresden 1920, S. 313-314.

16 Dr. Karl Weule: »Wissenschaftliche Ergebnisse meiner ethnologischen Forschungsreise in den Südosten Deutsch-Ostafrikas«, Berlin 1908, S. 90 und Tafel 32, Abb. 3. Die Abb. 12 und 13 wurden den von Prof. Rudolf Pöch in Wien zusammengestellten Wandtafeln für den völkerkundlichen Unterricht entnommen.

17 P. J. Veth: »Ethnographischer Atlas von Midden-Sumatra«, Leiden 1881, PI. CXXIII.

18 »Shih-chi«, Geschichtliche Denkwürdigkeiten verfaßt von Ssu-ma Ch'ien (145-80 v.Chr.) Shanghai 1884, Buch VI, Blatt 29 b. Es ist das erste Werk der 24 Reichsannalen und reicht von den ältesten Zeiten bis

122 v. Chr. Die Transkription der chinesischen Worte erfolgte nach dem System von Wade. Hierbei sind die Vokale ungefähr wie im Deutschen, die Konsonanten, wie im Englischen auszusprechen; ê ist eine Art Ö-Laut, u ähnelt dem unbetonten französischen e.

19 Beiträge zur Geschichte der Technik und Industrie, Bd. 7, S. 184, Abb. 19.

20 Siehe Horwitz: »Die Armbrust in Ostasien«. Zeitschrift für historische Waffenkunde, Bd. VII, Heft 6/7, Dresden, 15. August 1916, S. 173, Abb. 41.

21 »T'u-shu-chi-ch'êng« die große Enzyklopädie wurde auf Befehl des Kaisers K'ang-hsi (1662-1723 n. Chr.) verfaßt und besteht aus 5044 Bänden mit über 10.000 Büchern in 32 Abteilungen. Es erschien eine Ausgabe in großem Format in Peking im Jahre 1725 und ein Neudruck in kleinerer Gestalt in Shanghai 1884. Die hier in Betracht kommende Abteilung ist die 30te; sie ist Jung-chêng-tien (Militärwesen) betitelt.

22 »Die Armbrust in Ostasien« a. a. O., S. 157.

23 »Chüeh-chang hsin-fa« auf deutsch: »Methode des Bogenspannens mit Niederknien« verfaßt von Ch'öng Tsung-yu.

24 »Die Armbrust in Ostasien« a. a. O., S. 175, Abb. 44.

25 »Die Armbrust in Ostasien« a. a. O., S. 177.

26 Wu-pei-chih (Enzyklopädie der Kriegswissenschaften) 1721, Buch 103, Blatt 16 b.

27 Signatur: Jagdwaffen und Jagdgeräte, Invent. Nr. 461.

28 »Zur Entwicklungsgeschichte der Armbrust« a. a. O. S. 316.

29 Zeitschrift für historische Waffenkunde, Bd. VI, S. 22.

30 Christoff Weigel, Abbildung Der Gemein-Nützlichen Haupt-Stände, Regensburg 1698 und daraus in: Ernst Mummenhoff, Der Handwerker in der deutschen Vergangenheit, Leipzig 1901, S. 89, Abb. 87.

Zur Entwicklungsgeschichte der Armbrust

[Erstabdruck in: Zeitschrift für historische Waffenkunde 8 (1918-20), S. 311-317.]

Die Waffengeschichte hat bisher fast ausschliesslich historische Methoden benützt. Sie hat ihr wissenschaftliches Material zusammengetragen, geordnet und gesichtet und dann versucht, aus den sich auf diese Weise ergebenden Einzeldaten einen stetig fortlaufenden Werdegang der verschiedenen Waffen und der Waffentechnik überhaupt zu konstruieren. Die Ergebnisse dieses Verfahrens waren verschieden: in Fällen, in denen die Quellen reichlich flossen, bot die Darstellung ein halbwegs geschlossenes und abgerundetes Bild; in anderen Fällen dagegen, wenn nur wenig Überlieferungen oder Altertümer auf uns gekommen sind, ergab diese Entwicklungsgeschichte mehr Lücken als Tatsachen, und von der Darstellung des wirklichen Werdeganges kann nicht die Rede sein.
In solch einem Falle dürfte es angemessen erscheinen, einmal ein anderes Verfahren zu versuchen und statt der den historischen Wissenschaften entnommenen Methode die der Naturwissenschaften anzuwenden. Unter diesen ist es vor allem die Biologie, die sich hauptsächlich mit der Entwicklungsgeschichte beschäftigt. Auch dort kommt es vor, dass der Werdegang einzelner Stufen in einer nicht genügend dichten Aufeinanderfolge wiedergegeben werden kann, dass grosse Lücken in der Reihenfolge entstehen, und dass der Forscher trotzdem gezwungen ist, ein geschlossenes, wenn vielleicht auch erkünsteltes Bild der Stammreihe zu entwerfen. Die Methode ist einfach: man ordnet die gefundenen Entwicklungsstadien chronologisch, lässt sie, wenn nur geringe Unterschiede und Abweichungen in der Reihenfolge auftreten, beisammen und konstruiert auf diese Art die Entwicklungsreihe. Wenn jedoch grössere oder kleinere Lücken vorhanden

sind, muss der Lauf der unterbrochenen Kette durch Interpolation wieder geschlossen werden.
Der Werdegang erscheint durch diese Methode natürlich teilweise erkünstelt, denn die durch die Interpolation ausgefüllten Lücken werden nur in seltenen Fällen genau der wirklichen, geschichtlichen Entwicklung entsprechen. Meistens dürften sie nur eine Annäherung an die tatsächliche Abfolge bieten und gelegentlich, wenn eigenartige Umstände die Erfassung der Quellen besonders schwierig gestalten, oder wenn der historische Instinkt des Geschichtsschreibers versagt, wird ein ganz falsches Bild der ergänzten Stellen geschaffen. Aber noch eine andere Schwierigkeit darf nicht vergessen werden: in der Biologie handelt es sich immer um wirklich durchlaufene Fortpflanzungsreihen, wobei sich eine Form ohne störende Beeinflussung von aussen stets folgerichtig aus der anderen entwickelt. Bei der Waffengeschichte, wie bei der Kulturgeschichte überhaupt spielt dagegen die Beeinflussung von aussen eine grosse Rolle. Formen und Gebrauchsweisen werden von einem Kulturkreis auf den anderen übertragen, Erfindungen können verloren gehen und wieder neu gemacht, oder ihre schriftlichen Überlieferungen neu entdeckt werden, sodass man hier keinesfalls von einer einfachen, geraden Entwicklungslinie sprechen darf. –
Was bisher ganz allgemein gesagt wurde, soll nun an einer Geschichte der Armbrust erläutert werden. Dabei mag dieser Aufsatz nur als Festlegung der Grundsätze, als ein Arbeitsprogramm Bedeutung haben, bei dem nicht auf die Prüfung der einzelnen Angaben eingegangen werden soll, sondern nur gezeigt sein mag, welche Förderung auch die Waffengeschichte durch die Anwendung naturwissenschaftlicher Methoden erfahren kann. Die Durcharbeitung des Stoffes nach dem hier zu entwickelnden Verfahren soll späteren Aufsätzen vorbehalten bleiben, wobei sich der Verfasser die Erwartung auszusprechen gestattet, dass bei dem ihm ferner liegenden Gebiete des Werdeganges der europäischen Armbrust auch andere Forscher Anregung erfahren mögen.

Gleich zu Anfang sei die Frage aufgeworfen, wie weit sich die geschichtliche Untersuchung der Armbrust erstrecken soll. Dass neben der historischen Entwicklung der Formen des europäischen Kulturkreises auch die der Typen des vorderasiatischen, des ostasiatischen und des afrikanischen treten müssen, darüber herrscht heute kein Zweifel mehr. Die Geschichtsschreibung ist längst darüber hinaus, die Mittelmeerkultur als die einzige von weltgeschichtlicher Bedeutung zu betrachten; und ausserdem hat sie eingesehen, dass die vergleichende Untersuchung verschiedener Kulturkreise nicht nur wegen der Festlegung der gegenseitigen Beeinflussung, sondern auch bei unbeeinflusster Entwicklung durch die Ermöglichung von Analogieschlüssen fördernd auf die wissenschaftliche Erkenntnis wirkt. Letzteres findet jedoch ebenfalls bei der Vergleichung früherer Zustände mit ähnlichen, bei noch heute lebenden, primitiven Völkern statt, und man wird deswegen die Entwicklung der Waffen in aussereuropäischen Gebieten bis auf die Gegenwart zu verfolgen haben. Für die Armbrust besonders gilt dies um so mehr, weil sie auch bei primitiven Völkern heute schon eine im Aussterben begriffene Waffe darstellt, die keine Fortbildung mehr erfährt, und überdies vielfach altertümliche Formen bewahrt hat.

Aber bei der Untersuchung von Altertümern, sowohl materieller als auch geistiger Natur, ist nicht nur das Hintereinander und das Nebeneinander zu beachten, sondern noch ein drittes: das Ineinander. Was damit gemeint ist, wird sofort verständlich, wenn man sich vor Augen hält, dass (nach einer, der Volkskunde längst geläufigen Regel) auch bereits ausgestorbene Formen im Leben der einfachen Volksschichten noch weiterhin ein oftmals recht lebhaftes, wenn auch verstecktes Dasein führen. Waffen, die bei den mit der Zeit schnell fortschreitenden oberen Ständen nicht mehr im Gebrauche stehen, finden sich – wenn wir von militärisch hoch organisierten Epochen absehen – noch eine Weile bei der niederen, städtischen Bevölkerung, sind, wenn sie auch hier verschwinden, noch längere Zeit bei den Bauern anzutreffen und fristen endlich als Kinderspielzeug ein sehr langdauerndes, wenn auch – wegen der vereinfachten Bauart – oft verkümmertes Dasein. Aber gerade solche, sich häufig jahrhundertelang erhaltenden Kümmerformen sind für den Historiker Hinweise auf eine ehemals vorhanden gewesene Blütezeit der Waffe.

Noch eine andere Frage besteht hinsichtlich der Formentwicklung. An jedem zur Bewaffnung gehörenden Stücke kann man bis ins 18. Jahrhundert hinein zwei Dinge unterscheiden: die technische und die künstlerische Gestaltung. Letztere beginnt um diese Zeit, besonders bei der Heeresausrüstung, bald jedoch auch bei den Jagd- und Luxuswaffen zurückzutreten, und die Schönheit eines Stückes wird nun nicht mehr in der Ausschmückung mit reichem Zierat, sondern in der zweckmässigen Formgebung und in der peinlichsten Genauigkeit der Ausführung gefunden. Soweit jedoch die künstlerische Gestaltung Geltungsbereich besitzt, kann an ihr der allgemeine mit der Zeit fortschreitende Wechsel von einem Stil zum anderen festgestellt werden, und die Art der Ausschmückung gleicht vollkommen der zur selben Zeit üblichen Dekoration im Kunstgewerbe. Zur chronologischen Bestimmung soll sowohl die künstlerische als auch die technische Gestaltung berücksichtigt werden; man kann aber den Satz aufstellen, dass bei einfachen, wenig konstruktiv gebauten Waffen vor allem die stilistische und erst in zweiter Linie die technische Form zu berücksichtigen ist. Dies kommt daher, weil einerseits die Konstruktion bei einfachen Formen oft während langer Zeiten nur sehr geringe Änderungen erfährt, und weil anderseits das gelegentliche Festhalten an veralteten Gestaltungen oder direkte Atavismen bei der technischen Ausführung weit häufiger als bei der künstlerischen auftreten.

Wo aber die Konstruktion Unterschiede erkennen lässt, ist die Reihenfolge der Formen bereits durch die einfache Regel festgelegt, dass das Kompliziertere stets dem Einfacheren folgen muss. Wenn wir hierbei von den früher erwähnten gleichzeitig mitlaufenden älteren Formen und Atavismen absehen und uns an die jeweiligen Höhepunkte der Entwicklung halten, so sind wir imstande hier – wieder den Methoden der Biologie entsprechend – eigene Stammbäume für jede Waffenform aufzustellen.

Die Frage, ob die Anlage solcher Stammbäume einen besonderen wissenschaftlichen Wert besitzt, ist bisher freilich nicht genügend geklärt. Auch der Entwurf selbst mag wegen der damit verbundenen Notwendigkeit eine Einteilung der Formen nach Klassen, Ordnungen, Familien und Arten vorzunehmen, nicht ganz leicht sein. Immerhin mag ein Versuch einmal unternommen werden!

Fassen wir unsere Aufgabe im Sinne einer universalgeschichtlichen Darstellung noch einmal kurz zusammen, so lautet sie: Es ist der Werdegang der Armbrust mit Beziehung auf ihre Verbreitung über den ganzen Erdball zu ermitteln. Hierbei ist die Ausgestaltung der verschiedenen Konstruktionsformen und ihre gegenseitige Beeinflussung zu berücksichtigen und das Verbreitungsgebiet jeder Type und die Änderungen dieses Verbreitungsgebietes zu verschiedenen Zeiten festzulegen. Ist die Forschung entsprechend weit gelangt und genügend Material erarbeitet, so könnte man daran gehen, Verbreitungskarten der Waffe für die wesentlichsten historischen Epochen anzulegen.

Entsprechend dem hohen Gedankengehalte der Armbrustkonstruktion, die die Erfindung dieses Gewehres an einem oder einigen wenigen Punkten der Erde wahrscheinlich macht, könnte die erste Karte nur eine oder einige wenige inselartige Verbreitungsgebiete aufweisen, auf dem Höhepunkte der Entwicklung würde das Maximum an Fläche erreicht werden und die letzte Karte, die unserer Zeit entspräche, müsste gemäss dem bereits historischen oder wenigstens fast historischen Charakter der Waffe wieder nur einige kleine Inseln als die letzten Verbreitungsüberlebsel aufweisen. Da sich jedoch bei der

Armbrust, abgesehen von den Einzelheiten der Konstruktion, verschiedene Formen ausgebildet haben, die sich vor allem durch ihre Grösse und ihre Verwendungsart (wie Handwaffe, Standarmbrust, Geschütz usw.) unterscheiden, so wären, streng genommen, für die Entwicklung einer jeden Form eigene Verbreitungskarten anzulegen.
Erst wenn alle diese Karten mit halbwegs genügender Sicherheit entworfen sind und wenn auch die historische, vor allem die die Zusammenhänge der einzelnen Kulturkreise berücksichtigende Darstellung, halbwegs lückenlos gestaltet wurde, kann man die Aufgabe, eine wirkliche Geschichte der Armbrust gegeben zu haben, als gelöst betrachten.

Die frühesten Berichte über die Verwendung unserer Waffe finden sich in China. Sehen wir von rein sagenhaften Überlieferungen ab, so wurde die Armbrust möglicherweise schon im 18., sicher aber im 12. Säkulum v. Chr. benützt (vgl. Bd. VII Z. f. h. W., S. 58 u. 160). Die Beschreibung der Waffe aus jener Zeit enthält bereits eine Reihe von Einzelheiten und legt besonderen Wert auf die Konstruktion des Bogens. Diese sowie die des Abzugsmechanismus bilden für uns die wesentlichsten Kennzeichen, gleichsam die Leitmerkmale bei der Untersuchung des Zusammenhanges der aus verschiedenen Zeiten und Gegenden stammenden Typen.
Aber schon die Untersuchung der Bogenbauformen weist eine ganze Reihe bisher ungelöster Fragen auf. Wenn wir bis jetzt noch nichts über die Entstehung des Bogens aussagen können, so mag dies entschuldbar sein; wahrlich beschämend für die Waffengeschichte aber ist es, dass bisher noch keine Geschichte des Bogens geschrieben wurde. Material dazu ist jedenfalls von den Vertretern einer ganzen Reihe von Wissenszweigen in grosser Menge zusammengetragen worden.
Da die Geschichte dieser Waffe bisher jedoch fehlt, so erscheint es notwendig, die bei Armbrüsten verwendeten Bogenarten selbständig – gleichsam im engeren Wirkungskreise – zu unter-

suchen und zu vergleichen. Das Augenmerk wird hierbei einerseits auf die Form, anderseits auf die Herstellungsart zu richten sein. Hinsichtlich der Form scheint die in der Mitte eingedrükkte, schlangenförmige Gestaltung, die auch in der chinesischen Bilderschrift noch deutlich in dem Schriftzeichen für Bogen zu erkennen ist, eine höher entwickeltere Bauart darzustellen; dasselbe gilt im Hinblick auf die Herstellungsart von der zusammengesetzten Type im Vergleich mit der einfachen Konstruktion. Ob der zusammengesetzte Bogen stets die mittlere Eindrückung besitzt, ist bisher wohl noch nicht endgültig entschieden worden; ebensowenig der Zusammenhang zwischen dem Bogen mit Vorspannung (dem »reflexen« Bogen, in der Sprache der Ethnologen) und dem von zusammengesetzter Bauart, wobei man allerdings aussagen kann, dass Vorspannung nur bei Bogen von zusammengesetzter Konstruktion vorkommt. Erinnern wir uns noch, dass nicht nur die chinesischen, sondern auch die indischen, türkischen und skytischen Bogen Vorspannung aufweisen, und dass der zusammen gesetzte Hornbogen in Griechenland bekannt war, so erkennen wir sofort, dass hier eine Reihe von Problemen hinsichtlich des Aufkommens und des Zusammenhanges dieser Typen vorliegen. Nicht zu vergessen ist auch die Untersuchung der Entwicklungsgeschichte des Kugelbogens, weil Kugelarmbrüste sowohl in Europa als auch in Ostasien vorkommen, und Indien wohl eine Brücke zwischen diesen beiden Verbreitungsgebieten hinsichtlich des Kugelbogens, aber nicht in Beziehung auf die Armbrust, bildet.

Ein anderes ungelöstes Problem wird durch die Frage nach der Entstehung der Armbrust gestellt. Es läge nahe, sie aus dem Bogen hervorgehen zu lassen, dem erst ein Schaft mit Führungsrinne für den Pfeil und später ein Abzug hinzugefügt wurde. Tatsächlich versuchen manche ältere Waffengeschichten[1] den Ursprung der Armbrust auf diese Weise zu erklären. Der Verfasser dieses Aufsatzes hat jedoch schon auf S. 156-158 Bd.VII dieser Zeitschrift einen anderen Erklärungsversuch angedeutet und auch hier mag noch einmal besonders hervorgehoben werden, dass seiner Ansicht nach die Armbrust nur aus der Schiessfalle entstanden sein kann.

Ein Nachweis dürfte allerdings nicht leicht zu führen sein; er erforderte die genaue Untersuchung des Verbreitungsgebietes der verschiedenen Arten von Schiessfallen nebst einer eingehenden Beschreibung ihrer Konstruktion und weiters den Vergleich ihrer Verbreitung und Bauart mit der der Armbrust. Natürlich können es unter den verschiedenen Typen von Schiessfallen nur die eigentlichen Armbrustfallen sein, die zur Entstehung der selbständigen Waffe hinübergeleitet haben.

Die Armbrust hat nun nach Meinung des Verfassers den Weg durchlaufen, dass sich aus der Falle zuerst eine mässig grosse Standarmbrust entwickelte, aus der später einerseits die Handwaffe, anderseits – und zwar wieder später als diese – das grosse Geschütz entstand. Ob freilich in manchen Gegenden nicht auch der umgekehrte Weg eingeschlagen und die aus der Fremde eingeführte Armbrust wieder zur Schiessfalle umgebildet wurde, ist schwer zu entscheiden. Aber eine ziemliche Erhöhung der Wahrscheinlichkeit obiger Meinung wäre erbracht, wenn es nachzuweisen gelänge, dass die Armbrustfalle eine weit grössere Verbreitung als die Armbrust selbst besitzt und noch mehr dadurch, dass diese Fallen in verschiedenen, untereinander in keiner Verbindung stehenden Gebieten vorkommen.

Ein wesentliches Kennzeichen für die Armbrust bildet die Schlosskonstruktion. Es ist wohl der Teil, der in der Entwicklungsgeschichte des Waffenwesens und in der der technischen Gebilde überhaupt, zum ersten Male die Merkmale aufweist, die wir mit dem Begriffe eines Mechanismus verbinden. Nun ist es leicht denkbar, dass bei den Armbrustfallen die Schlosskonstruktion von den sicher schon älteren Fallen anderer Bauart übernommen wurde. Dabei war das Schloss auch schon zu der Zeit vollständig durchkonstruiert als der Jäger, wie es sehr wahrscheinlich ist, noch in der Nähe der Falle lauerte und den Mechanismus im entscheidenden Augenblick durch einen Zug an einer längeren Schnur auslöste. Es wird deshalb auch wieder eine Bekräftigung unserer Behauptung sein, wenn es nachzuweisen gelingt, dass die Schlosskonstruktion der Armbrustfallen und die der Armbrüste desselben Kulturkreises eine enge Verwandtschaft miteinander besitzen.

Ostasien bietet in seinen historischen Quellen leider gar keinen Anhaltspunkt für den Nachweis der oben entwickelten Reihen: Falle – Standarmbrust – Handwaffe und Falle – Standarmbrust – Geschütz. Die ältesten Überlieferungen berichten nur von der Handwaffe; von Fallen hören wir zum ersten Male im 3. Jahrhundert v. Chr. (s. Bd. VII S. 157) und über das Aufkommen des Geschützes ist uns aus China selbst nichts bekannt. Allerdings gestattet uns die Tatsache, dass die koreanische und die japanische Waffentechnik von dort aus übernommen wurde und dass in Japan im 7. Jahrhundert n. Chr. anscheinend von Armbrustgeschützen die Rede ist (s. Bd. VII S.179) die Schlussfolgerung, dass in jener Epoche solche Geschütze in China schon längere Zeit im Gebrauche standen. Über die Zeit des Aufkommens von Standarmbrüsten wird uns nichts berichtet.

Wie steht es nun mit den historischen Überlieferungen im Kulturkreise des Mittelmeergebietes? Auf orientalischen Denkmälern finden sich weder Abbildungen von Geschützen noch von Armbrüsten, und eine einzige Überlieferung, nämlich eine Stelle aus der Bibel (Chronika, König Usia [779 -740 v. Chr.]), die aber nicht vor dem 4. Jahrhundert v. Chr. entstanden ist, könnte auf die Benützung von Geschützen bezogen werden. Dabei bliebe es aber noch sehr fraglich, ob wir hier mit dem Gebrauch von Armbrustgeschützen rechnen sollen. Während der Feldzüge Alexanders des Grossen scheinen allerdings nicht nur die Griechen, sondern auch die Perser Geschütze (möglicherweise mit Torsionskonstruktion) verwendet zu haben.

Von Armbrüsten hören wir das ganze Altertum hindurch fast garnichts, mit zwei Ausnahmen: Die eine betrifft den von

Heron von Alexandrien beschriebenen Bauchspanner (γασιραφετης), die andere die beiden bei Polignac-sur-Loire und bei Puy gefundenen Reliefs, die etwa aus dem 4. Jahrhundert n. Chr. stammen und auf denen wahrscheinlich Jagdarmbrüste dargestellt sind.

Gestehen wir es offen, dass diese beiden Tatsachen im Lichte einer älteren Geschichtsforschung, die sich nur mit dem Sammeln und Aneinanderreihen von Nachrichten begnügt, höchst unbequem erscheinen. Es wäre weitaus leichter, wenn man, ohne auf diese beiden isolierten Vorkommnisse Rücksicht nehmen zu müssen, schreiben könnte: während des Altertums war die Armbrust im Mittelmeergebiete unbekannt. Wir werden jedoch sehen, dass gerade diese Hinweise in Verbindung mit anderen Schlussfolgerungen doch einiges neues Licht auf die hier gestellten Probleme werfen.

Die allgemein bekannten, antiken Geschütze sind keine Armbrust-, sondern Torsionswaffen. Da dies früher oftmals nicht beachtet und die Konstruktionen miteinander verwechselt wurden, so sah man sich in letzter Zeit veranlasst, immer wieder auf diese Tatsache hinzuweisen. Die Folge davon war nun freilich, dass man in diesen beiden Bauarten zwei vollkommen verschiedene Konstruktionen erblickte, die unbedingt keine Verwandtschaft miteinander besitzen. Es ist allerdings möglich, die Torsionsgeschütze als gedoppelte Onager aufzufassen und diesen wieder aus der Riesenschleuder (in der Bauart der mittelalterlichen Blide) hervorgehen zu lassen. So würde man mit vollständiger Umgehung der Armbrustform zu den Torsionsgeschützen gelangen.

Aber dieser Auffassung stehen zu viele innere Widersprüche entgegen. Einmal müsste man annehmen, dass plötzlich der Gedanke auftauchte, mit der Onagerbauform Pfeile abzuschiessen, und dass die Konstruktion zu diesem Zwecke verdoppelt, horizontal gelegt und mit einer Sehne versehen wurde; dann wäre ein ähnlicher Sprung beim Übergang von der Riesenschleuder zum Onager zu machen. Die Entwicklung

erscheint hier unbedingt unstetig und auch Interpolationen im Sinne unserer zu Anfang dargelegten Ausführungen, d. h. hier: Übergangsformen, sind schwer auszudenken.
Weit einfacher gestaltet sich der Werdegang durch die Einsicht, dass die Torsionsgeschütze im wesentlichen auch Armbrustwaffen (im weiteren Sinne) sind, bei denen die Energie nicht durch Biegung der Bogenarme, sondern durch Torsion der Sehnenbündel gespeichert wird. Der Unterschied im äusseren Aufbau ist nicht gross; die Bogenenden beschreiben im wesentlichen die gleichen Wege und der neue Gedanke besteht eigentlich nur darin, dass die Bogenarme steif und dafür an ihren inneren Enden schwenkbar ausgebildet werden. Denn die an diesen Schwenkpunkten eingreifende elastische Kraft muss nicht notwendigerweise durch Sehnenbündel hervorgerufen werden. Diese Ausführung entsprach nur dem Stande der Technik im Altertum. Dass man aber andere Möglichkeiten wenigstens schon ins Auge fasste, beweisen die Vorschläge des Ktesibios, statt der Sehnenbündel Bronzefedern oder Metallzylinder mit dicht eingesetzten Kolben und dazwischen eingeschlossenen Luftpolstern zu verwenden[2].
Alles dies deutet aber auf die Entstehung der Torsionsgeschütze aus der Armbrust hin, und nun stellen sich auch die beiden oben erwähnten Tatsachen: die Beschreibung des Bauchspanners[3] und die Darstellung der Armbrust auf den beiden französischen Reliefs, in anderem Lichte dar. Wir erkennen, dass hier das gleichsam unter der Oberfläche verlaufende Fortleben der Armbrust zutage tritt. Jetzt wirken diese bei den Tatsachen keineswegs mehr störend, sie schliessen vielmehr den Kreis unserer Folgerungen.
Zusammengefasst ergäbe sich nun nachstehendes Bild: Die Armbrustfalle ist im Altertume bekannt, und zwar entweder bereits den orientalischen Völkern, oder sie entwickelt sich erst auf europäischem Boden. (Auf die Frage, wie sie nach Vorderasien gelangt sein könnte, soll weiter unten eingegangen werden.) Aus der Falle entsteht die Standarmbrust, und aus die-

ser einerseits das Armbrustgeschütz, von dem die Torsionsgeschütze abstammen, anderseits die Handwaffe, die später zum Bauchspanner weiterentwickelt wird. Ob diese Entwicklung schon in Europa oder noch in Vorderasien stattgefunden hat, und ob dann etwa nur einzelne der höheren Formen nach dem Westen gelangten, ist nicht ohne weiteres zu entscheiden. Es ist aber schwer denkbar, dass einem Volke, das den Bauchspanner kennt, nicht auch die gewöhnliche Armbrust geläufig sein sollte, und dass Militäringenieuren, die Torsionsgeschütze konstruierten, die Standarmbrust unbekannt geblieben wäre. Die Beweisführung, dass aber allen Völkern, die Armbrüste benützen, auch Armbrustfallen bekannt sind, könnte nur durch analoge Fälle aus dem völkerkundlichen Gebiete geführt werden.

Ungelöst bliebe immer noch die Frage, ob die Armbrustfalle in Vorderasien selbständig erfunden oder dorthin eingeführt wurde und wie weit die Entwicklung zu höheren Konstruktionen dort stattgefunden hat. Man könnte an eine Einführung von Ostasien aus denken. Als Wege kämen Süd- oder Zentralasien in Betracht. Bei Südasien wäre nur die Einführung der Schiessfalle in Erwägung zu ziehen, denn Indien hat die Armbrust vor der islamischen Zeit (etwa seit 1000 n. Chr.) niemals gekannt, während Selbstschüsse gegen Tiger heute noch in Verwendung stehen und Schiessfallen auch in alten Mythen erwähnt werden sollen. In Zentralasien liegen die Verhältnisse wohl noch zu ungeklärt, als dass man bestimmte Aussagen machen könnte. Eine Erscheinung gestattet allerdings einen, wenn auch nicht unbedingt sicheren Schluss auf die selbständige Entwicklung der Armbrust in den Mittelmeerländern zu ziehen. Dies ist die Tatsache, dass die ostasiatischen Schlosskonstruktionen sowohl in ihrem prinzipiellen Aufbau, als auch in ihren Einzelheiten nichts mit den europäischen zu tun haben. Die nicht unbedingte Sicherheit dieser Schlussfolgerung ist aber wieder durch die Möglichkeit der Veränderung der Schlosskonstruktion bei der Übertragung gegeben, namentlich dann, wenn nur die Armbrustfalle entlehnt worden sein sollte. Sei dem wie es wolle, jedenfalls werden wir annehmen müssen, dass Armbrustfalle, Stand- und Handarmbrust bei den Griechen einmal bekannt gewesen sein müssen.

Sollte man nun nicht auch hier die ethnographische Parallele anwenden dürfen und annehmen, dass zur Zeit des Aufkommens der Torsionsgeschütze und auch in den folgenden Jahrhunderten die Armbrustfalle noch beim niederen Volke und die Armbrusthandwaffe als Kinderspielzeug in Verwendung stand? Wenn hierüber keine Überlieferungen auf uns gekommen sind, so erinnere man sich, dass Flavius Vegetius Renatus gegen Ende des 4. Jahrhunderts n. Chr. von einer Waffe namens manubalista oder arcubalista spricht (die man heute auch als eine Art Armbrust ansieht), von der jedoch Vegetius eine solche eingehende Bekanntschaft voraussetzt, dass er ihre genaue Beschreibung für überflüssig hält (s. Bd. V, S. 295). Die Verwendung der Schiessfalle, vor allem natürlich zu Jagdzwecken, würde aber wieder die beiden Reliefs von Polignac-Sur-Loire und Puy erklären.

Bei der Weiterentwicklung zur Handwaffe und zum Geschütz wird man an keine Übergangsmöglichkeit zwischen Ostasien und Mittelmeerkreis denken dürfen, denn einerseits hat Ostasien niemals die Torsionsgeschütze gekannt, anderseits ist zwar das Repetiersystem in beiden Gebieten verwendet worden, doch wurde es in Ostasien weit später als das griechische Polybolon noch einmal neu erfunden und ausserdem nur bei Handwaffen und in ganz anderer Ausführungsform als in Griechenland benützt.

Schwerer ist die Frage zu beantworten, woher die Araber ihre Armbrust- und Geschützkonstruktionen entlehnt haben. Am einfachsten ist es ja anzunehmen, dass Byzanz das Erbe Roms angetreten und sowohl die Handwaffe als auch die Geschützkonstruktionen weiter benützt und fortentwickelt hat. Hierauf würde vielleicht die »ballista fulminalis«, eine grosse

Armbrust mit Stahlbogen, hindeuten; ihre Erwähnung soll aus dem 4., nach anderer Meinung allerdings erst aus dem 14. Jahrhundert n. Chr. stammen. Gegen die Verwendung der Armbrust spricht die Angabe Anna Komnena's, dass die »Tzagra« der Kreuzfahrer ein Bogen[4] wäre, den die Byzantiner noch nicht kennen.

Sollten die Araber ihre Armbrustwaffen nun vielleicht doch aus Ostasien erhalten haben? Eines spricht wieder dafür: eine mit dem Fusse zu spannende oder abzuziehende Standarmbrust ist in Europa niemals bekannt gewesen; die Araber haben jedoch möglicherweise eine solche Konstruktion unter dem Namen »Bogen der Füsse« gekannt, und auch den Chinesen war sie nicht fremd (s. Bd. VII, S. 177). Wollte man jedoch annehmen, dass die »Bogen der Füsse« nur gewöhnliche, durch Einsetzen der Füsse in einen Bügel zu spannende Armbrüste waren, so weist auch dies eher auf China als auf Europa, weil in den arabischen Werken neben den »Bogen der Füsse« auch »Bogen der Knie« erwähnt werden. Fuss- und Kniespannung ist aber niemals in Europa, wohl aber in Ostasien üblich gewesen (s. Bd. VII S. 67, Abb. 25). Möglich wäre diese Tatsache der Einführung obiger Bauart aus dem fernen Osten schon, wenn man bedenkt, dass bereits am Ende des 1. Jahrhunderts n. Chr. und in der ersten Hälfte des 7. Jahrhunderts die Chinesen zeitweilig bis ans Kaspische Meer vordrangen, und dass im 5. Jahrhundert n. Chr. chinesische Schiffe im persischen Golf erscheinen, dort bis zur Stadt Hira am Euphrat und nach manchen Quellen sogar bis nach Aden und anderen Häfen des roten Meeres gelangen, während anderseits die Araber die Chinesen in der Schlacht bei Samarkand (751 n. Chr.) besiegen und eine arabisch-persische Flotte im Jahre 758 n. Chr. Kanton belagert. Die Schwierigkeit des Problems wächst nur allerdings dadurch, dass die Araber auch einen »Bogen der Schraube« (offenbar eine Armbrust mit einer durch Schraubenspindel betätigten Spannvorrichtung) kannten und dass dagegen die Schraube als technisches Konstruktionselement überhaupt in Ostasien unbekannt war. Es soll jedoch vorläufig diese Andeutung genügen und hierauf nicht weiter eingegangen werden.

Über die Weiterentwicklung der Armbrustwaffe im mittleren und westlichen Europa herrscht bisher ebenfalls noch grosse Unklarheit. Als ziemlich sicher kann angenommen werden, dass die Torsionsgeschütze griechisch-römischer Bauart, d. h. in Armbrustform, verschwinden, und dass auch eigentliche Armbrustgeschütze in der ersten Hälfte des Mittelalters nicht vorkommen.

Über die Verwendung von Handarmbrüsten werden uns mancherlei Nachrichten, die jedoch teilweise recht unsicher sind, überliefert. So berichtet Ammianus Marcellinus im 4. und Jordanus im 6. Jahrhundert n. Chr. von der Verwendung von Armbrüsten bei den Goten (s. Bd. V, S. 295) und ein angelsächsisches Rätsel aus dem 8. Jahrhundert n. Chr. lässt auf den wahrscheinlichen Gebrauch der Waffe zu dieser Zeit schliessen. Die Benützung von Fallen hat jedenfalls stattgefunden; es ist jedoch fraglich, ob die »Bogen« (arcus) genannten Vorrichtungen Selbstschüsse oder mechanische Schlingen (Schwippgalgen) waren. Jedenfalls steht die Handarmbrust zur Zeit der Kreuzzüge sicher in Verwendung, und das Armbrustgeschütz war in Europa zur Renaissancezeit unbedingt bekannt. Über die stetige Entwicklung der Handwaffe im Abendlande, über ihre allmähliche Verbesserung und über ihren späteren Verfall herrscht ziemliche Klarheit. Es liegt hierzu reichliches Material vor und wir besitzen hierüber bereits eine Anzahl eingehender und teilweise recht guter Darstellungen. Aber auch hier gibt es noch ungelöste Fragen, wie z. B. die Bedeutung der Repetierarmbrust französischen Ursprungs aus dem 18. Jahrhundert im Berliner Zeughaus (s. Bd. VII, S. 176) oder die Herkunft der Bauart unserer heutigen als Kinderspielzeug verwendeten Armbrüste, die sich in ihrer Abziehvorrichtung häufig von den früher praktisch verwendeten unterscheiden.

Weit verwickelter wird jedoch das Problem, wenn wir uns den aussereuropäischen Ländern zuwenden. Da fehlt uns beispielsweise über die Entwicklung und allmähliche Verdrängung der Armbrust im islamischen Kulturkreis jede Kenntnis, und über die Zeiten der Verbreitung der Waffe in verschiedenen anderen Gebieten herrscht volle Unklarheit. Hier hat vor allem auch die typenvergleichende Methode einzusetzen. Denn es ist keineswegs gleichgültig, ob die afrikanische Armbrust Anklänge an die portugiesische oder an die skandinavische Form aufweist, und es erweckt immerhin einige Aufmerksamkeit, wenn diese Waffe in Amerika, dessen Eingeborene die Armbrust niemals verwendeten, während der letzten Jahrzehnte in Surinam (an der Nordküste von Südamerika) und in Grönland nachgewiesen wurde.

Endlich wird zu beachten sein, dass das Armbrustprinzip im verflossenen Weltkriege als Granat- und Mienenwerfer wieder eine neue Auferstehung feierte.

Die vorstehenden Ausführungen wollen nicht als unbewiesene Behauptungen, sondern als Anregung genommen sein. Selbst wenn eingehendere, die Einzelheiten genau gegeneinander abwägende Untersuchungen die Unrichtigkeit einiger hier entwickelten Annahmen erweisen sollten, so hätte diese Arbeit ihre Aufgabe im Sinne einer unvoreingenommenen Geschichtsschreibung, durch die Aufwerfung der Probleme und der damit veranlassten Durchführung ihrer Lösungen erfüllt.

Anmerkungen

1 Übrigens auch Heron von Alexandrien.

2 Man könnte die »Luftspanner« wohl am treffendsten als »Druckluftwaffe auf Umwegen« bezeichnen.

3 Auf die Heronsche Angabe, dass der Bauchspanner auch als Geschütz ausgeführt wurde, ist der Autor absichtlich nicht eingegangen, weil er diese Konstruktion als vollständig unsinnig ansieht. Der sehr schöne Erfindungsgedanke des Bauchspanners besteht darin, das Spannen der

Waffe durch Druckgabe statt durch Verwendung einer Zugkraft zu bewerkstelligen. Wie gross der Vorteil dieser Konstruktion war, die übrigens weder im ostasiatischen Kulturkreise noch im Mittelalter wieder erfunden noch bekannt wurde, ersieht man, wenn man sich den Unterschied an Kraftaufwand beim Spannen eines Bauchspanners und einer mittelalterlichen Armbrust mit Gürtel und Zughaken vorstellt. Beim Geschütz jedoch, das mittels einer Winde gespannt wird, ist die ganze komplizierte Bauart mit Gleitstück, Zahnstange und Sperrklinken überflüssig. Die Ausführungsform hätte nur eine Vergrösserung der Reibung und häufigere Betriebsstörungen zur Folge und wirkt deswegen ganz unsinnig.

4 Muss hiermit sicher die Armbrust gemeint sein?

Über das Gesetz vom Gebrauchswechsel und die Entwicklungsprinzipien bei einfachen technischen Gebilden

[Erstabdruck in: Beiträge zur Geschichte der Technik und Industrie 21 (1931/32), S. 123-130.]

Ich habe bereits vor Jahren an verschiedenen Stellen[1] darzulegen versucht, wie weit es bei dem heutigen Stande der Forschung möglich ist, Gesetze in der Entwicklung der Technik zu erkennen. Von den dort angeführten Gesetzen habe ich dann eines: »Das Hinstreben zur stetigen Drehbewegung« ausführlicher – jedoch keineswegs erschöpfend – behandelt[2].
Hier soll gezeigt werden, was genauere Untersuchungen über das an ersterwähnter Stelle auch kurz erörterte Gesetz vom Gebrauchswechsel für Ergebnisse erzielen; besonders, ob es als ein wirkliches Gesetz in der Entwicklung der Technik betrachtet werden darf und ob es überhaupt aufrechtzuerhalten ist.
Vorerst seien aber einige ganz allgemeine Bemerkungen über den Ausdruck »Entwicklungsgesetze der Technik« gestattet. Der Techniker, der sich mit der Geschichte seines Faches befaßt, mag anfangs darüber sehr erstaunen, daß hierbei gewisse Zielstrebungen, die man im Laufe des Werdeganges der Technik zu erkennen vermeint, die aber nicht unbedingt feststehen, als Gesetze bezeichnet werden. Der Techniker, der es bei der Ausübung seiner Tätigkeit vorwiegend nur mit exakten Wissenschaften zu tun hat, ist gewohnt, die hierbei übliche Genauigkeit und Schärfe, sowohl des Verfahrens als des Ausdruckes auch auf seine Forschungen zu übertragen. Wollte er nun den bei exaktwissenschaftlichen Gesetzen üblichen Maßstab auch an die als Entwicklungsgesetze der Technik bezeichneten Zielstrebungen anlegen, so würde er gewaltige Unterschiede bemerken, Unterschiede, die ihn vielleicht im

ersten Augenblick veranlassen könnten, für diese stets nur beiläufig festzulegenden Richtungsströmungen den Ausdruck »Gesetze« abzulehnen.

Dies zu tun ist ihm aber nicht gestattet: denn im Augenblick, wo er sich statt mit Technik mit der Geschichte der Technik befaßt, hat er den Übergang von einem naturwissenschaftlichen Fach zu einem historischen vollzogen und muß folgerichtig auch die dort übliche Bezeichnungsweise verwenden. Es mag für manchen merkwürdig sein, ist aber für den geschichtlich Geschulten selbstverständlich, daß auch die Geschichte der exakten Wissenschaften so wenig von den Eigentümlichkeiten der letzteren und so viel von denen der historischen Fächer an sich trägt. Der Grund dafür liegt darin, daß auch die exakten Wissenschaften den Menschen zum Schöpfer haben, und daß infolgedessen auch ihr Werdegang alle Besonderheiten, die der Entwicklung der übrigen Menschenwerke eigentümlich sind, aufweist.

Geschichtliche Gesetze unterscheiden sich von denen der exakten Wissenschaften vor allem durch zweierlei: einerseits fehlt ihnen die scharfe, zahlenmäßige Fassung, andererseits ist es für gewöhnlich nicht möglich, ihre Richtigkeit durch Versuche zu überprüfen[3]. Die Folge der ersten Tatsache ist die, daß dasselbe Gesetz von verschiedenen Forschern oftmals verschieden gefaßt wird, weiter, daß der einmal niedergeschriebene Wortbestand Auslegungen und Deutungen (in gewissem Umfang) nicht verhindern kann. Die zweite Tatsache bringt es mit sich, daß geschichtliche Gesetze keineswegs immer anerkannt werden; manche setzen sich nach Zeiten langwieriger Kämpfe wohl durch, andere hingegen bringen es trotz ihrer Würdigung, ja sogar trotz Hochschätzung von vereinzelten Forschern niemals zu unbedingter Geltung.

Eine Mittelstufe zwischen den Gesetzen der exakten und denen der Geschichtswissenschaften nehmen die der naturhistorischen Fächer ein. Bei einem großen Teil von ihnen ist eine Überprüfung durch Versuche wohl möglich, eine scharfe, zahlenmäßige Fassung kann aber nur in seltenen Fällen stattfinden, und deswegen nehmen wir auch wahr, daß sich nur wenige von diesen Gesetzen allgemeine Geltung verschaffen können, und daß ihre Anerkennung oder Verwerfung oftmals stark von Gefühlswertungen abhängig ist.

Überraschungen bietet sowohl die Entwicklungsgeschichte der exakten, als auch die der naturgeschichtlichen Fächer in Fülle. Wer von den Vertretern der jüngeren, in der Gedankenwelt der mechanischen Wärmetheorie aufgewachsenen Generation hielte es für wahrscheinlich, ja für möglich, daß im zweiten Viertel des vorigen Jahrhunderts *J. R. Mayer* mit seiner Lehre der Äquivalenz von Wärme und Arbeit im Anfang allgemeinen Zweifel erfuhr, daß sogar seine Behauptung, Wasser erwärme sich bei Bewegung seiner Teilchen gegeneinander, dem heftigsten Widerspruch begegnete! Weil es sich hierbei jedoch um ein Problem einer exakten Wissenschaft handelte, so konnte dieser Widerspruch freilich nur so lange dauern, bis Versuche Mayers Behauptung bewiesen.

Eine ähnliche Umgestaltung, wie Mayers Begründung der Energetik hinsichtlich der Prinzipien der exakten Naturforschung rief im 19. Jahrhundert auf dem Gebiete der naturgeschichtlichen Fächer Darwins Lehre hervor. Auch diese stützt sich ebenso wie die erstere auf die Beobachtung von Tatsachen; weil es sich hierbei aber um keine exakte Wissenschaft handelt, so können hier die Gesetze nicht so scharf gefaßt und so unwiderleglich bewiesen werden. Sie sind mehr Auffassungen und Betrachtungsweisen, die vom Beobachter in den Ablauf der Ereignisse hineingesehen werden, und ihre Annahme oder Verwerfung hängt vielfach von subjektiven Beeinflussungen ab.

Wenn Darwins Lehre hier als Beispiel zur Kennzeichnung des Genauigkeitsgrades eines naturgeschichtlichen Gesetzes herangezogen wird, so geschieht dies auch deswegen, weil, wie später gezeigt werden soll, das Gesetz vom Gebrauchswechsel in enge Beziehung zu dieser Theorie und zu der durch sie in Fluß gebrachten Entwicklungslehre gesetzt werden kann.

Hartigs Gesetz ist ein historisches Gesetz. Der Mangel einer schärferen Fassung ist ihm ebenso wie einem naturgeschichtlichen Gesetz eigen; dazu tritt aber außerdem noch die Unmöglichkeit, es durch Versuche zu erproben. Der Beweisstoff, der zur Verfügung steht, ist rein geschichtlich: teilweise sind es Funde alter Werkzeuge und Geräte, teilweise erhaltene Abbildungen und auf uns gekommene Nachrichten und Aufzeichnungen.

Hartigs Gesetz habe ich nach dessen ältester genauen Veröffentlichung[4] wortgetreu bereits angeführt[5].

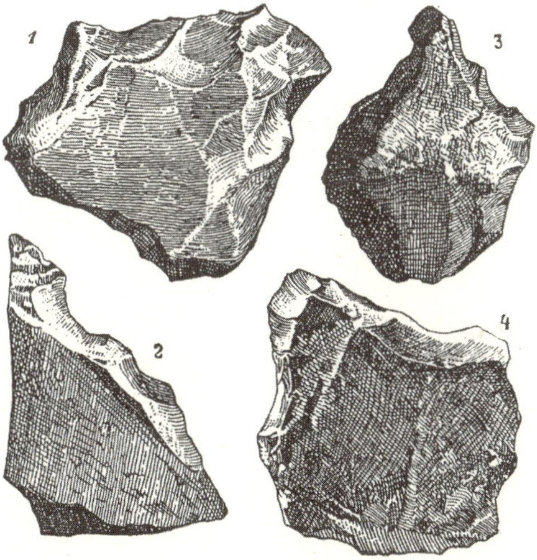

Abb. 1 u. 2
Steinwerkzeuge der Tasmanier, 3 u. 4 Eolithen der Tertiärzeit (aus: Wilhelm Bölsche: »Der Mensch der Vorzeit«, Teil 1, Stuttgart 1909, S. 23, Abb. 1)

Hier sei es nochmals ein wenig zusammengezogen und schärfer gefaßt wiederholt: sobald sich der Mensch eines gefundenen

Werkzeuges (Urwerkzeuges) zum Zwecke der mechanischen Umgestaltung seiner körperlichen Umgebung bemächtigt hatte, machte er sich durch tastendes Versuchen nach und nach neue Gebrauchsmöglichkeiten dieses Werkzeuges zu eigen und durch die hierbei gewonnene Erkenntnis des Erfolges und schrittweise Anpassung des Werkzeuges an jede der neuen Gebrauchsweisen setzte er sich mit der Zeit in den bleibenden Besitz einer größeren Zahl selbstverfertigter Werkzeuge.

Untersuchen wir, was *Hartig* mit seinem Gesetz alles sagen wollte: Erstens nimmt er an, daß sich der Urmensch im Anfang eines gefundenen, d. h. von der Natur dargebotenen Werkzeuges bediente, und zwar nur eines, des Urwerkzeuges, mit dem er nur eine Tätigkeit verrichten konnte. Aus diesem Werkzeug entstanden dann, eben durch Gebrauchswechsel, andere bereits vom Menschen angefertigte Werkzeuge.

Hartig führt also als Geltungsbereich für sein Gesetz nur die Urzeit an; es wäre aber zu untersuchen, ob Gebrauchswechsel nicht auch noch in späteren Zeitaltern auftritt. Er sagt weiter nicht, ob der Mensch die neue Form des Werkzeuges durch Auslese aus einer größeren Zahl sich in der Natur vorfindender für die neue Gebrauchsweise mehr oder weniger geeigneter Stücke erzielte, die dann künstlich nachgestaltet wurden, oder ob die Umformung am Urwerkzeug selbst aus Einsicht in die Anforderungen der Arbeitsverfahren geschah.

Vergleichen wir *Hartigs* Darlegungen mit den Ergebnissen der neuzeitigen Urgeschichtsforschung. Diese unterscheidet drei Hauptabschnitte der Steinzeit: die Stufe der Eolithen, dann die ältere und die jüngere Steinzeit. Die Eolithen sind die ältesten aufgefundenen Steingebilde, von denen man annehmen kann, daß sie dem Menschen als Werkzeug gedient haben. Nur annehmen, nicht nachweisen! Denn diese Eolithen zeigen fast insgesamt eine Gestaltung, die ebensogut, wie sie ihnen vom Menschen erteilt auch in der Natur durch elementare Vorgänge erworben sein könnte. Aber bei neuzeitigen, urtümlich gebliebenen Völkern, z. B. auf Feuerland und Tasmanien, wurden ganz ähnliche Werkzeuge vorgefunden, Abb. 1, und deswegen darf man wohl annehmen, daß auch die europäischen Eolithen vom Menschen verwendet worden sein können. Diese Eolithen weisen nun aber bereits eine ganze Reihe von Formen auf, die sie zu verschiedenen Verrichtungen geeignet machen. Der belgische Urgeschichtsforscher *Rutot* hat eine große Menge solcher Eolithen geradezu nach ausgeprägten Werkzeugarten, wie Haustein, Schaber, Bohrer usw. geordnet[6]. Wir erkennen demnach, daß der Mensch zu einer Zeit, als er noch Werkzeuge, wie sie ihm die Natur darbot, verwendete, bereits eine größere Anzahl von Formen benützte – und nicht, wie *Hartig* meint, nur e i n Werkzeug, das nur für e i n e Tätigkeit geeignet war.

Zugleich mit dem Gebrauch von aufgelesenen oder in einfachster Weise zurechtgeschlagenen Steinen hat der Mensch wohl auch Werkzeuge aus Holz benutzt. Diese bestanden aber wahrscheinlich nur aus aufgenommenen oder abgebrochenen Zweigen und Ästen, die höchstens mit den Zähnen ein wenig zurechtgenagt wurden. Erhalten ist davon natürlich nichts. Man darf aber kaum annehmen, daß sich hierbei schon feststehende Formen herausgebildet hätten, und für kräftigere Wirkungen wurde sicher immer das Steinwerkzeug bevorzugt.

In der älteren Steinzeit, vor allem in deren erster Unterstufe, dem Zeitalter von Chelles, findet sich als hauptsächlichstes Werkzeug allerdings eines, das man halbwegs als Universalgerät bezeichnen kann: der Faustkeil, Abb. 2. Man konnte mit ihm schlagen, graben, bohren, schneiden usw. Freilich war es ein sehr grobes Werkzeug und nur für recht plumpe Hände berechnet. Daher sind bei seiner Verwendung die eben aufgezählten Arbeitsarten auch nicht streng voneinander zu trennen, sondern sie gehen vielfach noch in einander über. Insofern würde dies Hartigs Annahme entsprechen. Aber neben diesem Faustkeil finden sich auch wieder eine Anzahl anderer Werkzeuge von meistens weniger ausgesprochener und vielfältigerer Gestalt. Die bereits in eolithischer Zeit vollzogene Trennung in eine, wenn auch nicht zu mannigfaltige Zahl von gesonderten Werkzeugformen bleibt also aufrechterhalten, und es liegt auch kein irgendwie stichhaltiger Grund vor, die später auftretenden ausgesprochen spezialisierten Werkzeuge vom Faustkeil und nicht von diesen Sonderformen abzuleiten. Soweit würde demnach das in der Hartigschen Prägung niedergelegte Gesetz vom Gebrauchswechsel keine Übereinstimmung mit den geschichtlichen Tatsachen aufweisen.

Nehmen wir aber einmal an, daß Gebrauchswechsel – wenn auch nicht genau Hartigs Darlegungen entsprechend – in der Technik auftritt, so wäre die schon früher gestellte Frage zu beantworten, ob eine neue bleibende Form, wenn sie nicht durch Auslese aus einer Anzahl in der Natur zur Verfügung stehender Stücke, sondern durch Umformung am ursprünglichen Werkzeug geschaffen wurde, selbsttätig im Laufe der Arbeitsverrichtung und durch diese hervorgerufen oder vom Menschen absichtlich veranlaßt zustande kam.

Auf die erstere Möglichkeit, die Auslese, soll später zurückgekommen werden. Zur Untersuchung der zweiten Möglichkeit sei die Frage aufgeworfen: kann ein Körper irgendwelcher Gestalt durch eine andauernde Verwendung als Werkzeug für eine bestimmte Betätigungsart im Laufe der Arbeitsverrichtung eine für diese zweckmäßigere Gestalt, als er sie ursprünglich besaß, annehmen? Auf gewöhnliche Weise offenbar nicht, höchstens durch eine Katastrophe, durch einen verhängnisvollen Unglücksfall. Denn die regelmäßige Verwendung des Werkzeuges hat stets dessen Abnützung zur Folge und, wenigstens in allen Fällen, bei denen die Wirkung des Werkzeuges an eine scharfe Kante gebunden ist[7], zieht die Abnutzung eine Verminderung der Schärfe dieser arbeitenden Kante nach sich. Damit wird das Werkzeug für seine Verrichtung aber auch weniger geeignet, als es ursprünglich der Fall war.

Hinsichtlich der Entstehung einer zweckmäßigen Werkzeugform durch den Eintritt eines Unglücksfalles, wäre darauf hinzuweisen, wie es gerade beim Steingerät besonders leicht vorkommen kann, daß bei der Arbeitsverrichtung eine unbeabsich-

tigte Zerstörung des Werkzeuges eintritt: ein Abbrechen oder Absplittern von einzelnen Teilen, die aber dann beim übrigbleibenden Stück das unerwartete Auftreten einer neuen Form zur Folge haben. Und tatsächlich kann dieses neue, unbeabsichtigt entstandene Stück gelegentlich – etwa durch das Auftreten scharfer Schneiden – eine zur Bearbeitung geeignetere Gestalt als es die ursprüngliche war, aufweisen. Daß man auf diese Art zu neuen Werkzeugformen gelangen konnte, soll nicht bestritten werden, wohl aber, daß diese zufällig entstandenen Formen vom urtümlichen Menschen dauernd übernommen wurden. Dazu hätte es offenbar bedurft, daß die durch einen Unglücksfall hervorgerufene Umbildung des Werkzeuges oftmals und mit genau demselben Ergebnis aufgetreten wäre; denn aus einem einmaligen Ereignis weitreichende Schlüsse zu ziehen und die gewohnten Verfahren plötzlich abzuändern: dies darf man dem urzeitlichen Menschen wohl nicht zutrauen.
Man könnte nun noch die Frage aufwerfen, wie der urtümliche Mensch eigentlich zur Verwendung der verschieden geformten Werkzeuge gekommen ist. Der Vorgang dürfte etwa der gewesen sein, daß die mannigfaltigen, von der Natur gebotenen Formen erprobt wurden, dann eine Auslese und daraufhin eine dauernde Übernahme der zweckmäßigsten Form stattgefunden hat.
Hier tritt nun die Gleichartigkeit mit Darwins Lehre von der »Auslese«, mit dem »Kampf ums Dasein« der verschiedenen Formen untereinander und mit dem »Überleben des Passendsten« im Reiche der lebenden Organismen hervor. Freilich dürfen wir den Vorgang bei der Entwicklung der technischen Gebilde nicht mit der natürlichen, wohl aber mit der künstlichen Zuchtwahl vergleichen. Ebenso wie der Züchter unter einer großen Anzahl von Varietäten oder Spielarten die ihm passendsten auswählt, tut es auch der Mensch bei der Auswahl der geeignetsten Werkzeugformen; und der bei lebenden Gebilden durch die Vererbungsfähigkeit erzielten Erhaltung des Geeignetsten entspricht in der Technik die stän-

dige Erzeugung einer Werkzeugform nach dem Muster des einmal als passend erprobten Stückes.

Man sieht, die Übereinstimmung in der Entwicklung der lebenden und der technischen Gebilde sind, wenn auch wesentliche Unterschiede bestehen bleiben, doch in die Augen springend, und es scheint deshalb der Mühe wert, die Theorien, die bisher für die Entwicklung der ersteren Gebilde aufgestellt wurden, hinsichtlich ihrer Anwendbarkeit auf letztere zu überprüfen.

Zwei Auffassungen von der Entstehung neuer, höher entwikkelter Formen der Organismen teilten in den letzten Jahrzehnten die Biologen in zwei Lager: die einen hielten sich vorwiegend an Darwins Anschauungen, die anderen an die Lamarcks. Beider Lehren haben neuere Forscher, deren Namen hier aufzuzählen zu weit führen würde, mehrfach entwickelt und verändert.

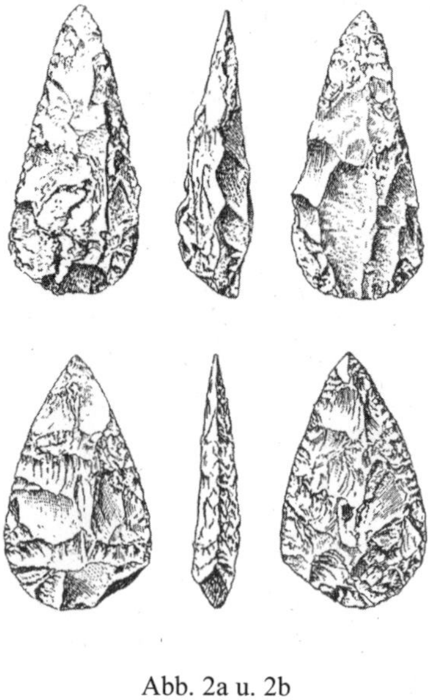

Abb. 2a u. 2b

Faustkeile aus der Chelles- und Acheulzeit (aus: *Moritz Hoernes*: »Kultur der Urzeit«, Leipzig 1912, Bd. 1, S. 21, Abb. 2)

Die wesentlichsten Unterschiede der beiden Anschauungen können wir kurz vielleicht folgendermaßen erläutern: *Lamarck* nimmt an, daß bei den lebenden Gebilden eine aktive Anpassung stattfindet, d. h., daß ein Organ nicht nur durch fortgesetzten Gebrauch gekräftigt wird und durch Nichtgebrauch verkümmert, sondern daß es sich, wenn es einer neuen Aufgabe gegenübersteht und zur Bewältigung dieser neuen Aufgabe stetig benützt wird, so verändert, daß es die hierzu geeignetste Gestaltung annimmt[8]. Wir sind genötigt, hierfür eine eigene vollziehende Kraft anzunehmen, die von verschiedenen Forschern verschieden benannt worden ist, am einfachsten aber mit »Psyche« und am vorsichtigsten mit »innerer Reaktionsfähigkeit« bezeichnet wird. Freilich müssen wir bei Geltenlassen dieser aktiven Anpassung auch ein gewisses zweckmäßiges Wirken des lebenden Gebildes annehmen, das die zu bewältigende Aufgabe gleichsam erkennt und sich die hierfür notwendige Anpassung des Organes als Ziel setzt. Die aktive Anpassung ist daher eine teleologische, d. h. zielsetzende und entspricht einer geplanten Zweckmäßigkeit.

Im Gegensatz dazu entspricht die passive Anpassung einer gewordenen Zweckmäßigkeit; sie ist nicht zielsetzend, sondern ätiologisch, d. h. ursächlich. Scheinbare Schwierigkeiten bietet es allerdings, wie wir diese durch Ursachen hervorgerufene Zweckmäßigkeit erklären sollen. Dies geschieht nach Darwin durch die stetige Variation, die fortgesetzte Veränderung der neugebildeten Organismen. Es treten nämlich die Einzelwesen einer bestimmten Gattung nicht alle vollkommen gleichartig auf, sondern es finden kleine Abweichungen (Variationen) statt[9]. Die von den beiden äußersten Grenzen der Abweichungen eingeschlossene Änderungsmöglichkeit bezeichnet man mit dem Ausdrucke »Variationsbreite«. *Darwin* nimmt nun an, daß innerhalb der Variationsbreite die der neuen Aufgabe besser angepaßten Einzelwesen jeweils überleben, daß also durch den »Kampf ums Dasein« eine Auslese der passendsten stattfindet.

Die passive Anpassung bietet jedenfalls weniger schwierige Rätsel, als die aktive, weil wir bei letzterer über das Problem des »Psychischen« oder der »inneren Reaktionsfähigkeit«, nicht hinauskommen. Trotzdem neigen aber die heutigen Biologen immer stärker zu einer dem Lamarckismus mehr oder weniger verwandten Anschauung.

Untersuchen wir nun einmal, welche Ergebnisse die Anwendung der beiden Grundsätze: der passiven und der aktiven Anpassung, für die Entwicklung der technischen Gebilde zeitigt. Über das Psychische können wir nur als Subjekt, als selbsterlebendes Ich, aussagen, und insofern läßt uns die heutige hochentwickelte Technik keinen Zweifel, daß wir bei Bewältigung einer technischen Aufgabe die Probleme erkennen und dem technischen Gebilde bewußt eine für die Lösung der Aufgabe geeignete Gestalt erteilen. Beim höher entwickelten Tier, das auch schon technische Aufgaben löst, dürfen wir eine unserer geistigen Leistung gleiche Fähigkeit nicht ohne weiteres voraussetzen, und selbst beim urzeitlichen Menschen müssen wir annehmen, daß seine geistigen Leistungen unbewußt, oder besser mit einem weit geringeren, dumpferen Zustand des Bewußtseins verbunden, stattfinden.

Über den Vorgang, der bei der Anpassung des lebenden Organes vor sich geht, können wir subjektiv natürlich gar nichts aussagen, weil während der kurzen Zeitspanne des Lebens eines menschlichen Einzelwesens niemals eine solche bleibende, und dann auch vererbliche Anpassung stattfindet. Versuchen wir es nun einmal mit der Annahme der bewußten geistigen Leistung, möglichst tief vom Menschen über den Tiermenschen auf der Stufenleiter zum Tier hinunter und das andere Mal mit der Voraussetzung der unbewußten, oder ganz schwach bewußten Leistung vom Tier aus möglichst hoch auf der Stufenleiter hinaufzusteigen.

Der Mensch arbeitet bei Neuerungen der heutigen hochentwickelten Technik vollkommen erkennend und bewußt bis auf den erfinderischen Einfall, der auch heute noch, soweit wir den meisten Erfindern Glauben schenken dürfen, aus einem dunkeln Unbekannten ihnen zugeflogen kommt. Bei urtümlichen Völkern dürfen wir ein solches vollkommen bewußtes Arbeiten nicht annehmen, einmal weil die selbständige Durchführung einer Verbesserung bei Naturvölkern noch niemals beobachtet wurde[10], das andere Mal, weil die in vorgeschichtlichen Zeiten nachweisbaren Änderungen sich auch dort, wo sie ganz geringfügig sind, über einen sehr großen Zeitraum erstrecken, daher in einem für uns fast unvorstellbar langsamen Zeitmaß vor sich gegangen sein müssen.

Man vergleiche z. B. die beiden in Abb. 2 dargestellten Faustkeilformen aus dem Chelléen und dem Acheuléen, der ersten und der zweiten Unterstufe der älteren Steinzeit. An den Seitenansichten der beiden Stücke erkennt man, daß die Schneide an Geradheit etwas gewonnen hat; und dieser geringe Fortschritt bedurfte eines Zeitraumes, der sicher viele Jahrtausende umfaßt.

Die Geschwindigkeit, mit der sich die Veränderung vollzog, ist dabei so gering, daß wir gegenüber von Verbesserungen in der heutigen von uns beobachteten Technik von einem Unterschiede nur dem Grade nach wohl grundsätzlich, aber nicht gefühlsmäßig sprechen dürfen. Wollen wir uns bei der Hervorbringung dieses kleinen Fortschrittes in die Psyche des Urzeitmenschen hineindenken, wollen wir es versuchen, die dabei auftretenden Strebungen und Willensakte »nachzuleben«, so versagt unser Bemühen; nur nachkonstruieren können wir den damaligen Vorgang.

Vielleicht gibt die folgende Schilderung ein halbwegs richtiges Bild. Die beiden in Abb. 2 dargestellten Arten des Faustkeils aus dem Chelléen und dem Acheuléen stellen natürlich nur Durchschnittsformen dar. Wir müssen nun aber in Betracht ziehen, daß es auch im Chelléen gleichzeitig Faustkeile gegeben haben wird, die einerseits eine gröbere, anderseits eine feinere Kante, als sie in Abb. 2a dargestellt ist, besessen haben. Wir sehen demnach, daß hier wieder eine gewisse »Variationsbreite«

auftritt. Weiter müssen wir voraussetzen, daß die Verfeinerung der Kantenlinie von der Chelleszeit zur Acheulzeit hinüber stetig vor sich gegangen ist, daß infolgedessen die ältesten Schichten des Chelléen auch im Durchschnitt gröbere Kanten, als die jüngsten Schichten derselben Stufe aufweisen. Wenn wir also gleich zu Beginn der Chelleszeit schon gewisse Spielarten in der Ausbildung der Kanten vorfinden, so dürfen wir doch nicht annehmen, daß der damalige Mensch die vollkommenere Gestaltung vielleicht als einen besonderen Fortschritt erfaßt hat, denn in diesem Falle hätte der verhältnismäßig kleine Fortschritt viel schneller vor sich gehen müssen und sich nicht über Jahrtausende erstrecken dürfen.

Welche Vorstellungen mag der Urmensch überhaupt mit dieser Verbesserung verbunden haben? Einerseits die Vorstellung einer größeren geometrischen Vollkommenheit, anderseits die Beobachtung, daß die schärfere Kante dem Werkzeug eine bessere Gebrauchseignung als die gröbere erteilt. Aber auch hier hindert uns der ungeheure Zeitraum, währenddessen sich die Veränderung vollzogen hat, daran, von einem plötzlichen, ja selbst von einem allmählichen, aber bewußten Erfassen dieser Tatsachen zu sprechen. Der Sinn für geometrische Genauigkeit hat sich beim Menschen auch nur ganz langsam entwickelt, und noch heute lassen manche Naturvölker bei der Ausführung von technischen Gebilden hinsichtlich der Geradheit einer angearbeiteten Kante oder der Genauigkeit eines rechten Winkels alles zu wünschen übrig. Die Auslese, die der Mensch unter den innerhalb der »Variationsbreite« besser oder schlechter zurechtgeschlagenen Faustkeilen getroffen haben mag, gibt uns vielleicht noch das treffendste Bild und wir könnten vermuten, daß er die höhere Wirkung der geraden Schneidekante bemerkt und die damit versehenen Werkzeuge stets vorgezogen hat, wenn wir nicht wieder den ungeheuer langen Zeitraum dieser langsamen Verbesserung berücksichtigen müßten, und wenn wir nicht gezwungen wären, anzunehmen, daß die immerhin beschränkte »Variationsbreite« zu einem bestimmten Zeitpunkt nicht allzu große Schwankungen in der Ausbildung gestattet hat. Noch schwieriger wird eine auf diese Weise vorgenommene Erklärung der allmählichen Werkzeugverbesserung durch den Umstand, daß der Mensch ja nicht nur eine Auslese zu treffen hatte, sondern daß er, damit sich der Durchschnitt sämtlicher der »Variationsbreite« entsprechenden Veränderungen weiter entwickelte, auch die fortlaufend neu zu erzeugenden Werkzeuge verbessert herstellen mußte. Diese verbesserte Herstellung hängt aber nicht nur von dem Erkennen der zweckentsprechenden Form, sondern auch von der Handgeschicklichkeit des Menschen und von den Eigenschaften des Werkstoffes ab, so daß einerseits ein Zwiespalt zwischen der Erkenntnis der Zweckform und dem Mangel an Handgeschicklichkeit auftreten und anderseits, selbst wenn diese beiden Bedingungen gleichzeitig gegeben waren, die Fortentwicklung des Werkzeuges aus Mangel an Stoffen, die die verfeinerte Form halbwegs leicht zu erreichen gestatteten, scheitern konnte.

So sehen wir, daß diese eingehende Untersuchung eigentlich zu einem negativen Ergebnis führt, daß wir den Triebkräften, die den Urmenschen zu der oben besprochenen geringfügigen Änderung veranlaßt haben mögen, schon fast ebenso fremd gegenüberstehen wie den Änderungen, die der lebende Körper durch Umgestaltung seiner Organe an sich selber hervorbringt. Es hätte deswegen keinen Wert, wollten wir das Hinabsteigen noch weiter, etwa bis zum Tiermenschen fortsetzen.

Im Gegensatz dazu soll nun versucht werden, die Betrachtungsweise, die wir bei der Entwicklung der lebenden Organismen für gewöhnlich anwenden, auch auf den Werdegang der technischen Gebilde auszudehnen. Technische Leistungen vollbringen auch verhältnismäßig niedere Tiere; doch wollen wir uns hiermit nicht weiter aufhalten und gleich zum hochentwickelten Menschenaffen, weiter zum Tiermenschen und zum Urmenschen fortschreiten.

Vergleichen wir die Entwicklung von organischen Gebilden[11] mit der Schaffung von technischen Organen, so müssen wir als wesentlichen Unterschied vor allem festlegen, daß beim Organismus die Einheit durch den lebenden Körper gegeben ist, daß man in der Technik jedoch nicht das technische Gebilde etwa hierzu in Parallele setzen darf, sondern daß hier die Einheit durch Organismus + technisches Gebilde dargestellt wird. Das technische Gebilde bedeutet nämlich im Anfang nichts anderes als den Ersatz des lebenden Werkzeuges durch ein leibfremdes Stück, das aber genau so wie das lebende Werkzeug vom Körper aus geführt und betätigt wird. In der frühesten Stufe überwiegt im dem Komplex: lebender Körper + technisches Gebilde ersterer auch weitaus; das technische Werkzeug bildet der Masse nach nur einen kleinen Bestandteil des Ganzen. Die Führung und Leitung dieses Werkzeuges geschieht in gewissem Sinne gerade so wie beim lebenden Werkzeug vom Zentraldenkorgan aus, wenn es auch mit letzterem nur durch Vermittlung der organischen Endglieder in Verbindung steht.

An Unterschieden zwischen den beiden Entwicklungsreihen wäre nun folgendes hervorzuheben: die organische Einheit ist während eines bestimmten Zeitpunktes der Entwicklung unveränderlich, bei der anderen Einheit bleibt dagegen nur der lebende Teil konstant, während der technische Teil austauschbar und ablegbar gestaltet ist. Diese Austauschbarkeit erlaubt es, das lebende Endglied, die Hand, mit verschiedenen Ansatzstücken zu versehen. Dadurch wird diese befähigt, eine ganze Reihe von wechselnden Tätigkeiten auszuführen und damit wieder wird die Fortentwicklung des Zweckmäßigen aus dem Organischen heraus in die einzelnen Werkzeuggattungen verlegt. Dies bewirkt eine große körperliche Entlastung und das Hauptgewicht des Werdeganges rückt nun in dasjenige Gebiet, das eigentlich die weiteren Fortschritte der technischen Gebilde hervorbringt: der Schwerpunkt der Entwicklung wird aus dem rein Physischen in das Geistige übertragen.

Wenn wir beim Menschen seit der Zeit, wo er uns zum ersten Male auf Erden entgegentritt, nur eine äußerst geringfügige körperliche Entwicklung feststellen können, so mag dies mit der verhältnismäßigen Kürze seines irdischen Daseins zusammenhängen: auch die Anthropoiden, die Menschenaffen, haben sich in diesem Zeitraum fast gar nicht verändert. Immerhin mag bei dieser Konstanterhaltung vielleicht auch der eben ausgesprochene Umstand der Verlegung des Hauptgewichtes der Entwicklung ins Psychische mitgewirkt haben. Das Psychische, die innere Reaktionsfähigkeit, hat aber während dieser Zeit eine ungeheure Steigerung durchgemacht. Ein Teil ihrer Leistungen hat sich in der Technik körperlich niedergeschlagen und hier finden wir, daß das Fortschreiten anfangs langsam, dann aber immer schneller und schneller erfolgt.

Betrachten wir diesen Fortschritt von seiner Entwicklung vom einfachen von der Hand erfaßten Stein an, so bemerken wir, daß zu Beginn die vom Menschen geschaffenen technischen Gebilde keine systemeigene Bewegung besitzen, also mehr oder minder starre Körper sind. Einen Fortschritt im Verlaufe dieses Zeitabschnittes, nämlich in der Entwicklung des technischen Gebildes als starrer Körper, bedeutet es schon, wenn das Artefakt, das vom Menschen hergestellte Gerät, aus mehreren Teilen zusammengesetzt wird. Wie wesentlich dies unter Umständen sein kann, erkennen wir beispielsweise an dem dadurch ermöglichten Übergang vom einfachen Faustkeil zur Axt, die bereits aus zwei Stücken, dem steinernen Schlagkörper und dem hölzernen Schaft, besteht. Weit wesentlicher wird der Fortschritt in dem Augenblick, wo das zusammengesetzte Gerät eine systemeigene Bewegung erhält, d. h. wo es so gestaltet wird, daß die einzelnen Teile, aus denen es zusammengesetzt ist, Bewegungen gegeneinander vollziehen können.

Der Übergang findet hier natürlich auch nur allmählich statt, wobei vorwiegend Zugorgane (bei heutigen urtümlichen Völkern hauptsächlich Seile aus Lianen und Rotang) diejenigen Teilstücke des Gerätes bilden, die eine Bewegung seiner einzelnen Teile durch Verlagerung (Verbiegen, Verdrehen usw.) gestatten, ohne daß streng genommen eine Verschiebung eines

Stückes des technischen Gebildes längs eines anderen Stückes stattfindet[11a].

Bei der weiteren Entwicklung wird dieses Verbiegen des Materials durch eine kinematisch höhere Gestaltung ersetzt, wobei dann schon das oben erwähnte Gleiten zweier Stücke aneinander erfolgt[12]. Die Bewegung selbst ist dabei meistens noch recht ungeordnet und die Ausgestaltung der Gleit- und Stützflächen keineswegs einwandfrei; allmählich bilden sich hierbei jedoch Elementenpaare heraus, als deren höchste, vollständige Zwangsläufigkeit verbürgende Form *Reuleaux* drei Arten: das Zylinder-, das Prismen- und das Schraubenpaar erkannt hat. Unter diesen wieder ist das Zylinderpaar, das die Grundlage für die Drehbewegung bildet, für die Entwicklung der menschlichen Technik von weittragendster Bedeutung[13].

Kehren wir noch einmal zu der früher durchgeführten Betrachtungsweise zurück, wobei wir in der Entwicklung der Technik das Einheitsindividuum als Organismus + technisches Gebilde angesehen haben. Die Fortbildung des Organismus findet hierbei, wie gesagt, vorwiegend im Psychischen statt; der äußeren physischen Entwicklung ist nicht mehr der Organismus, dafür in um so größerem Maße das leibfremde Gerät unterworfen. Lösen wir letzteres vom Organismus los und betrachten es selbständig, so ist es fast natürlich, daß bei ihm – als vom Organismus geschaffen –, wenigstens für den Anfang seiner Entwicklung, alle Merkmale des Organischen, wie: Stetigkeit, weitgehende Verzweigung, Stammbäume, Sackgassen, Rudimente und allmähliche Rückbildungen, auftreten.

Eine Erfassung der psychischen Leistungen im Anfange der technischen Entwicklung fällt uns, wie bereits oben erwähnt, wegen der kleinen Wandlungsgeschwindigkeit außerordentlich schwer. Die Tätigkeit, die vom Menschen hierbei entfaltet wird, ist uns fast ebenso unbegreiflich, wie die Einwirkung, die beim lebenden Körper eine Anpassung der leiblichen Werkzeuge hervorruft. Die technischen Gebilde werden in diesem Zeit-

abschnitt vom menschlichen Körper, man möchte sagen, in die Arbeitsverrichtung mit einbezogen und besitzen, vollständig vom Körper abgetrennt, keinerlei Bedeutung.
Die zweite Stufe der Entwicklung, die wir vielleicht mit einfacher Handwerkstechnik bezeichnen können, zeigt uns bereits etwas andere Merkmale. Die Geschwindigkeit des Fortschrittes ist freilich auch hier noch außerordentlich gering, und deshalb müssen wir das Psychische als unbewußt[14] vor sich gehend ansehen. Die Arbeitsweise des Handwerkers geht freilich nicht mehr so einfach wie die des Urmenschen vonstatten. Wenn ersterer sich auch nur langsam im Laufe seines Lebens die vom Vater und Großvater übernommenen Verfahren aneignet und nur äußerst wenig aus eigenem hinzufügt, so erwirbt er doch eine ganze Reihe technischer Kenntnisse, sowohl hinsichtlich der Eigenschaften der zu bearbeitenden Stoffe, als auch im Hinblick auf die geeignete Gestaltung der Werkzeuge. Immerhin müssen wir auch hier bei Betrachtung der technischen Gebilde an sich mehr von einer gewordenen als von einer geplanten Zweckmäßigkeit sprechen.

Abb. 3. und Abb. 4

Neolithische Keule ans Eibenholz (aus: *Robert Forrer*: »Reallexikon der prähistorischen, klassischen und frühchristlichen Altertümer«, Berlin und Stuttgart 1907, Tafel 21, Nr. 10)

Paläolithische Speerspitzen aus Feuerstein und Rentierhorn (aus: *Robert Forrer*: a. a. O., Tafel 160, Nr. 8 bis 11)

Bei der technischen Hochkultur, der dritten Stufe der Entwicklung, ist aber ein merklicher Unterschied hierzu festzustellen. Nun erfolgt das technische Geschehen nicht mehr auf Grund alter überlieferter Verfahren, sondern auf Grund der Einsicht in die verschiedenartigen physikalischen und chemischen Vorgänge, der mehr oder weniger vollständigen Beherrschung der dabei geltenden Naturgesetze und auf Grund von etwa vorgenommenen Versuchen. Die Psyche arbeitet nun schon voll bewußt im Hinblick auf das anzustrebende Ziel. Von einer gewordenen Zweckmäßigkeit ist die Entwicklung der technischen Gebilde bei einer geplanten Zweckmäßigkeit angelangt. Einen kleinen Fortschritt bedeutet es noch, wenn, wie im Laufe der letzten Jahrzehnte, der Psyche auch die Entwicklung selbst klargeworden ist, wenn sie zurückblickend das Gewordene mit seiner allmählichen Steigerung überschaut und nun mit größter Sparsamkeit bei der Verwertung der schaffenden Kräfte trachtet, den geplanten Fortschritt möglichst in die Richtung der einmal erkannten Linie des Aufstieges zu leiten.

Merkwürdig ist es, daß bei diesem rein teleologischen, d. h. zielsetzenden Fortschreiten immer häufiger Unstetigkeiten auftreten und daß gelegentlich, als könnte die Entwicklung nicht schnell genug erfolgen, ein deutliches Überspringen von Zwischenstufen festzustellen ist. Ob diese Zwischenstufen dabei in der Psyche des Technikers vorhanden sind und ob er befähigt ist, ohne seine Pläne in die Wirklichkeit umzusetzen, trotzdem auf ihnen weiterzubauen, oder ob diese Zwischenstufen auch in der Psyche Übersprungen werden, dies konnte man bis heute noch nicht entscheiden.

Nachdem hier der Begriff des Gebrauchswechsels mit einer großen Zahl damit im Zusammenhang stehender Probleme besprochen wurde, sei abermals die Frage aufgeworfen, ob sich dieser Begriff aufrechterhalten läßt und ob von einem »Gesetz vom Gebrauchswechsel« gesprochen werden darf.

Als Antwort hierauf soll eine Reihe von Beispielen aus der Entwicklungsgeschichte der Technik angeführt werden[15], von denen einzelne sicher von Gebrauchswechsel im strengen Sinne zu sprechen gestatten; bei den übrigen haben wohl noch andere, nicht als Gebrauchswechsel zu bezeichnende psychische Tätigkeiten zur Schaffung der in Betracht kommenden technischen Gebilde mitgewirkt.

Eine der naheliegendsten Verwendungen des einfachen Stockes ist die zum Schlage. Der Stock wird der hierbei zu verrichtenden Aufgabe bedeutend besser angepaßt, wenn er im allgemeinen schwerer gestaltet und besonders, wenn der größte Teil seiner Masse an seinem oberen Ende gehäuft wird: so ist aus dem Stock die Keule entstanden. Sie war sicher schon zur älteren Steinzeit, wohl auch noch früher in Gebrauch. Aus der jüngeren Steinzeit sind einzelne Stücke auf uns gekommen, Abb. 3. Wird der Stock an einem Ende zugespitzt, so kann er zum Stechen benutzt werden, und hieraus ergibt sich dann der Speer. Bereits in der älteren Steinzeit wurde er mit einer Spitze aus Feuerstein oder Knochen versehen, Abb. 4. Diese beiden Verwendungsarten des Stockes bieten weiter nichts Überraschendes. In nicht allzufrüher Zeit muß man jedoch in einzelnen Gebieten darauf gekommen sein, daß mit Hilfe einer bereits etwas feiner ausgebildeten Fechtkunst der Stock auch zur Parade gut zu gebrauchen ist. Hieraus entwickeln sich allmählich die Stockschilde, indem das kleine Stück Leder, das anfangs als Handschutz in der Mitte des Stockes befestigt wurde, später an Größe stetig zunimmt[16].

Den Bogen ebenfalls aus dem Stock entstehen zu lassen, hieße sicher zu weit gehen. Der Schaffung dieses technischen Gebildes, für dessen Entstehung bisher noch keine unbedingt gültige Erklärung gegeben werden konnte, lagen wohl ganz andere Antriebe als »Gebrauchswechsel« zugrunde. Ein richtiger Gebrauchswechsel liegt aber vor, wenn diese Waffe auch als Saiteninstrument Verwendung findet. Über die Zeit des Aufkommens beider Vorrichtungen kann nichts Sicheres ausgesagt werden, doch dürfte die Waffe schon zu Anfang der älteren Steinzeit, das Musikinstrument wenigstens im Süden Europas gegen Mitte der Neolithik benutzt worden sein. Letzteres Instrument wurde dann mit einem zur Lautverstärkung dienenden Resonanzkörper versehen und hat sich so weiter entwikkelt. Hervorzuheben wäre noch, daß Amerika ursprünglich wohl den Schießbogen, nicht aber das Saiteninstrument kannte. Bei der Fortentwicklung des letzteren in der alten Welt macht der Bogen einen abermaligen Gebrauchswechsel durch, indem er nun auch zum Streichen der Saiten angewandt wird. Wann dies aufkam ist noch ungewiß; jedenfalls kann man aber aussagen, daß diese Neuerung in Asien, und zwar wahrscheinlich in Indien, ihren Ursprung hat.

Verwandt mit der Benutzung des Bogens als Zupfinstrument ist jedenfalls auch seine Verwendung zum Auflockern von Gespinstfasern. Man fährt hierbei mit der Saite in die gehäuften Fasern hinein und reißt erstere dann heftig an. Auf diese Weise wird besonders im südlichen und östlichen Asien die Reinigung der Baumwolle allgemein vorgenommen. Bei der Filzfabrikation benutzt auch der europäische Handwerker den »Fachbogen«, indem er hier mit der angerissenen Saite über die auf einem Tische liegenden Haare fährt, um sie aufzuwirbeln. Abb. 5 zeigt die Verwendung des Gerätes im 18. Jahrhundert in Frankreich. Der Bogen hat sich hier schon von der Gestalt des Schießbogens merklich entfernt und sich seiner besonderen Aufgabe entsprechend angepaßt. Er ist mittels der Schnur *E* an der Decke der Werkstatt aufgehängt. *F* ist eine Handhabe zum Anreißen der Saite.

Der Bogen besitzt noch eine weitere Verwendungsart, nämlich als Antriebsvorrichtung des Bohrers oder der einfachen Drehbank. Hier wird man aber nicht von Gebrauchswechsel, sondern eher von einer Konvergenzerscheinung[17] sprechen müssen.

Endlich wäre noch darauf hinzuweisen, daß der Bogen in seiner Eigenschaft als Vorrichtung zum Spannungerteilen auch in Gestalt der Bogensäge vorkommt. Hierher gehört weiter ein Werkzeug, das zum Zerteilen von Ton, Butter u. dgl. benutzt wird und aus einem elastischen Holzbogen mit einer daran befestigten Drahtsehne besteht.

Einen Gebrauchswechsel bedeutet wohl auch die Verwendung eines kleinen kurzen Pfriems als Nagel. Mit einer Spitze aus hartem Holz lassen sich Stücke aus Leder oder aus weichem Holze verhältnismäßig leicht durchbohren. Die hierbei auftretende große Reibung genügt meistens, damit das abgebrochene Pfriemende in dem Werkstück fest sitzen bleibt. Zwei aufeinandergelegte Werkstücke können auf diese Weise dauerhaft verbunden werden. Bronzenägel sind aus der Bronzezeit, eiserne aus römischer Zeit auf uns gekommen. Aber auch während dieser Epochen wurden bei Bauten die Bohlen und Bretter noch lange durch Holznägel (oder Holznieten) miteinander verbunden. Hölzerne Nägel werden überdies heute noch häufig in der Schuhmacherei verwendet.

Abb. 5
Fachbogen (aus: *Diderot et d'Alembert*: »Encyclopédie ou dictionnaire raisonné des sciences, des arts et des métiers«, Paris 1762/72, Bd. 23, Recueil de Planches, Chapelier, Planche I, Fig. 1)

Das Nähen wurde ursprünglich so vorgenommen, daß man, ähnlich wie beim Nageln, mit einer feinen Ahle ein Loch in die beiden aufeinandergelegten Stücke stach, dann aber das Werkzeug zurückzog und einen Faden durch die geschaffene Öffnung fädelte. Der entscheidende Schritt zur Umwandlung der Ahle in die Nadel geschah dadurch, daß man sie durch das geschaffene Loch vollständig hindurchstieß und daß man sie an ihrem hinteren Ende mit einem Öhr versah. Nadeln kommen, sehr fein aus Knochen gearbeitet, bereits in der älteren Steinzeit vor.

Endlich sei noch die Stoßaxt erwähnt: sie entstand aus der gewöhnlichen eisernen Axt, indem man diese in beide Hände nahm und mit ihr nun stoßend arbeitete. Die Klinge wurde dabei länger und dünner ausgebildet und der Holzstiel fiel ganz weg, Abb. 6. Erstere wird von der linken Hand ungefähr in der Mitte geführt, während die rechte den Griff faßt. Dieser wird stets durchlocht hergestellt, obwohl der hineinpassende Holzstiel niemals vorkommt: ein schönes Beispiel für ein Überlebsel (survival) an einem technischen Gebilde. Solche Überlebsel sind bei der Rückbildung von lebenden Gebilden häufig anzutreffen.

Wann die Stoßaxt aufkam, ist nicht bekannt. In der abgebildeten Form wird sie noch heute vom Dorfzimmermann benutzt. In etwas anderer Gestalt, nämlich mit Doppelklinge ausgestattet, stand sie im 18. Jahrhundert in Frankreich in Verwendung, Abb. 7. Ihre Benutzungsweise wird durch Abb. 8 erläutert. –

Diese Beispiele sollen hier genügen. Es wäre aber leicht möglich ihre Zahl weiter zu erhöhen, und der in der Praxis stehende Ingenieur wird selbst in der Technik der Gegenwart oftmals Gebrauchswechsel feststellen können. Freilich geht, der Unstetigkeit in der Entwicklung der heutigen Technik entsprechend[18], dieser Wechsel nicht mehr derart vor sich, daß eine allmähliche Umformung für neue Gebrauchsmöglichkeiten, eine langsame Anpassung an neue Forderungen stattfindet, sondern der Wechsel geschieht oftmals sprunghaft. In vielen Fällen wird man jedoch nur von einer Übertragung und nicht von Gebrauchswechsel sprechen dürfen, nämlich dort, wo eine bei einem technischen Gebilde verwendete Teilkonstruktion auch bei einem anderen benutzt wird[19].

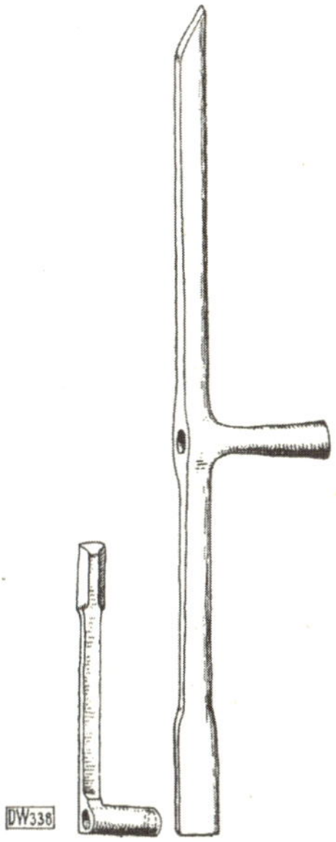

Abb. 6. und 7

Stoßaxt (aus: *Friedrich Kick*: »Vorlesungen über Mechanische Technologie«, Wien 1898, S. 23, Fig. 33)

Französische Stoßaxt (aus: *Diderot et d'Alembert* a. a. O. Charpentier, Planche L, Fig. 32)

Der Begriff der Übertragung führt in diesem Falle zu einer neuen Auffassung: von Gebrauchswechsel kann man wohl nur bei verhältnismäßig einfachen Gebilden sprechen, die entweder keine systemeigene Bewegung[20] besitzen oder bei denen ähnlich, wie bei den Organen lebender Gebilde, der Zusammenhang der einzelnen Teile im wesentlichen erhalten bleibt. In der Technik besteht aber das Einheitsindividuum aus lebendem Körper + technischem Gebilde[21] und nur der erstere Teil, d. h. in diesem Falle das Zentraldenkorgan, muß als Ganzes unverändert erhalten bleiben, kann wegen seiner biologischen

Funktionen, seiner Leben erhaltenden Aufgaben, nur eine allmähliche Entwicklung durchmachen. Der zweite Teil aber, das technische Gebilde, gewinnt vollständige Freiheit: nicht nur, daß hier beim Fortschreiten Sprünge vorkommen, daß die Stetigkeit nicht mehr gewahrt zu werden braucht, gestattet das technische Gebilde wegen seiner Unbelebtheit auch, seine einzelnen Teile beliebig miteinander zu vertauschen, zu trennen und zusammenzusetzen.

Abb. 8
Arbeiten mit der Stoßaxt (aus: Diderot et d'Alembert: a. a. O., Charpentier, Planche I)

Durch letzteren Vorgang ist man in der Lage, aus vorhandenen technischen Gebilden, mit einer gegebenen Anzahl von Elementen, eine sehr große Zahl von neuen Gebilden mit oft ganz neuen Arbeitseigenschaften herzustellen. Diesen Vorgang wird man aber kaum mehr als Gebrauchswechsel bezeichnen können; ein treffender Name besteht bis heute nicht dafür. Seinen wissenschaftlichen Niederschlag hat er aber bereits in der Form der Kinematik in *Reuleaux'* Auffassung gefunden.

Anmerkungen

1 BGT Bd. 7 (1916) S 171 u. Mitt. d. Anthropolog. Gesellschaft in Wien, Bd. 48 und 49 (1919) Sitzungsberichte (1918/19) S. 11 u. Mitt. Bd. 50 (1920) Sitzungsber. (1919/20) S. 66.

2 BGT Bd. 10 (1920) S. 179.

3 Unter den Gesetzen der exakten Wissenschaften bilden diejenigen, deren Bestätigung von der Beobachtung des Standes fremder Weltkörper zueinander abhängt, insofern eine Ausnahme, als auch hier die Durchführung willkürlich angesetzter Versuche unmöglich ist.

4 Der Zivilingenieur, N. F. Bd. 34 (1888) Sp. 770. (Der erste Bericht über das Gesetz ist im Protokoll der 78. Hauptversammlung des Sächsischen Ingenieur- und Architekten-Vereins 1872 enthalten. Hinweise auf Hartigs Gesetz finden sich in späterer Zeit in »Technische Blätter«, Vierteljahrsschrift d. deutschen polytechnischen Vereins in Böhmen, Prag, Bd. 5 (1873) S. 120 und in *Ludwig Noiré*, Das Werkzeug und seine Bedeutung für die Entwicklungsgeschichte der Menschheit, Mainz 1880, S. 249.)

5 BGT Bd. 7 (1916) S. 172.

6 *Rutot, A.*: »Le Préhistorique dans l'Europe centrale«, Coup d'oeil sur l'état des connaissances relatives aux industries de la pierre à l'exclusion du néolithique en 1903, Namur 1904 u. derselbe: »Eolithes et Pseudo-Eolithes«, Brüssel 1906.

7 Nur beim Schlagen mit hammerartigen Werkzeugen kann durch Abnutzung eine zweckmäßigere Gestalt entstehen, wenn das Werkzeug im Anfang eine (in diesem Sonderfalle störende) Schneide besessen haben sollte. Nun bildet der einfache Schlag aber eine der frühesten Tätigkeiten des Menschen; er ist übrigens auch schon den höchststehenden

Tieren nicht unbekannt. Es war daher nicht notwendig, zu ihm durch Gebrauchswechsel über eine andere Werkzeugform zu gelangen, und deswegen kann der Schlag mit hammerartigen Werkzeugen bei der vorliegenden Untersuchung auch unberücksichtigt bleiben. (Unter hammerartigen Werkzeugen sind hier ganz allgemein Werkzeuge zum Hämmern verstanden, für urtümliche Zeiten also nicht Werkzeuge in Form eines gestielten Hammers, sondern von der Gestalt, wie sie die von Prähistorikern und Ethnologen »Schlagsteine« genannten Geräte aufweisen.)

8 Man sieht, daß hier eine fast vollkommene Übereinstimmung mit dem von *Hartig* für die Technik aufgestellten Gesetze vom Gebrauchswechsel vorhanden ist.

9 Außer diesen kleinen Abweichungen treten aber auch gelegentlich größere, sprunghafte Änderungen auf, die Mutationen genannt werden. *De Vries* hat diese sprunghaften Änderungen als entscheidend für die Fortentwicklung der Lebewesen ansehen wollen. Da sich aber seine im ersten Augenblick überraschenden Versuchsergebnisse als nicht ganz einwandfrei erwiesen und die Bedeutung der Mutation für die Entwicklung der Lebewesen auch bestritten wird, so soll hier nicht weiter darauf eingegangen werden.

10 BGT Bd. 7 (1916) S. 174.

11 Für die Umbildung in der Lebewelt gibt die Entstehung der Flügel aus den vorderen Gliedmaßen ein schönes Beispiel. Die Flugsaurier zeigen dadurch den Übergang zwischen Echsen und Vögeln an, aber auch die Flugsäugetiere, wie die Fledermaus, lassen deutlich die Umwandlung der Gliedmaßen in Flugorgane erkennen. Andererseits zeigen Seehunde den Anfang der Umgestaltung der hinteren Gliedmaßen zu ruderflossenähnlichen Gebilden, und beim Pinguin haben sich die vorderen Gliedmaßen (vielleicht erst auf dem Umweg über flügelähnliche Formen) dazu entwickelt.

11a Vgl. BGT Bd. 10 (1920) S. 182.

12 BGT Bd. 17 (1927) S. 163.

13 Auf diese Bedeutung wurde ganz allgemein in dem Aufsatz »Die Entwicklung der Drehbewegung« hingewiesen. BGT Bd. 10 (1920) S. 180 u. 194.

14 Statt unbewußt, müßte man richtiger unterbewußt oder äußerst

schwach bewußt sagen, denn es findet selbstverständlich kein plötzlicher Wechsel vom unbewußten zum bewußten Schaffen, sondern ein stetiger, allmählicher Übergang von niedrigen zu höheren Bewußtseinsformen statt.

15 Eine auch nur halbwegs vollständige Aufzählung kann bei dem hier zur Verfügung stehenden beschränkten Raume nicht gegeben werden. Aber auch abgesehen hiervon ist dazu die Geschichte der Technik im allgemeinen und besonders die Technik der außereuropäischen urtümlichen Völker bisher noch nicht genügend durchforscht worden.

16 Die hier aufgestellten Entwicklungsreihen entsprechen nicht durchweg den strengen Anforderungen, die die heutige wissenschaftliche Kritik bei solchen Anordnungen erhebt. Zum Teil sind sie das Ergebnis eines Verfahrens, daß ich bereits in BGT Bd. 7 (1916) S. 170 dargelegt, und als künstliche Entwicklungsreihen bezeichnet habe. Dieses Verfahren besteht darin, Entwicklungsformen zu sammeln und sie derart zu ordnen, daß sie vom Einfachen zum immer Ausgebildeteren, Durchdachteren fortschreiten, wobei stillschweigend vorausgesetzt wird, daß das Einfachere auch immer zeitlich ein Vorläufer des Verwickelteren und Zusammengesetzteren sein muß. Dieser Gedankengang entspricht, man möchte sagen, physikalischer oder technischer Auffassung des Entwicklungsvorganges und ist im Anfang auch gerne von Ethnologen, die sich weit früher als die Techniker mit der Entwicklungsgeschichte einfacher technischer Gebilde beschäftigt haben, eingeschlagen worden.

Aber die innige Beziehung, die die Vertreter des ersteren Wissenszweiges mit der Geschichtsforschung pflegten, ließ bald einen Einwand gegen diese ein wenig naive und einseitige Einstellung aufkommen. Geschichtliche Betrachtung zeigt, daß es sowohl im Reich der Natur, wie auch im Laufe des Entwicklungsganges der Menschheit nicht nur Zeiten des Aufstieges, sondern auch solche des Verfalls gibt, und es lag deshalb nahe, die Frage aufzuwerfen, ob einfache Gebilde unbedingt am Anfang der Entwicklungsreihe liegen müssen, ob sie nicht auch Ergebnisse rükkläufiger Entwicklung bilden und Formen aus Verfallzeiten sein können. Man sieht, daß solche Betrachtungen ein weit tieferes Eingehen

auf die Geschichte der einzelnen technischen Gebilde erfordert: es genügt nicht, Entwicklungsformen zu sammeln, ohne sich um die Zeit ihres Auftretens zu bekümmern, ohne sich zu bemühen, ihre in der Gestaltung einfacheren Vorläufer auch in wirklich geschichtlichen Zusammenhang mit ihnen zu bringen. Neben den künstlichen Entwicklungsreihen, auf die ich an oben erwähnter Stelle hingewiesen habe, die dadurch zustande kommen, daß verwandte Formen aus ganz verschiedenen Kulturkreisen nebeneinander gestellt werden, müssen wir in diesem Falle auch von künstlichen Entwicklungsreihen sprechen, die dadurch entstehen, daß die zeitliche Aufeinanderfolge der ordnungsmäßig hintereinander zu stellenden Formen in geschichtlicher Hinsicht nicht unbedingt gesichert ist.
Bei dem obigen Beispiel der Stockschilde wäre es deswegen auch nicht in jedem Falle von der Hand zu weisen, daß die einfache Form, die der Stab erkennen läßt, vielleicht eine Rückbildung der entwickelteren vorstellt. Die genaueren Forschungen, die zur Lösung dieser Aufgaben Vorbedingung sind, fehlen aber bis heute noch, und deswegen sollen die dargelegten Gedankengänge nur als Grundlage für spätere, feinere Untersuchungen gelten.

17 Unter Konvergenz, einem ebenso wie der Entwicklungsgedanke der Biologie entnommenen Begriffe, versteht man die Erscheinung, daß zwei Entwicklungsreihen, die von vollkommen verschiedenen Ursprüngen ausgehen, zu mehr oder weniger ähnlichen Formen führen. Der Antriebsbogen, dessen Entwicklung in BGT Bd. 10 (1920) S. 183 dargelegt wurde, ist mit dem Schießbogen in seiner äußeren Gestaltung fast vollkommen übereinstimmend. Solche extreme Erscheinungen von Konvergenz kommen in der Natur nur ganz ausnahmsweise vor.

18 Vgl. S. 182.

19 Nur fragt es sich, ob man es in einem solchen Fall mit einer Übertragung und nicht mit einer Konvergenzerscheinung (s. darüber S. 184) zu tun hat. Es sind z. B. die Sperrvorrichtungen einer bestimmten Art von Rechenmaschinen genau dieselben, wie sie auch bei den Signalwerken für Eisenbahnen verwendet werden (s. auch *Horwitz*: Forschungsgang und Unterrichtslehre der Geschichte der Technik.

Technik und Kultur, Zeitschr. d. Verbandes deutscher Diplom-Ingenieure, Berlin Bd. 20 (1929) S. 218).

20 siehe S. 179.

21 siehe S. 180.

Organprojektion

[Erstabdruck in: Ingenieur-Zeitschrift 12 (1932), S. 41-42.]

Nicht die ersten Gedankengänge und die Entwürfe dessen, was man Philosophie der Technik nennen könnte, wohl aber das erste Werk mit diesem Titel verdanken wir Ernst Kapp, der es 1877 veröffentlichte[1]. Freilich, von den vielfältigen und verwickelten, in inniger Beziehung zueinander stehenden Fragen, die eine Philosophie der Technik an die Oberfläche trägt, behandelt er nur eine und untersucht sie unter der Bezeichnung »Organprojektion«.

Auf die Betrachtung der Sprache als menschliches Werkzeug soll hier nicht eingegangen werden, und nur kurz sei hervorgehoben, was Kapp von den einfachen Werkzeugen des Menschen aussagt. Sie sind, nach seinen Darlegungen, eine Verlängerung, Verstärkung und Verschärfung der leiblichen Glieder. Kapp sagt: der Mensch erzeugt sich im Werkzeug stets nur selbst und von dem Glied, dessen Gebrauchsfähigkeit und Kraft vervielfacht werden soll, kann allein die entsprechende Werkzeugsform geliefert werden. »So erscheint der Hammer als Nachbildung des Vorderarms mit zur Faust geballter Hand, die Schneide der Werkzeuge entspricht den Nägeln der Finger und den Schneidezähnen, der gesteifte Zeigefinger mit seiner Nagelschärfe wird in technischer Nachbildung zum Bohrer, die einfache Zahnreihe ist das Urbild für Feile und Säge und die greifende Hand und das Doppelgebiß findet sich in dem Kopf der Beißzange und in den Backen des Schraubstockes wieder«. Ähnliche Gleichheiten bestehen zwischen der hohlen Hand und der Schale, dem Haken und dem gekrümmten Finger und auch im Speer und im Ruder haben wir nichts anderes als die Weiterbildung der Hand und ihrer Finger als deren »Organprojektionen« zu erblicken.

Weiter sagt Kapp: Im Wege der Entwicklung benutzte der

Mensch erst sich ihm zufällig darbietende Gegenstände, die eine Ähnlichkeit mit seinen Gliedern aufwiesen, als Ersatz und Vervollkommnung für diese z. B. die hohle Pflanzenschale als Ersatz für die hohle Hand, den Stein als Werkzeug zur Erhöhung der Schlagkraft der geballten Faust. Später trat eine Auslese unter den verschiedenen sich darbietenden Werkstoffen ein, noch später eine eigenmächtige Formgebung des Stoffes. Das Werkzeug wird nun immer handlicher, die Anpassung an dasselbe Glied findet immer inniger statt, bis auf der Höhe der Ausbildung beide fast zu einer Einheit verschmelzen oder (nach Kapp), die Bewegungsgesetze der Organe – deren sich der Naturmensch ebenso wenig bewußt ist, wie ihrer Übertragung auf das Nachbild – des den menschlichen Zwecken in Werkzeuggestalt dienstbar gewordenen Werkstoffes einen geistigen Anhauch verleihen. Noch schärfer ist dieser Gedanke herausgearbeitet, wenn er sagt: die schneidende oder bohrende Drehbewegung des Handgelenks setzt sich schneidig oder spiralig in dem gefaßten Gegenstand fort und formt ihn zum Messer, zum Bohrer und zur Schraube.

Als Ergänzung und Vertiefung seiner Lehre hebt Kapp das bei den Ausmaßen des menschlichen Körpers überall zu beobachtende Verhältnis des »goldenen Schnitts« hervor, das folglich auch bei den Werkzeugen umsomehr hervortreten müsse, je handlicher, je »organischer« diese ausgebildet sind. An einer ganzen Reihe von Werkzeugen und Geräten sucht er dies durchzuführen und leitet beispielsweise aus der größeren Vollkommenheit der amerikanischen Axt in dieser Beziehung ihre tatsächliche Überlegenheit über die deutsche ab.

Mit dem Hinweis auf die große künstlerische Bedeutung der Bemessung nach dem goldenen Schnitt kommt er endlich der Gleichsetzung von »Schönheit« und »Zweckmäßigkeit« der Geräte nahe.

Der Verfasser dieser Zeilen hat bereits im Jahre 1914 in Feldhaus' Werke[2] über die Ausführungen Kapps berichtet und den dortigen Artikel »Organprojektion« abgefaßt. Eine

Stellungnahme zur Kappschen Lehre hat er damals vermieden, und er kann deshalb nicht ohne weiteres zustimmen, wenn sich Feldhaus in seinem neuesten Werke[3] bei den Ausführungen über die Kappsche Lehre, die Feldhaus als erwiesen betrachtet, auf diesen Aufsatz bezieht. Bereits im Jahre 1916[4] hat sich der Verfasser nämlich mit dem Gedankeninhalt der Kappschen Organprojektion auseinanderzusetzen getrachtet und hat versucht, gewisse menschenmäßige Gestaltungen technischer Gebilde auf andere Ursachen zurückzuführen.

Er zeigte, daß sich Max Eyth, Ernst Mach, F. Müller-Lyer und Eberhard Zschimmer gegen die Kappsche Organprojektion gewendet haben, und schlug vor, statt von einem Gesetz der Organprojektion von einem solchen der menschenmäßigen Berührungsflächen zu sprechen. Er sagte damals: »Dort, wo die Hand am Fremdkörper angreift, muß dieser so gestaltet werden, daß er sich dem menschlichen Organ möglichst anschmiegt und von ihm dadurch leicht gehandhabt werden kann«. Als Beispiel brachte er dort gleichzeitig die Abbildung eines Wurfbrettes der Eskimo[5], bei dem am Handgriff für jeden einzelnen Finger eine besondere Einkerbung vorhanden ist, so daß die Hand gleichsam in einen negativen Abdruck ihrer Körperform zu liegen kommt.

Der Verfasser hat hier mit seiner »Theorie der anthropomorphen Berührungsflächen« auch eine Lehre für die Ausgestaltung des Werkzeuggriffes gegeben und hat hierbei zum Teile den Gedankengang vorweggenommen, den Friedrich Herig etwa eineinhalb Jahrzehnte später mit seinen Untersuchungen über die Handseite und die Arbeitsseite des Werkzeuges veröffentlichte[6].

Während aber Herig eine unmittelbare Beeinflussung nur der Handseite durch die Formen der menschlichen Hand annimmt und für die Arbeitsseite technologische Gegebenheiten und Forderungen als gestaltend gelten läßt, hat der Verfasser damals bereits die kinematische und dynamische Zweiheit H a n d (in Verbindung mit dem Arm) – W e r k z e u g in den Kreis seiner

Betrachtung gezogen und hat wegen dieser Zusammenhänge die Abhängigkeit auch der Arbeitsseite vom menschlichen Körper erklärt. Er sagte damals: »Die menschlichen Organe beeinflussen die Ausgestaltung der Werkzeuge allerdings nicht nur durch die Formgebung der Berührungsflächen, sondern in noch höherem Maße, weil das Gewicht des Werkzeuges, dann die Lage seines Schwerpunktes und noch anderes von der den fremden Körper führenden Hand und von der Art der Arbeitsbewegung abhängig ist. Insofern wird man auch wohl von einer Gestaltungsbeeinflussung des Werkzeuges durch das betätigende Organ sprechen dürfen, ohne darin aber etwas Geheimnisvolles zu sehen oder gar ein Schaffen des Unterbewußtseins nach den Proportionen des menschlichen Körpers (dem goldenen Schnitt) erkennen zu wollen.«

Dieses Auftreten des goldenen Schnittes bei den Abmessungen zahlreicher Geräte und in den künstlerischen Schöpfungen des Menschen, besonders in denen der Baukunst, hat ja manches Merkwürdige an sich. Beim Werkzeug aber wird es eben durch die Ausgestaltung der Handseite als menschenmäßige Berührungsfläche und durch die Abhängigkeit des ganzen Werkzeuges in kinematischer und dynamischer Hinsicht von dem des führenden menschlichen Gliedes erklärt.

Auf künstlerischem Gebiet ist der goldene Schnitt als grundlegend für die Bemessung (als Kanon) auch nicht in allen Zeiten nachzuweisen. Vorherrschend ist er freilich in klassischer Zeit und in der Renaissance. Der gotische und der Empirestil zeigen aber beispielsweise deutliche Neigung zu schlankeren Formen und eine große Anzahl von Messungen an ostasiatischen kunstgewerblichen Gegenständen, die der Verfasser im Jahre 1915 im Völkerkundemuseum zu Leipzig vorgenommen hat, bewiesen, daß dort von einer Gestaltung nach den Regeln des goldenen Schnittes nicht die Rede sein kann.

Es gibt jedoch noch eine Möglichkeit der Erklärung für das Auftreten des goldenen Schnittes bei den Abmessungen von Werkzeugen und Geräten, die von deren Beeinflussung durch

menschenmäßige (anthropomorphe) Berührungsflächen absieht. Diese bestünde nämlich darin, daß der Mensch bei der Herstellung einfacher Geräte vorwiegend künstlerische Gesichtspunkte walten läßt. Darnach hätte er die grundlegenden Abmessungen, die er an künstlerischen Schöpfungen gewohnt ist, auch auf technische Gebilde übertragen.
Diese Theorie wurde von dem Architekten Rudolf Metzger im Jahre 1917 aufgestellt, und es wäre in diesem Falle, wie der Verfasser in einer Besprechung des Metzgerschen Buches[7] schrieb, »der organprojektive Habitus des technischen Gebildes durch seine ästhetischen Beeinflussungen erklärt.«[8] Freilich haben sich die grundlegenden Ausführungen, die Metzger in seinem oben erwähnten Buche bringt, als nicht haltbar erwiesen, und so wird man auch der eben entwickelten Anschauung nur mit größtem Vorbehalt gegenüberstehen dürfen.

Anmerkungen

1 Ernst Kapp: Grundlinien einer Philosophie der Technik. Zur Entstehungsgeschichte der Kultur aus neuen Gesichtspunkten. Braunschweig 1877.

2 F. M. Feldhaus: Die Technik der Vorzeit, der geschichtlichen Zeit und der Naturvölker, Leipzig und Berlin 1914, Spalte 758-61.

3 F. M. Feldhaus: Die Technik im Altertum und Mittelalter, Wildpark-Potsdam 1930.

4 Horwitz: Beiträge zur außereuropäischen und vorgeschichtlichen Technik. Jahrbuch des Vereines deutscher Ingenieure, Bd. VII, Berlin 1916, S. 171.

5 Horwitz: Beiträge zur außereuropäischen und vorgeschichtlichen Technik, a. a. O., S. 172, Abb. 1.

6 Friedrich Herig: Steinzeitliche Technik, Jahrbuch des Vereins Deutscher Ingenieure, Bd. XIX, Berlin 1929, S. 92 bis 98, und: Die Technologie prähistorischer Werkzeuge, in: Handkulturlehre,

Zeitschrift der Gesellschaft für Manufaktologie, 1. Jahrg., Nr. 3, Berlin 1930, S. 19.

7 Rudolf Metzger: Die dynamische Empfindung in der angewandten Kunst. Ein Beitrag zur künstlerischen Gestaltung der Technik. Jena 1917.

8 Geschichtsblätter für Technik und Industrie, Bd. VII (1920), Berlin 1922, S. 87.

Die Entwicklung der Drehbewegung

[Erstabdruck in Beiträge zur Geschichte der Technik und Industrie 10 (1920), S. 179-195.]

Wenn die Technik sich auch vielfach mit der Herstellung von Objekten befaßt, die keine Bewegung ihrer Teile untereinander besitzen, so ist doch das von uns als Maschine oder Mechanismus bezeichnete Gebilde das für die Entwicklung der menschlichen Technik kennzeichnendste. Auch bei den auf angewandter Statik beruhenden technischen Erzeugnissen (bei den Werken des Bauingenieurs) geschieht die Herstellung der technischen Gebilde durch Ortsveränderung und Formgebung des Rohmaterials. Hierbei war die Ausbildung der mechanischen (dynamisch-kinematischen) Hilfsmittel zur Vornahme dieser Arbeiten stets mit für die Höhe der Technik maßgebend. Der Mensch vollbrachte im Anfang jegliche Arbeitsverrichtung ohne irgendein leibfremdes Werkzeug; alles, was er bewirkte, geschah durch die Organe seines eigenen Körpers. Mit der Indienststellung eines leibfremden Objektes, d. h. mit der Zwischenschaltung eines solchen Organes zwischen seine Hand und den zu bearbeitenden Gegenstand setzt die Technik ein: der Weg vom geschwungenen Stocke bis zu einer der komplizierten neuzeitigen, vollkommen automatisch arbeitenden Maschinen deutet beiläufig Umfang und Entwicklung der menschlichen Technik an.

Das Werkzeug ist im Anfang ein einfaches oder auch zusammengesetztes Stück, das keine systemeigene Bewegung (d. h. eine Bewegung einzelner Teile gegeneinander) aufweist. Mit der allmählichen Ausgestaltung des Werkzeuges tritt auch diese Art von Beweglichkeit auf, die dabei alle möglichen Formen annehmen kann. Die wichtigste von diesen ist die Form der Drehbewegung, wobei zwei Dinge als besonders bedeutungsvoll hervorgehoben werden müssen. Erstens gibt es für diese Art der Bewegung kein Vorbild in der Natur. Weder bei organischen noch bei anorganischen Gebilden finden sich die Eigenschaften, welche für die mit Drehbewegung arbeitenden technischen Objekte kennzeichnend sind. Als zweiter Punkt wäre hervorzuheben, daß mit der Einführung der Drehbewegung ein neuer Abschnitt der Technik beginnt, daß nur durch sie gewisse Vervollkommnungen in der Arbeitsweise unserer Maschinen, die sie im Gegensatze zu der Arbeitsweise der Organismen auszeichnen, ermöglicht wurden, und daß das Streben nach Umwandlung aller hin und her gehenden Bewegung in rotierende tatsächlich als ein Gesetz in der Entwicklung der Technik angesehen werden muß.

Die Technik hatte schon einen sehr langen Weg zurückgelegt und die Drehbewegung bereits eine recht hohe Ausbildung erfahren, ehe man das Eigenartige, das in der Drehbewegung vieler technischer Gebilde liegt, erkannte und ehe auf die Merkwürdigkeiten und Charakteristika der rotierenden Mechanismen hingewiesen wurde. Zum ersten Male geschah dies in einem Aufsatze, den J. A. Jobard (Direktor des Museums für Industrie zu Brüssel) im Jahrgange 1842 der Zeitschrift »Die Grenzboten« veröffentlichte, und der »Die Industrie und das Jahrhundert« betitelt ist. Die in Betracht kommende Stelle lautet:

»Unsere Mittelklasse, unsere so zahlreiche Bürgerschaft, sie, von der im Altertum kaum in der Klasse der freigelassenen Sklaven ein schwacher Keim bestand, sie ist es, welche unsere Walzenindustrie geschaffen hat und ihr noch heutzutage sowohl Nahrung als Leitung angedeihen läßt.

Ich habe mich des vielleicht etwas sonderbar erscheinenden Ausdruckes »Walzenindustrie« bedient; und zwar deshalb, weil die Walze das Kriterium aller modernen Gewerbstätigkeit ist und weil jedes mechanische Verfahren, jede Fabrikation, die nicht die fortwährend ununterbrochene Tätigkeit besitzt, noch im Zustande des embryonischen Werdens ist. Die Spinnerei, die

Buchdruckerei, die Eisenfabrikation, die Goldarbeiterkunst, die Hydraulik, die Papiermühlen, die Tuchweberei, die Sägemühlen und tausend andere Gewerbe sind schon dahin gelangt, die Walze anzuwenden, und die Anstrengungen aller erfinderischen Köpfe gehen stets dahin, auch andere gewerbliche Tätigkeiten durch Einführung der Walze zu vervollkommnen und auf die Höhe unserer Zeit zu erheben[1].«

Später hat sich auch Reuleaux eingehend mit der Bedeutung der Drehbewegung befaßt, und er war es, der zum erstenmal den Unterschied zwischen kosmischer und technischer Rotation genau festlegte. Reuleaux erläutert die kosmische Rotation durch die Annahme[2], daß ein Trabant mit gleichförmiger Geschwindigkeit um ein Gestirn kreise und zeigt nun, daß jede störende, senkrecht auf diese Kreisebene wirkende äußere Kraft durch eine gerade so große, jedoch entgegengesetzt wirkende Kraft aufgehoben werden muß, wenn das System nicht in Unordnung geraten soll. Für das zweite System, für das Reuleaux die Bezeichnung »machinal« gebraucht und das wir vielleicht besser als »technische« Rotation bezeichnen, wählt er als Beispiel[3] eine auf einer Achse sitzende Radscheibe, wobei die Endzapfen dieser Achse in zwei Lagern, die auf einem festen Gestelle ruhen, sorgfältig fixiert sind. Jede senkrecht auf die Radscheibe gerichtete, störende äußere Kraft ruft hier innere Kräfte (Molekularkräfte) hervor, die im Rade, in der Achse und im Lagergestell zur Geltung kommen. Während also beim kosmischen System sensible Kräfte gegen andere von diesen unabhängige sensible Kräfte wirken, wirken sie beim technischen System gegen abhängige latente.

Denken wir uns beide Systeme weiter ausgebildet: beim kosmischen einen Zentralkörper mit Planeten und Trabanten, beim technischen mehrere Räder, die durch irgendwelche Mittel (Zähne, Riemen und dergleichen) miteinander verbunden sind, so hängen bei ersterer Art die Bahnen und die Geschwindigkeiten der kreisenden Körper von den sensiblen Kräften ab; bei der zweiten Art stehen jedoch alle Punkte der rotierenden Gebilde in einem unbedingten Abhängigkeitsverhältnis zueinander, d.h. es kann kein Punkt seine Geschwindigkeit unabhängig von der der anderen Punkte ändern. Störende sensible Kräfte bleiben hierbei, weil sie überall durch latente Kräfte aufgehoben werden, bis zu einer gewissen Grenze ohne Einfluß[4]. »Die kosmische Freiheit der Natur ist bei der Maschine in Ordnung und Gesetz übergeführt[5].«

Als Ergänzung zu den Reuleauxschen Erläuterungen sei hinzugefügt, daß in der Natur auch noch andere Drehbewegungen auftreten, die wir am besten als Wirbelbewegung bezeichnen (Sand- oder Wasserhosen, Wasserwirbel in einem Flusse u. dgl.) Weiter kommt ein langsames Kreisen z. B. bei der Bewegung der Säfte im Innern von Pflanzen vor, das als Zirkulation bezeichnet wird; und endlich wäre noch eine sich allerdings nur über einen Teil eines vollen Kreisbogens erstreckende Verdrehung durch Torsion des Materials zu erwähnen, wie sie z. B bei Pflanzen, deren Blätter sich nach dem Stande der Sonne richten, beobachtet werden kann. Eine kurze Überlegung zeigt uns, daß alle diese nicht als kosmische, wohl aber als natürliche Drehbewegungen zu bezeichnenden Rotationen in keinem Falle die Merkmale der technischen Drehbewegung, nämlich das Vorhandensein einer festgelagerten Achse aufweisen.

Die Drehbewegungen, wie sie der Mensch bei technischer Betätigung ausübt, werden von Verdrehungen der Glieder seines Körpers abgeleitet. Versuchen wir die verschiedenen Arten von Drehbewegungen zu analysieren, die bei der Handhabung eines leibfremden Körpers unmittelbar durch die menschlichen Gliedmaßen auftreten, so können wir eine primitive Entwicklungsphase unterscheiden, wobei die Werkzeuge, mit denen die Arbeitsleistung ausgeübt wird, fest mit dem Gliedmaßenende, der Hand, verbunden sind, und eine höhere Stufe, bei der das Werkzeug oder das Gerät während der Arbeitsleistung der Hand gegenüber Lagenänderungen erfährt. Bei der ersten Phase wären wieder drei Unterarten zu beachten.

Die eine Art entspricht der Bewegung, wie sie beim Schwingen eines Steines oder einer Lanze unmittelbar vor dem Wurfe ausgeübt wird. Der die Verdrehung gestattende Körperteil ist hier das Schultergelenk, das, wie allgemein bekannt, als Kugelgelenk ausgebildet ist. Eine zweite Art der Drehbewegung tritt dann auf, wenn die Hand mit Hilfe eines Fremdkörpers (eines Steines oder dgl.) eine bohrende Tätigkeit ausführt. Diese Drehung bedingt beim menschlichen Körper eine kinematisch weit kompliziertere Bewegung, als es beim Schultergelenk der Fall ist. Bei Drehung der Hand stellen sich nämlich die beiden Unterarmknochen, Speiche und Elle, einmal parallel, das andere Mal geschränkt zueinander. Die dritte Art der Drehbewegung wird durch Kreisen von Arm oder Hand hervorgerufen, und zwar derart, daß diese hierbei einen Kegelmantel beschreiben, dessen Spitze durch das Schulter-, das Ellbogen- oder das Handgelenk gebildet wird. Bei dieser Bewegung beschreibt die Hand einen Kreis, ohne daß sie selbst verdreht wird.

Die erste angeführte, vom Schultergelenk abgeleitete Drehung tritt schon bei ursprünglichen Bewegungen auf, allerdings nur in der Art, daß ein kleines Stückchen eines vollen Kreisbogens beschrieben wird. Beim ausholenden Schlag mit der geballten Faust legt diese eine Kurve zurück, die durch gleichzeitig stattfindende Lagenänderung vom Unterarm zum Oberarm freilich von einem genauen Kreisbogen ziemlich stark abweicht. Beim Schleudern eines schweren Gegenstandes, z. B. eines Steines oder einer Diskusscheibe, wird jedoch von der Hand ein recht beträchtlicher Teil eines vollen Bogens beschrieben. Aus dieser Bewegung geht auch der Gebrauch der Schleuder hervor, obwohl, wie weiter unten dargelegt wird, hierbei noch eine andere Art von Rotation eine Rolle spielt. Bei der Verwendung unserer heutigen Werkzeuge hat sich diese kreisende Bewegung noch beim Arbeiten mit dem schweren Zuschlaghammer der Schmiede erhalten.

Die Entstehung der zweiten Art der Drehung, nämlich der aus dem Handgelenk, ist nicht so leicht zu erklären. Sie ist freilich allen heute lebenden primitiven Völkern bekannt und wird wohl auch von anthropoiden Affen ausgeführt. Noirè versucht eine Erklärung[6], indem er annimmt, daß die Drehbewegung aus dem Handgelenk beim Eintreiben eines von der Hand gehaltenen Gegenstandes in ein widerstehendes Mittel durch Abgleiten hervorgerufen wird. Drückt man beispielsweise einen Steinkeil in die Erde, so tritt leicht ein drehendes Abgleiten nach der einen oder der anderen Seite hin ein, das bei weiterem Eindringen mit dem Auftreten anderer Widerstände auch seinen Drehsinn wechseln kann und so zu einem Hinundherdrehen mit der Hand hinüberleitet. Noirè sagt: »Die Hand wird durch das Drehwerkzeug allmählich zu einem Drehorgan.« Es mag dahingestellt bleiben, ob nicht auch andere Erklärungen für das Aufkommen der Handgelenksdrehung annehmbar erscheinen.

Bei der dritten Art von Drehbewegung, die weiter oben bereits gekennzeichnet wurde, kann die Rotation eines Gegenstandes nur mit Zuhilfenahme eines, wenn auch ganz einfachen technischen Gebildes bewirkt werden, das jedoch, zum Unterschiede von den früher besprochenen kein starrer Körper sein darf, sondern eine Bewegung seiner Teile zulassen muß. Ein solches einfaches Gebilde stellt ein an einer Schnur befestigter Körper dar, wie er z. B. durch das Schwirrholz repräsentiert wird (Abb. 1). Das Instrument, das allerdings nicht technischen, sondern rituellen Zwecken dient, wird verwendet, um bei rascher Drehung einen heulenden Dauerton hervorzurufen. Diese Art der Drehbewegung kommt ebenso, wie die durch einfache organische Drehung bei fast allen heute lebenden primitiven Völkern vor[7]. Eine Erklärung, wie der Mensch zu dieser Art von Rotationsbewegung (bei der bereits die Zentrifugalkraft Verwendung findet) gekommen sein mag, versucht Karl Groos, indem er darauf hinweist, daß die Früchte mancher Bäume, die wie z. B. bei Platanen an langen, zähen Fäden hängen, auch heute noch von Kindern gerne zu Spielen verwendet werden, bei denen sie diese Früchte an den Fäden im Kreise herumschwingen[8].

Abb. 1
Australier mit Schwirrholz. Nach K. Weule, Kultur der Kulturlosen. Stuttgart 1910

Bei dieser Art von Rotation wird die Schnur fortwährend tordiert (meistens abwechselnd nach verschiedenen Richtungen); das in der Hand gehaltene Ende der Schnur liegt aber ebenso unbeweglich in dieser, wie die früher besprochenen bohrend verwendeten Werkzeuge.

Ganz anders vollzieht sich der technische Vorgang bei der zweiten Entwicklungsstufe der Drehbewegung, wenn nämlich das

Gerät der Hand gegenüber eine Lagenänderung erfährt. Auch diese Art der Arbeitsbetätigung ist im Anfangsstadium fast allen Völkern bekannt, ohne daß wir heute sagen könnten, welche Völker diese Technik selbständig erfunden und welche sie von anderen übernommen haben. Die einfachste hierhergehörige Drehart ist die Quirlbewegung. Sie entsteht dadurch, daß ein Stab zwischen den beiden inneren Handflächen gehalten und durch deren wechselseitiges Verschieben in der Richtung zum und vom Körper in Rotation versetzt wird. Die Drehung ist in diesem Falle natürlich eine intermittierende Bewegung, die außerdem fortwährend die Richtung wechselt. Wesentlich ist, daß hierbei noch keine festgelagerte Achse auftritt, und daß zwischen dem zylindrischen Körper (dem Bohrstocke) und den Handflächen keine gleitende, sondern nur wälzende Reibung stattfindet[9]. Systematisch ganz identisch mit dieser Quirlbewegung ist der Transport einer Last mittels untergelegter Walzen (Abb. 2), nur daß hierbei die Bewegungsrichtung nicht ständig wechseln darf. Man ist deshalb gezwungen, die Walzen, die am hinteren Ende der Last frei werden, aufzunehmen, sie nach vorn zu tragen und sie dort wieder unter die Last zu legen. Auch hier fehlt jede Art von gelagerter Achse und auch hier tritt nur wälzende und keine gleitende Reibung auf. –

Die Quirlbewegung erfuhr mancherlei Vervollkommnung. Die eine Art davon bestand darin, daß man um den Bohrstab eine Schnur wickelte, die an den Enden meistens mit Handhaben, zur Erleichterung des Anpackens, versehen wurde. Zieht man nun einmal an dem einen, das andere Mal an dem anderen Ende der Schnur und drückt man den Stab oben durch ein kappenförmiges Stück nach abwärts, so erhält man ein wesentlich vervollkommnetes Werkzeug, das aber seine Ableitung von dem reinen Quirlbohrer noch deutlich erkennen läßt. Das oben auf die Bohrspindel gepreßte Stück dient vor allem dazu, um ihr einen Druck nach abwärts zu erteilen; es bildet aber auch gleichzeitig eine Führung für ihr oberes Ende, und wir können deshalb sagen, daß hier zum ersten Male das auftritt, was in der

Technik als Lager bezeichnet wird. Auch das untere Ende der Bohrspindel ist im Bohrloche geführt, nur hat in diesem Falle der Zapfen (d. h. der Bohrer) eine Formänderungsaufgabe zu erfüllen, so daß man hier deshalb vielleicht weniger korrekt von einem Lager sprechen kann. Wir sehen aber, daß die Bohrspindel bei dieser Art der Anordnung bereits an zwei Stellen geführt wird, daß also das vorhanden ist, was Reuleaux als Kennzeichen der technischen Drehbewegung anführt. Oben im Lagerkopfe tritt hierbei gleitende Reibung auf, und schon verhältnismäßig primitive Völker, wie z. B. die Eskimos, geben deswegen dem anzudrückenden Stücke ein eigenes Futter aus einem harten, politurfähigen Material, um auf diese Weise die Reibung möglichst einzuschränken.

Hinsichtlich der Weiterentwicklung dieses Bohrwerkzeugs sei darauf hingewiesen, daß es durch zwei Menschen betätigt werden muß. Der eine zieht abwechselnd an den beiden Enden der Schnur, der andere hält das obere Druckstück. Es war deshalb ein wesentlicher Fortschritt, als man darauf kam, die beiden Schnurenden durch ein gekrümmtes Stück Holz miteinander zu verbinden. Auf diese Weise erhielt man den Bohrer mit Fiedelbogen, dessen Schnur mehrmals um die Bohrspindel gewunden ist. Die eine Hand des Arbeitenden hält nun das Preßstück, die andere betätigt den Bogen[10]. Die nächste Entwicklungsstufe des Gerätes ist durch eine Bohrvorrichtung gegeben, die Drillbohrer, Rennspindel, Tanzmeister oder (meistens von den Ethnologen) Pumpenbohrer genannt wird. Es wäre unbedingt notwendig, eine einheitliche und eindeutige Bezeichnung für dieses Gerät einzuführen. Unter Drillbohrer versteht der Techniker gewöhnlich einen Bohrer mit steilgängiger Schraubenspindel, die durch eine mit Schraubenmutter versehene, auf- und abwärts bewegte Handhabe in hin und her gehende Bewegung gesetzt wird. Die Bezeichnung Pumpenbohrer gibt leicht zu Irrtümern Anlaß, und der Name Tanzmeister ist für ein Werkzeug wohl nicht sehr geeignet. Deshalb sei hier der Ausdruck Rennspindel gebraucht. Dieses

Gerät kann in seiner Bauweise sehr leicht aus dem Bogenbohrer entwickelt werden, wenn wir uns vorstellen, daß die um die Spindel mehrfach herumgewundene Schnur am oberen Ende der Spindel befestigt und der Bogen dann auf- und abwärts bewegt wird. Die Arbeitsweise ist freilich von der des Bogenbohrers so verschieden, daß wir deswegen keinen direkten Übergang zwischen den beiden Betätigungsarten annehmen dürfen. Eine Zwischenform ist jedoch bisher noch nicht gefunden worden. Außerdem wären zwei Dinge zu erwähnen, die die Nebeneinanderordnung der zwei Werkzeuge in einer stetigen Entwicklungsreihe nicht recht passend erscheinen lassen. Erstens entbehrt nämlich die Rennspindel einer oberen Lagerung, und zweitens ist es unmöglich, sie ohne einen Schwungkörper praktisch zu handhaben.
Es ist angezeigt, hier die Entwicklung der Bohrwerkzeuge zu unterbrechen und zu einer anderen Art von rotierendem Gebilde überzugehen, das für den Werdegang der Technik von allergrößter Bedeutung ist: wir meinen das Rad.
Über das Aufkommen des Rades sind von Ethnologen, Prähistorikern und Technikern bereits eine große Anzahl Arbeiten veröffentlicht worden, ohne daß sich bisher eine der mannigfaltigen Ansichten allgemeine Geltung verschaffen konnte. In folgendem sollen die wichtigsten der aufgestellten Hypothesen kurz besprochen werden.

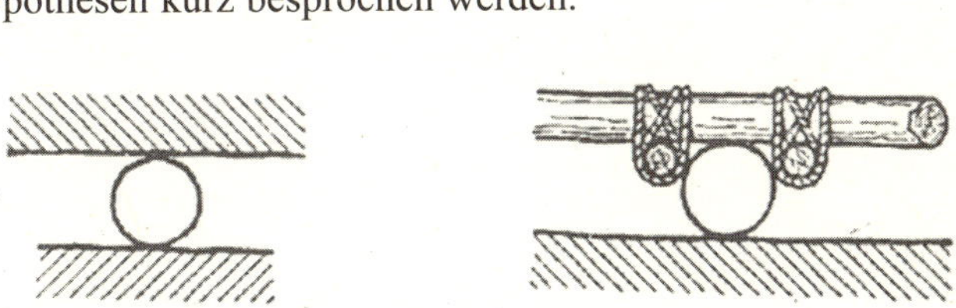

Abb. 2. und 3
Lastentransport mit untergelegten Walzen
Fixierung der Walze am Fahrgestell nach Mach

Die landläufigste Annahme ist die, daß der Transport von Gegenständen ursprünglich derart erfolgte, daß man die Last einfach über den Erdboden schleifte, oder daß man sie auf besondere Gleitvorrichtungen (Kufen oder Schleifen) setzte und diese dann mit der Last über den Boden zog. Einen Fortschritt bedeutete es, als man zwischen die Last (der Gleitvorrichtung oder der Schleife) und den Erdboden Walzen legte (Abb. 2), wodurch bei Fortbewegung keine gleitende, sondern nur noch wälzende Reibung auftrat. Mach[11] meint, daß die Menschen hierzu gelangt wären, indem sie beobachteten, daß ein unter der Handfläche liegendes und von dieser hin und her gewälztes Holzstäbchen, sowie ein zwischen Daumen und Zeigefinger gehaltener, in der Mitte gefaßter scheibenförmiger Stein, ein eigentümliches Gefühl des Gleitens hervorrufe. »Dieses könnte, sowie die anderen ähnlichen und zahllos sich aufdrängenden Zufallserlebnisse, den Vorfahren Veranlassung gewesen sein, Terrainschwierigkeiten durch Unterlegen von dergleichen Hölzern zu Überwinden.« Abgesehen davon, daß während primitiver Zeiten unzählige »Zufallserlebnisse« zu keinem dauernden Fortschritt in der Technik geführt haben, sondern wieder spurlos verschwunden sind, bedarf es wohl nicht der Annahme, daß der Mensch erst an einer seiner Gliedmaßen die Eigentümlichkeit des »Wälzens« empfunden habe, bevor er zu dessen Anwendung in der Praxis überging. Glaubhafter erscheint es, daß er beim Transporte von Baumstämmen auf geneigtem Boden ganz von selber nicht nur das merkwürdige Fortrollen der auf der Erde liegenden Stämme, sondern auch die Mitführung der auf diesen lagernden Stücke beobachtete.

Die Walze wurde in einer weiteren Entwicklungsstufe auf dem Wege zur Erfindung des Rades am Gefährte fixiert, so daß sie nicht mehr nach hinten abrollen konnte, und endlich so umgestaltet, daß sie in der Mitte aus einer dünnen Achse und an den Enden aus zwei Scheiben bestand.

Abb. 4. und 5
Fixierung der Walze am Fahrgestell durch Einkerbung
Walze durch Astgabel fortbewegt

Diese Theorie der Entstehung des Rades aus der Walze hat bereits Ginzrot[12] aufgestellt. Sowohl er als auch Mötefindt[13], der sich der Annahme anschließt, übersehen, daß zwischen der lose untergelegten und der am Gefährte fixierten Walze ein gewaltiger Sprung klafft. Wenden wir unsere anfangs erläuterte Systematik hier an, so erkennen wir, daß im ersten Falle, wie bereits oben auseinandergesetzt wurde, nur wälzende Reibung auftritt: es fehlt eben die in Lagern fixierte Achse. Im zweiten Falle jedoch muß diese Lagerung vorhanden sein, und es ist damit diejenige Bauform gegeben, die Reuleaux das »machinale System« genannt hat und die hier als »technisches System« bezeichnet wurde. Prähistorikern und Ethnologen ist es niemals klar geworden, daß mit der Lagerung der Walze an der Schleife die Geburt des Rades vollzogen wurde und daß alles andere Weiterausbildungen des einmal neugeschaffenen Gebildes sind. Es ist deshalb für das Problem der Entstehung des Rades unwesentlich, wenn Mötefindt die Radtypen der ältesten Zeiten untersucht, oder wenn Loewenthal[14] ein Gefährt, »brandilloir« genannt, bekannt macht, das tatsächlich eine zwischen bogenförmigen Kufen gelagerte Walze aufweist. Nur Mach[15] hat es versucht, eine Zwischenform zwischen der lose untergelegten und der festgelagerten Walze zu entwerfen. Er nimmt nämlich an, daß die Fixierung der Walze dadurch erzielt werde, daß man vor und hinter ihr zwei runde Hölzer am Fahrgestell befestigt (Abb. 3). Diese Konstruktion ist von Mach ganz willkürlich erfunden worden, und wir könnten uns auch vorstellen, daß im Fahrgestell eine Aushöhlung (nach Abb. 4) angebracht wäre, die ein Abrollen der Walze nach hinten verhindert[16]. Tatsächlich würde sowohl diese, als auch die Machsche Konstruktion bei unbedingt ebener und fester Unterlage und bei genügender Schmierung vielleicht eine Zeitlang richtig funktionieren. Bei nur einigermaßen unebenem Boden und beim Fehlen von Schmierung klemmt sich jedoch die Walze fest und es findet überhaupt keine Drehung mehr statt. Deshalb muß der Weg, auf dem sich die Erfindung des Rades vollzogen hat, ein anderer gewesen sein.

Auch die Hypothese, die Foréstier und Hahn aufgestellt haben, hat nur wenig Beifall gefunden. Ersterer[17] meint, daß das Spielen mit einem oder mehreren Spinnwirteln zur Erfindung des Rades geführt habe, indem eine Mutter ihrem Kinde aus solchen Spinnwirteln (die gelegentlich auch mit zwei Scheiben ausgestattet vorkommen) und einigen darübergelegten Hölzchen eine Art Fahrzeug verfertigt habe, aus dem sich später ein kleines Spielwägelchen entwickelte, das schließlich für die Praxis entsprechend vergrößert wurde[18]. Auch Hahn[19] leitet die Entstehung des Rades vom Spielen mit Spinnwirteln her, nur glaubt er, daß es bloß ein Priester gewesen sein könne, der seine müßige Zeit mit dergleichen Spielereien ausfüllen konnte. Hahn sagt dazu: »Als sich herausstellte, daß man über eine oder zwei Achsen dieser Art etwas befestigen und es dann auf Rädern rollen könne, war der Wagen erfunden.«

Beide Hypothesen sind heute wohl ohne jede Bedeutung, und auch den Ursprung des Rades auf religiöse Motive zurückzuführen, wie man es um die Mitte des vorigen Jahrhunderts mehrfach versucht hat, kann kurz abgelehnt werden. Freilich bietet die vielfache symbolische Verwertung des Rades in den indischen Religionen manches Merkwürdige. Grünwedel sagt darüber: »Das Rad bleibt für die indische Kulturwelt des Altertums bis in die Neuzeit hinab das Symbol geheimnisvoller Macht, das Thema zu großartigen poetischen Vergleichen. Die Buddhisten nahmen das Rad geradezu als Abzeichen ihrer Religion[20].« Es vertritt Buddha in den Skulpturen der Açokaperiode[21] (256 v. Chr.) und erscheint auf den Reliefs von Gândhâra[22] (2. Jahrh. n. Chr.) in figurenreichen Kompositionen vor dem predigenden Buddha. Grünwedel nimmt sogar an, daß die Verwendung der Gebetmühlen (Dharmatschakra »Gesetzräder«) in Tibet wohl kaum etwas anderes sei als eine vergröberte, praktische Ausbildung der alten, bei den frühen Reliefs ganz geläufigen symbolischen Darstellungen[23]. Für die Entwicklungsgeschichte des Rades bleibt diese häufige Verwertung als Symbol ohne Einfluß, denn die Erfindung des Rades muß sich in weit früherer Zeit vollzogen haben, weil schon im Rigveda vielfach vom Speichenrade die Rede ist. Immerhin mag das häufige Auftreten des Radsymbols eine Andeutung dafür geben, daß die in Indien eingewanderten Arier vielleicht ursprünglich der Erfindung des Rades nahegestanden haben. Freilich kommen bereits um 2700 v. Chr. Abbildungen von Wagen in Vorderasien vor, und auch in Ostasien blickt das Rad auf ein beträchtliches Alter zurück. Wie wenig aber solche symbolische Verwertung bei ernsten geschichtlichen Forschungen als ausschließliches Beweismittel benützt werden darf, möge man daraus erkennen, daß in Amerika das Rad als Sonnensymbol Verwendung fand[24], obwohl, wie weiter unten dargelegt werden wird, die technische Anwendung des Rades der autochthonen Kultur dieses Weltteils fremd blieb.

Hahn weist daraufhin, daß der Wagen nur von denjenigen Völkern benutzt wurde, denen auch die Pflugkultur bekannt war. Das Gebiet, das hierbei in Betracht kommt, umfaßt den europäisch-asiatischen Kontinent, wenn wir hierbei auch den zum Mittelmeerkulturkreis gehörenden nördlichen Teil von Afrika mit einbeziehen. Tatsächlich sind Rad und Wagen allen übrigen Ländern fremd geblieben und auch die Pflugkultur kommt nur in ersteren Gebieten vor. Nun mag immerhin eine gewisse Verbindung zwischen Pflug und Wagen wegen der Benützung von Zugtieren bei beiden bestehen; es muß jedoch hier festgestellt werden, daß das oben erwähnte Gebiet überhaupt eine höhere Technik als die anderen Länder hervorgebracht hat und daß z. B. auch das Vorkommen der Schere auf den europäisch-asiatischen Kontinent beschränkt ist[25]. Aber nicht nur das Rad und der Wagen sind den übrigen Ländern fremd, sondern es fehlt dort überhaupt jede höhere Drehvorrichtung. Auch die Entwicklung des Bohrers reicht nur bis zu der oben erläuterten Form des Bogenbohrers, und obwohl die Rennspindel im letzten Jahrhundert beispielsweise in Nordamerika und Neuseeland nachgewiesen wurde, so muß hinsichtlich ihrer Ursprünglichkeit in jenen Gegenden der heftigste Zweifel ausgesprochen werden. Wir sehen also, daß sich die Drehbewegung in den Ländern außerhalb Europa-Asiens nur bis knapp an jene Stufe entwickelt hat, die wir als »technisches« System bezeichneten. Alle diesem angehörenden Vorrichtungen, wie Wagenrad, Töpferscheibe, Drehmühle usw. sind ihnen fremd geblieben[26].

Kehren wir noch einmal zu dem Problem der Erfindung des Rades zurück! Es erscheint hierbei auch beachtenswert, daß das Rad eine Konstruktion darstellt, bei der ausschließlich kontinuierliche Drehbewegung auftritt. Freilich ist diese in einfacher, nämlich nicht dem technischen System angehöriger Form schon ganz primitiven Völkern bekannt; sie ist z. B. beim Schwirrholz und beim Kreisel gegeben, der auch beinahe über die ganze Welt verbreitet ist. Man könnte vielleicht noch an die Verwendung des Rades und des Reifens beim Spielen denken. Den alten Griechen war das Reifentreiben (unter dem Namen χριχηλαδια) bekannt, und in manchen Gebirgsgegenden läßt man zur Sonnwendfeier angezündete Räder des Nachts die Berge hinabrollen[27]. Letztere Art der Ausbildung einer kontinuierlichen Rotation bezieht sich aber auf Völker, die das Rad schon kennen, während diese Spiele bei primitiven Stämmen bisher noch nicht nachgewiesen werden konnten.

Freilich würde es einige Aufklärung bieten, wenn verschiedene Forscher, vor allem Ethnologen, untersuchen wollten, wie weit Naturvölkern der Begriff der Rotation geläufig ist und ob sie die intermittierende und die kontinuierliche Drehbewegung sprachlich unterscheiden. Die Hoffnung, durch Studium der Sprache und der Technik primitiver Nationen das Problem der Erfindung des Rades lösen zu können, ist freilich recht gering. Denn seine Verbreitung ist eben auf den europäisch-asiatischen Kontinent beschränkt und alle auf diesem Gebiete wohnenden Stämme haben die Kulturstufen, die man als primitive bezeichnet, schon überschritten. Von den meisten von ihnen wurde auch die Wagenkonstruktion und die maschinelle Verwendung der Drehbewegung weiter ausgebildet, so daß die ursprünglichen Formen schon längst verschwunden sind.

Hinsichtlich des Problems der Fixierung der untergelegten Walze am Fahrgestell sei darauf hingewiesen, daß das Fortrollen von Baumstämmen leicht mit Hilfe von Astgabeln (nach Abb. 5) bewerkstelligt werden kann. Hierbei kommt bereits eine ganz rudimentäre Form einer Lagerung der Walze zustande, denn die Astgabel umfaßt sie an einem Teil ihres Umfangs und es tritt zwischen beiden Gebilden gleitende Reibung auf.

Werden zwei Astgabeln an beiden Enden eines nicht zu langen Baumstammes angebracht und die beiden Gabelenden vorne zusammengefügt, so erhält man die einfachste Form einer an einem Gestell gelagerten Walze. Man könnte nun annehmen, daß die Stellen, an denen die beiden Astgabeln aufliegen, allmählich abgescheuert werden, so daß dort eine umlaufende Rinne entsteht, um die ein biegsamer Zweig (eine Weidenrute oder dgl.) geschlungen und an der Astgabel befestigt werden kann. Tritt diese Abscheuerung an den äußersten Enden der Walze auf, so ist damit auch gleichzeitig die Entstehung der Endzapfen erklärt. Bei dieser Hypothese wäre also vorerst nicht die Ausbildung eines Gefährtes, sondern einer, in einem Zuggestell gelagerten Walze anzunehmen, die etwa als

Ackerwalze verwendet worden sein mag. Hieran würde sich auch der schon weiter oben erwähnte, von Loewenthal beschriebene »brandilloir« leicht anreihen[28]. Diese Vorrichtung, die jetzt noch in Flandern und im Hennegau in Gebrauch steht und früher in ganz Deutschland verbreitet war, dient einmal »pour brand'ler la terre«, das andere Mal »pour trainer du foin«. Es werden nämlich bei der Verwendung der Vorrichtung als Fahrzeug zwei Hölzer der Länge nach derart auf die beiden geschwungenen Kufen gelegt, daß sie auf deren emporstehenden Enden aufruhen, während sie über die in der Mitte, am tiefsten Punkte der Kufe gelagerte Walze ohne Berührung hinweggehen. Legt man auf diese Hölzer noch ein quer zur Fahrtrichtung stehendes Brett, so erhält man hierdurch eine kleine Plattform. Nach Loewenthal bildet die Einführung dieses Standbrettes den entscheidenden Schritt zur Erfindung des Wagens. – Auch diese Hypothese konnte bisher durch keinerlei Nachweise als unbedingt richtig beglaubigt werden.

Abb. 6

Altmexikanische Rollstempel. Naturhistorisches Museum zu Wien, Ethnographische Sammlung, Signatur: 59644 und 59427

Tatsächlich bietet uns der amerikanische Kulturkreis, der, wie bereits oben erwähnt, die technische Drehbewegung nicht kannte, doch in einem Falle rudimentäre Andeutungen dafür. Es sind dies die vom Verfasser bereits an früherer Stelle beschriebenen Rollstempel[29], von denen Abb. 6 zwei weitere Exemplare zeigt. Sie besitzen an beiden Enden Zapfenansätze von ziemlichem Durchmesser, die beinahe vermuten lassen, daß sie in einer Art Schlinge gelagert waren. Aber auch die Benutzung der Rollstempel derart, daß sie an den beiden Zapfen zwischen Daumen und Zeige- oder Mittelfinger gehalten und so abgerollt wurden, zeigt uns, daß hier bereits die Anfänge zum »technischen System« der Drehbewegung vorliegen.

Als Beweis dafür, daß die Erfindung des Rades diesen Weg eingeschlagen habe, darf dies freilich nicht genommen werden, denn gerade in Amerika gelangte das technische System nicht zur Ausbildung. Immerhin zeigen uns die babylonischen Siegelzylinder, die freilich schon eine höhere Form des technischen Systems, nämlich eine feste Achse mit darauf rotierender Walze darstellen, daß ähnliche Formen bei Völkern, die Rad und Wagen kannten, vorkamen. Jedenfalls wäre der eben erläuterten Hypothese mehr Wahrscheinlichkeit zuzusprechen, als der durch keinerlei Funde belegten Annahme Foréstiers und Hahns.

Wir sehen demnach, daß die Frage nach der Erfindung von Rad und Wagen gegenwärtig noch keineswegs als gelöst zu betrachten ist. Denn auch für die allmähliche Umwandlung der am Fahrgestell gelagerten Walze in eine dünne Achse mit an den Enden befindlichen Radscheiben, gibt es noch keine einwandfreie Erklärung. Erwähnt mag noch werden, daß Mötefindt[30] als früheste bisher aufgefundene Abbildung eines Wagens in Vorderasien die Steinstele zu Eannatum (2700 v. Chr.) anführt, während er gleichzeitig auf zahlreiche schwedische Felszeichnungen leichter Streitwagen von etwa 1750 v. Chr. hinweist. Auch über die allmähliche Ausgestaltung der

Radtypen hat Mötefindt in der zitierten Arbeit Untersuchungen angestellt. Die älteste von ihm beschriebene Form ist ein hölzernes Scheibenrad mit viereckigem Zapfenloch; hierbei dreht sich die Achse mit den Rädern, was die Entstehung aus der Walze wahrscheinlich macht. Im weiteren zeigt Mötefindt den Werdegang der Typen bis zum hochentwickelten Speichenrad.

Hierzu sei erwähnt, daß im indischen Kulturkreise auch das Speichenrad in Vedischer Zeit zu Vergleichen gern herangezogen wurde. So heißt es im Rigveda: »Den vielgepriesenen Indra biege ich durch das Lied hierher, wie ein Wagner einen Radkranz aus gutem Holze biegt«, weiter: »[Çakra], den Blitz in der Hand, herrscht über alle Menschen, wie ein Radkranz die Speichen umfaßt[31]«. Als Merkwürdigkeit mag übrigens hervorgehoben werden, daß auf Neuseeland Rennspindeln vorgefunden wurden, deren Schwungkörper aus einem richtigen, aus zusammengeflochtenen Zweigen verfertigten Speichenrade besteht[32]. Es ist allerdings, wie schon oben gesagt wurde, sehr unwahrscheinlich, daß die Rennspindel in jener Gegend ursprünglich sein sollte.

Knüpfen wir nun wieder an die im Anfang der Arbeit dargelegte Entwicklung der Bohrerantriebsweisen an, so muß vor allem erwähnt werden, daß die Typen des Spindelbohrers mit umwickelter Schnur und des Bogenbohrers auch zu einer einfachen Drehbank ausgestaltet wurden. Der Unterschied gegen die Bohrvorrichtung besteht nur darin, daß die Spindel bei der Drehbank horizontal liegt und zwei wirkliche Lagerungen aufweist, die an einem Gestell befestigt sind. Drehbänke mit Bogenantrieb und ganz leichtem Gestell, das zwischen der Schulter und einem widerstehenden Körper (Wand, Pfosten u. dgl.) gehalten wird, finden sich noch häufig in Vorderasien und in den Balkanländern.

Das Altertum kannte auch nur Bohrer und Drehbank mit Bogenantrieb. Eine Vervollkommnung dieser Vorrichtung bestand darin, daß man den Antrieb durch die menschlichen

Füße ermöglichte, so daß die Hände für die eigentliche Dreharbeit frei blieben. In Europa wurde gegen Ende des Mittelalters eine solche Konstruktion geschaffen, die von dem Bohrer mit der um die Spindel gewundenen Schnur abzuleiten ist (Abb. 7). Das eine Ende der Schnur wurde nämlich mit einem Fußtritt, das andere mit einem an der Decke befestigten federnden Holz verbunden. Die Bewegung blieb natürlich auch hier intermittierend: Der Fuß bewirkte die Arbeitsleistung, die Feder den Leergang. Eine feinere Lösung dieser Übertragung kommt in China vor, wo man nämlich beide Schnurenden mit zwei Fußhebeln verband, die abwechselnd niedergetreten werden und so den Hinundherlauf der Welle bewirken (Abb. 8).

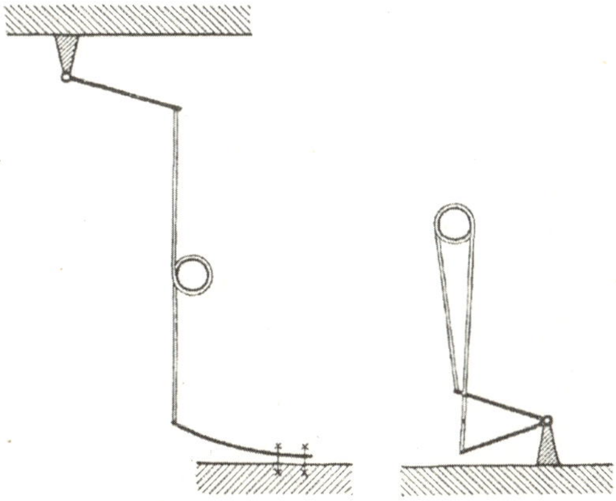

Abb. 7. und 8
Drehbankantrieb durch einen Fußtritt
Drehbankantrieb durch zwei Fußtritte

Erst in der Renaissancezeit gelang es, den Antrieb der Drehbank kontinuierlich zu gestalten, und zwar durch eine Vorrichtung, die freilich schon im Altertume bekannt war: nämlich die Kurbel. Ihre Entwicklung soll nun kurz erläutert werden.

Die kontinuierliche Drehbewegung trat, wie wir schon früher gesehen haben, zum erstenmal bei dem am Wagen angebrachten Rade auf, das nicht nur eine Rotation, sondern gleichzeitig auch eine Fortbewegung seines Mittelpunktes erfährt. Die erste maschinelle Verwendung dieses Gebildes bestand darin, daß man das Rad auf eine vertikal festgestellte Achse setzte und es an Ort drehte. Eine solche, nur etwas weiter ausgestaltete Vorrichtung ist beispielsweise durch die Töpferscheibe gegeben. Hierbei wird, wie wir auf Abb. 9 sehen, durch fortwährende Bewegungsimpulse der Füße des Arbeitenden der zylindrische Aufbau in schnelle Rotation versetzt. Die Art des Antriebes ist hier allerdings recht unübersichtlich und schwer zu analysieren. Deshalb soll vorerst eine höhere Entwicklungsform besprochen werden; diese ist durch die in Abb. 10 dargestellte Drehmühle gegeben.

Abb. 9. und 10

Koreanische Töpferscheibe. Nach Internationales Archiv für Ethnologie. Leiden 1891

Persische Frauen mit Drehmühle. Photographie Nr. 1837 der Ethnographischen Sammlung des Naturhistorischen Museums zu Wien

Das bei dieser Vorrichtung auftretende Kurbelgetriebe unterscheidet sich von dem technischen Kurbelgetriebe dadurch, daß die »organische« Kurbelstange (der Arm) in der Mitte geknickt ist. Diese im ersten Augenblick nachteilig erscheinende Einrichtung wird deshalb notwendig, weil das eine Ende der Kurbelstange keine hin und her gehende Bewegung macht, sondern im Schultergelenk fixiert ist. Durch die Knickung entsteht aber gleichzeitig der Vorteil, daß das rotierende Ende der Pleuelstange auch senkrecht zur Stangenrichtung Kraftwirkungen äußern kann. Dadurch werden die Totpunkte leicht Überwunden und wir sehen, daß durch die Benutzung der in der Mitte geknickten »organischen« Kurbelstange das Aufkommen des Kurbelgetriebes zu einer Zeit ermöglicht wurde, der die bewußte Anwendung von rotierenden Schwungmassen noch fremd war.

Die Entstehung dieses Kurbelmechanismus ist möglicherweise so vor sich gegangen, daß der Mensch wie bei den großen römischen Mühlen den Läuferstein an einer Querstange drehte, indem er selbst mit im Kreise herumging. Die Anzahl der Handhaben wurde dann vermehrt[33], so daß die Hand, wenn sie eine nach der andern faßte, nur einen Teil eines Kreisbogens zurücklegen mußte. Endlich wurde einer der Handgriffe, bei Fortfall der übrigen, nach aufwärts umgebogen und dadurch ein richtiger Kurbelzapfen erzielt. Wird die mit einer größeren Anzahl von geraden Handhaben versehene Type nicht mit den Händen, sondern mit den Füßen betrieben, so erhalten wir das System der koreanischen Töpferscheibe (Abb. 9), wobei die Handhaben natürlich fortfallen.

Ostasien hat auch eine Übergangsform zwischen dem organischen und dem technischen Kurbelgetriebe hervorgebracht (Abb. 11). Durch den am freien Ende der Kurbelstange angebrachten Querstab, an dem auch mehrere Menschen gleichzeitig angreifen können, werden hier die Totpunkte gleichfalls ohne Beihilfe einer Schwungmasse überwunden. Diese Anordnung mit horizontaler Kurbel hat in Ostasien auch zu einer

Verwendung des technischen Kurbelgetriebes in wagrechter Ebene geführt. So kommen z. B. horizontalumlaufende Wasserräder vor, die am oberen Ende ihrer Welle eine Kurbel tragen und mittels Kurbelstange ein Zylindergebläse für Schmelzöfen antreiben[34]. Auch in Europa wurden ähnliche Konstruktionen z. B. beim Antrieb von Pumpen durch horizontal kreisende Turbinen ausgeführt. Hier ist diese Bauform jedoch auf dem Umwege über die in einer Vertikalebene rotierende Kurbel zustandegekommen, so daß wir es in diesen beiden Fällen mit einer reinen Konvergenzerscheinung zu tun haben.

Beim Bohrer wurde die Kurbel sehr spät angewandt. Abb. 12 zeigt uns eine der wahrscheinlich frühesten Konstruktionen einer solchen Vorrichtung. Das Bild ist einem »Manuscrit d'Albucasis« entnommen und dürfte aus dem 12.-15. Jahrhundert n. Chr. stammen. Eine interessante Form eines Kurbelbohrers wird von den Gauchos in Südamerika verwendet (Abb. 13). Es ist dies ein elastischer Stab, der durch starken Druck auf sein freies Ende durchgebogen und dann in der Mitte gefaßt und im Kreise herumbewegt wird. Manche Ethnologen meinten, daß diese Type in Amerika ursprünglich sein könnte. Nach dem oben Gesagten wird man einsehen, daß sie nur eine Rückbildung des bereits vollentwickelten Kurbelbohrers vorstellt. Bei der Drehbank gelangte die Tretkurbel erst zur Renaissancezeit zur Einführung. –

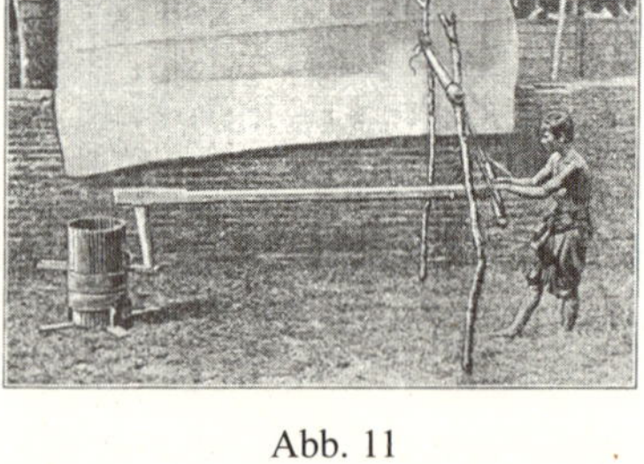

Abb. 11

Handmühle aus Kambodscha. Photographie Nr 2341 der Ethnographischen Sammlung des Naturhistorischen Museums zu Wien

Wir haben gesehen, wie die Drehbewegung anfangs stets intermittierend und in ihrer Richtung wechselnd ausgeübt wurde, wie aber später mit der Loslösung der technischen Gebilde vom menschlichen Organismus die kontinuierliche Rotation auftrat. Dies wurde vor allem an der Bohrtätigkeit erläutert, die von Haus aus nicht anders als drehend vollzogen werden kann. Eine Reihe von technischen Geräten jedoch, wie Drehmühle, rotierender Schleifstein, Kreissäge usw., dienen zu Arbeitsverrichtungen, die ursprünglich nicht rotierend, sondern geradlinig hin und her gehend (schiebend und ziehend) ausgeübt wurden.

Hier können wir demnach drei Entwicklungsstufen unterscheiden: nämlich die geradlinig intermittierende, die rotierend intermittierende und die kontinuierlich rotierende Bewegung. Die erste Stufe entspricht der Betätigung des Werkzeugs unmittelbar durch die menschlichen Organe. Die Werkzeuge sind hierbei noch wenig entwickelt; sie sind eine »Vervollkommnung der Gliedmaßen in derjenigen Eigenschaft, die für den Arbeitsprozeß am wichtigsten ist«[35]. Bei dieser Antriebsart erfolgt die Bewegung nicht nur intermittierend, sondern die Tätigkeit in der einen Richtung bleibt ohne allen Nutzeffekt; sie heißt »Leergang« und erscheint als Folge der Anpassung des technischen Prozesses an die Leistungsfähigkeit des menschlichen Körpers. Die nächste Stufe ist lediglich durch den Übergang von der hin und her gehenden zur rotierenden Bewegung gekennzeichnet; an der zuletzt erwähnten Erscheinung wird jedoch dadurch nichts geändert. Wählen wir als Beispiel die Aufgabe, einen runden Holzzylinder herzustellen, so wird dieser der ersten Entwicklungsstufe entsprechend freihändig (bzw. eingespannt) mit dem Schnitzmesser zurecht geschnitten oder bestenfalls mit dem Reismesser gerundet. Die zweite Phase zeigt bereits die Verwendung der Drehbank, die entweder von Hand aus, oder aber durch die Beine nach ostasiatischer Art mit zwei Fußtritten, nach europäischer mit Fußtritt und oberer Feder betrieben wird. In diesem Falle bedingt die intermittierende Bewegung nicht nur den Leergang, sondern sie erschwert, wegen der Notwendigkeit das Messer jedesmal abzuheben und neu anzusetzen, noch besonders die Arbeit. Der dritten Stufe endlich entspricht die Drehbank mit kontinuierlicher Rotation. Auch diese Vorrichtung kann, wenn sie mit Trittkurbel und Schwungrad ausgestattet ist, vom Menschen angetrieben werden.

Die Maschine mit stetiger Drehbewegung muß als die spezifischeste Schöpfung des menschlichen Geistes angesehen werden, einmal, weil eines ihrer wesentlichsten Erfordernisse, nämlich die festgelagerte Achse, ohne Vorbild in der Natur geschaffen wurde, das andere Mal, weil eine zweite Erfindung, nämlich die Arbeitsleistung ohne Leergang, die menschliche Technik von den ihr anfangs aufgezwungenen Nachteilen der »organischen« hin und her gehenden Bewegung befreite.

Der Verfasser kann sich daher nicht damit einverstanden erklären, daß im Technischen Museum zu Wien obige drei Phasen, die dort (von einem anderen Gesichtspunkte aus) als »energetische Reihen« bezeichnet werden, mit folgenden Untertiteln versehen sind: 1. Muskelenergie und organische Kraftquellen, 2. Organisch-anorganische Übergangsformen und 3. Anorganische Motoren und Arbeitsvorgänge. Hierbei werden als Beispiel für die Ausgestaltung von Arbeitsvorgängen u. a. die drei Stufen: Handsäge – auf- und abschwingende Brettersäge – Kreissäge, als Beispiel für die Entwicklung von Kraftquellen die Folge: Tretscheibe – Wattsche Dampfmaschine – Dampfturbine angeführt. Abgesehen davon, daß die Tretscheibe bereits einen rotierenden Mechanismus darstellt, während die erste Phase ausschließlich durch hin und her gehende Anordnung vertreten sein sollte, kann die Bezeichnung »anorganische« Arbeitsvorgänge nicht ohne Einspruch hingenommen werden. Denn es wurde bereits oben mehrfach darauf hingewiesen, daß in der anorganischen Natur nur das »kosmische« System und Wirbelbewegungen vorkommen, während den Organismen Tordierungen eigentümlich sind. Das »technische«

System aber hat in keiner dieser beiden Reiche ein Vorbild, sondern es ist die ureigenste Schöpfung des menschlichen Geistes.

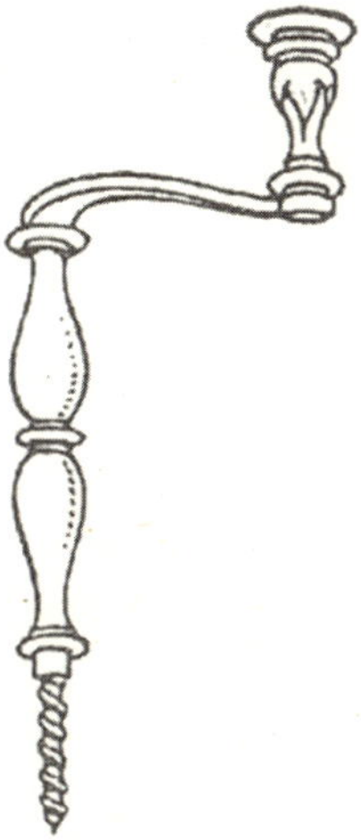

Abb. 12

Trepanationsbohrer. Nach Ch. Daremberg et Edm. Saglio, Dictionnaire des Antiquités. Paris 1887.Tome premier. Deuxième partie, p. 1110, Fig. 1405

Während es nun scheinen mag, als wäre durch die allmähliche Ausgestaltung der hin und her gehenden Bewegung eine Verzögerung in der technischen Entwicklung eingetreten, hat Karl Bücher[36] gezeigt, welche große Bedeutung auch diesem Vorgang für den stetigen Aufstieg des Menschengeschlechtes zukommt. Durch die intermittierende, dem Organismus angepaßte Bewegung wurde nämlich der Arbeitsprozeß rhythmisch gegliedert; dies bedingte erst die Gewöhnung des Menschen an andauernde zielbewußte Tätigkeit und an gemeinsames Arbeiten zur Vollbringung einer Leistung, die die Kräfte eines einzelnen übersteigt.

Abb. 13
Feuerbohrer der Gauchos. Nach K. Weule, Kultur der Kulturlosen. Stuttgart 1910

Es kann hier die Bedeutung der rhythmischen Tätigkeit für die Entwicklung der Technik nicht eingehend erläutert werden; nur darauf sei hingewiesen, daß der Rhythmus bei der intermittierend-rotierenden Bewegung stets auftritt und auch bei der kontinuierlichen Rotation noch vorkommt, wenn die Arbeit vom Menschen ausgeübt wird[37]. Die durch Naturkräfte angetriebenen Maschinen laufen dagegen vollkommen gleichförmig (arhythmisch) und gelegentlich auftretende rhythmische Schwankungen in den Umlaufszahlen sucht man durch geeignete Vorrichtungen zu verhindern.
Die Einführung der kontinuierlichen Rotation brachte wesentliche Fortschritte in der Technik mit sich. Es wurde dadurch möglich, die Naturkräfte (für den Beginn kam nur Wasser und Wind in Frage) rationell auszunützen und vor allem auch die Energie auf größere Entfernung zu übertragen. Mit wie bedeutenden Verlusten dies bei hin und her gehender Bewegung nur möglich ist, erkennt man bei Betrachtung der merkwürdigen schwingenden Transmissionen in alten Bergwerken. Die Einführung der kontinuierlichen Rotation hatte die Ausbildung der Transmissionswelle zur Folge und dadurch auch die Einrichtung, daß alle Arbeitsmaschinen mit einer (meistens als

Riemenscheibe oder als Zahnrad gestalteten) rotierenden Energieeinführungsvorrichtung versehen wurden. Dies gilt nicht nur für Arbeitsmaschinen, die nach dem höheren rotierenden Prinzip arbeiten, sondern auch für solche, die ihre Leistung noch hin und her gehend verrichten. Die Umsetzung der rotierenden in die hin und her gehende Bewegung kann hierbei erst innerhalb der Maschine durchgeführt werden.

Mit der Einführung der Transmissionswelle gelangten aber auch die anderen zu einer vollkommenen Transmissionseinrichtung gehörenden Maschinenelemente zur Ausbildung. Die Kupplung wurde nun erst erfunden, und die Lagerungen erhielten nicht nur die mannigfaltigsten Ausgestaltungen[38], sondern es wurde hier auch noch das überwunden, was bei der Einführung der technischen Drehbewegung als unangenehme Beigabe mit in Kauf genommen werden mußte, nämlich das Auftreten der gleitenden Reibung. Die Kugel- und Walzenlage gestatten eine feste Lagerung einer Achse, obwohl bei ihnen (praktisch genommen) nur wälzende Reibung auftritt.

Auch für die Ausgestaltung der flexiblen Transmissionsbänder (der Riemen und Seile), sowie der dazugehörigen Scheiben und der Zahn- und Schraubenräder war die Ausbreitung der ständigen Drehbewegung von einschneidender Bedeutung.

Aber nicht nur bei Arbeitsmaschinen und bei Transmissionen gelangte die Rotation zur ausschließlichen Verwendung, sondern sie feierte auch beim Bau von Transporteinrichtungen, wenigstens in der Form der Zirkulation, ansehnliche Triumphe. Statt des auf- und absteigenden Fahrstuhles wurde der Paternosteraufzug eingeführt, und bei Transportbändern, Drahtseilbahnen u. dgl. gelangt das stetig umlaufende Prinzip immer mehr zur Geltung. –

Die kontinuierliche Rotation hat, seitdem sie einmal in die Technik eingeführt worden war, keine wesentliche Steigerung mehr erfahren. Sehen wir von der fortgesetzten Erhöhung der Umlaufszahlen bei Motoren und Transmissionswellen ab, so scheint es, als wäre damit die Möglichkeit der Fortentwicklung

mechanischer Energieerzeugung, -fassung und -weiterleitung erschöpft und als könnten Steigerungen nach dieser Richtung hin nur durch immaterielle Energien, wie z. B. durch die Elektrizität, erzielt werden. Tatsächlich ist im Bereiche dieser Energieart auch eine Verbesserung hinsichtlich der Ausgestaltung rotierender Maschinen erreicht worden, wie sie sonst in der Technik noch niemals vollbracht werden konnte.
Betrachten wir nämlich die Art des Antriebes bei einer rotierenden Kraftmaschine, so sehen wir, daß im einfachsten Fall, z. B. bei einem Peltonrade mit nur einer Düse, der annähernd kontinuierliche Energiestrom durch Summierung fortgesetzt einwirkender kleiner Impulse erreicht wird. Die Bewegung hat die größte Ähnlichkeit mit dem weiter oben besprochenen Antrieb einer Töpferscheibe durch fortgesetztes Abstoßen mit den Füßen, wenn auch im ersteren Fall die Anzahl der auf eine Umdrehung entfallenden Impulse eine viel größere und die Umlaufszahl eine weitaus höhere ist. Auch die Verwendung von mehreren Düsen, die gegen den Schaufelabstand entsprechend versetzt sind, vergrößert nur die Zahl der Impulse und vermindert infolgedessen die Antriebsschwankungen, während ein vollkommen gleichmäßiger Antrieb theoretisch nur beim Vorhandensein unendlich vieler Düsen erzielt werden kann.
Ein wenig anders verhält sich schon der Gleichstrommotor. Selbst wenn er nur mit zwei Polen ausgerüstet ist, greift die Antriebskraft bei ihm nicht bloß an einem Punkte des Rotors an, sondern sie wirkt an dessen ganzem Umfange, wenn auch an verschiedenen Punkten mit verschiedener Stärke. Durch Einfluß des Kollektors setzt sich freilich auch hier die Drehkraft aus einer Reihe von Impulsen zusammen und theoretisch kann erst wieder bei Vorhandensein einer unendlich großen Anzahl von Polen eine vollkommen gleichmäßige Rotation erzielt werden.
Die vollkommenste Antriebsart einer rotierenden Maschine ist jedoch beim Drehstrommotor mit Kurzschlußanker gegeben. Hier hat man es beim Drehfelde mit einer kontinuierlich rotie-

renden, am ganzen Umfange des Rotors vollkommen homogen wirkenden Kraft zu tun.
Im Anfange der kulturellen Entwicklung wurde vom Menschen nicht nur eine ausschließlich hin und her gehende rhythmische Arbeitsbewegung angewandt, sondern Antrieb und Werkzeug waren auch eng miteinander verbunden. Neben dem im Verlauf des technischen Werdeganges allmählich stattfindenden Fortschreiten zur kontinuierlichen Drehbewegung fand auch die Trennung von Motor und Arbeitsvorrichtung statt. Bei den Werkzeugmaschinen zeigt die Revolverbank Ansätze für die Verwertung der Drehbewegung auch an noch anderen Stellen als an denen der unmittelbaren Arbeitseinwirkung; bei den Kraftquellen ist der bisher erreichte Höhepunkt durch den eben geschilderten Drehstrommotor gegeben.

Anmerkungen

1 »Die Grenzboten«, Bd. 2, 1842, S. 302 und 303.

2 F. Reuleaux, Lehrbuch der Kinematik, Bd. I, Theoretische Kinematik, Braunschweig 1875, S. 33, Fig 2.

3 F. Reuleaux, a a. O., S. 34, Fig. 3.

4 Reuleaux sagt: »Die Verhinderung der störenden Bewegungen durch latente Kräfte ist in der Maschine Prinzip.« Reuleaux, a a O., S. 37.

5 Reuleaux, a. a. O., S. 37.

6 Ludwig Noirè: Das Werkzeug und seine Bedeutung für die Entwicklungsgeschichte der Menschheit. Mainz 1880, S. 297.

7 Das Schwirrholz ist z. B. teilweise in Nord- und Südamerika, vereinzelt im Malaiischen Archipel, dann in Australien und auf Neuseeland, teilweise auf Neuguinea und in Afrika verbreitet (s. Weule: Kultur der Kulturlosen, Stuttgart 1910, S. 17).

8 Karl Groos, »Die Spiele der Menschen«, Jena 1899, S. 133.

9 In der Praxis wird diese Art der Drehbewegung beim Feuerbohren

besonders häufig verwendet. Hierbei haben die quirlenden Hände auch noch den Andruck des Bohrers an seine Unterlage zu bewirken. Sie werden deswegen nicht nur hin und her, sondern auch langsam nach abwärts bewegt; es ist natürlich, daß sich dann hierbei auch etwas gleitende Reibung einstellt.

10 Eine kleine Verbesserung des Bogens, die sich hauptsächlich in Vorderasien und in den Balkanländern vorfindet, besteht darin, daß die Schnur durch einen kleinen, knapp vor dem einen Ende am Bogen angelenkten Hebel in ihrer Spannung veränderlich gemacht wird. Die Arbeitsweise der Vorrichtung erfährt hierdurch keine Änderung.

11 Ernst Mach, »Kultur und Mechanik.« Stuttgart 1915, S. 26, Fig. 1, und S. 27, Fig. 2.

12 Ginzrot: Die Wagen und Fuhrwerke der Griechen und Römer, München 1817.

13 H. Mötefindt: Entstehung des Wagens und des Wagenrades, »Mannus«, Bd. 10, Berlin 1918, S. 31-62.

14 Dr. John Loewenthal: Zur Erfindungsgeschichte von Rad und Wagen, Zeitschrift für Ethnologie, Bd. 50, Berlin 1918, S. 204-209.

15 Ernst Mach, a. a. O., S. 28, Fig. 3.

16 Diese Konstruktion ist zwar auch niemals verwendet worden, wohl aber eine ähnliche, bei der statt der Walzen Kugeln Benutzung fanden. Zum ersten Male hat diese Ausführungsform Benvenuto Cellini angewendet, der im Jahre 1543 seine große silberne Jupiter-Statue dadurch leicht verschiebbar machte, daß er sie auf einen Holzblock setzte, der an seiner unteren Fläche vier Höhlungen besaß, in die kleine Kugeln aus hartem Holz (in der Größe von Schleuderkugeln) eingelegt waren. (Vgl. Horwitz: Technisches in der Lebensgeschichte des Benvenuto Cellini, Mitteilungen zur Geschichte der Medizin und der Naturwissenschaften, Bd. 7, Leipzig 1918, S. 190.)

17 G. Foréstier: »La roue,« Paris et Nancy 1900.

18 Foréstier weist besonders darauf hin, daß das Rad vor dem Aufkommen des Wagens in der Form von durchbohrten Zierscheiben aus Knochen, Steinen usw. vorhanden gewesen wäre. Hieraus jedoch seine technische Verwendung ableiten zu wollen, ist vollkommen verfehlt. Auch andere technische Gebilde treten schon zu einer Zeit als

Zierstücke auf, wo von ihrer praktischen Verwertung noch nicht die Rede sein kann. So besitzt die prähistorische Abteilung des Schlesischen Museums für Kunst, Gewerbe und Altertümer in Breslau Gürtel, die zur Verzierung mit Bronzescheiben besetzt sind, welche an ihrer Peripherie regelmäßige rechteckige Zähne aufweisen. Das Zahnradornament kommt jedoch (nach Hoernes) bereits in der Kupferzeit vor (vgl. Horwitz, »Zahnradornament«, Geschichtsblätter für Technik, Industrie und Gewerbe Berlin 1914, S 256.)

19 Ed. Hahn: »Von der Hacke zum Pflug« Leipzig 1914.

20 Albert Grünwedel: »Buddhistische Kunst in Indien«. Berlin 1900, S. 6.

21 Grünwedel a. a. O. S. 67.

22 Grünwedel a. a. O. S. 131.

23 Grünwedel a. a. O. S. 131.

24 Die Azteken im alten Mexiko stellten die Sonne (ebenso wie die vorderasiatischen Chaldäer) als Rad mit vier Speichen dar und auch bei den religiösen Masken der Indianer von der Nordwestküste Amerikas wurde eine ähnliche Figur verwendet. (Vgl. Oscar Montelius: Das Rad als religiöses Sinnbild in vorchristlicher und christlicher Zeit, »Prometheus« Jahrg. 16, Berlin 1905, S. 242.

25 Wenn man auch nicht annehmen darf, daß die Schere von steinzeitlichen Völkern erfunden werden konnte, so sei hervorgehoben, daß sie auch den bereits Kupfer und Bronze verarbeitenden amerikanischen Hochkulturen und der mittel- und südafrikanischen Eisentechnik unbekannt blieb.

26 Hierauf wurde vom Verfasser schon an früherer Stelle hingewiesen. (Vgl. »Beiträge zur Geschichte der Technik und Industrie«, Bd. 7, Berlin 1916, S. 176.)

27 Karl Groos: »Die Spiele der Menschen«, Jena 1899, S. 138.

28 Dr. John Loewenthal a. a. O. S. 205, Fig. 2.

29 Beiträge zur »Geschichte der Technik und Industrie«, Bd.7, Berlin 1916, S. 176 und Fig. 2.

30 H. Mötefindt a. a. O.

31 Rigveda 7, 32, 20 und Rigveda 1, 32, 35. (Vgl. Albert Grünwedel:

Buddhistische Kunst in Indien, Berlin 1900, S. 6.)

32 Naturhistorisches Museum zu Wien, Ethnographische Sammlung, Signatur 42436.

33 Eine solche mäßig große Mühle mit vier geraden Handgriffen sieht man beispielsweise im Codex 370 der Wiener Hofbibliothek, Blatt 34a abgebildet. Die Handschrift enthält eine Bilderbibel und Heiligenlegenden in Federzeichnung mit kurzem lateinischen Text. Sie stammt aus Böhmen und gehört der ersten Hälfte des 14. Jahrhunderts an.

34 Solche Maschinen hat in einzelnen Gebirgsgegenden Hinterindiens der österreichische Forschungsreisende A. Gebauer nach einer mündlichen Mitteilung an den Verfasser beobachtet.

35 Karl Bücher: Arbeit und Rhythmus. 4. Aufl. Leipzig und Berlin 1909, S. 419.

36 Karl Bücher: Arbeit und Rhythmus. 4. Aufl. Leipzig und Berlin 1909.

37 Dies kann beispielsweise bei jedem Spinnrade beobachtet werden. Richard Wagner hat dessen Arbeitsrhythmus im Fliegenden Holländer musikalisch verwertet.

38 Vgl. Horwitz, Die Entwicklung der Traglager samt einer Geschichte der Schmiermittel, der Schmiervorrichtungen und der Reibungstheorien, Berlin 1916.

Forschungsgang und Unterrichtslehre der Geschichte der Technik (Methodologie der Technohistorie)[1]

[Erstabdruck in Technik und Kultur 20 (1929), S. 214-220.]

Inhalt: Umfang und Einteilung der Geschichte der Technik – Eingliederung der Geschichte der Technik in die Erdgeschichte – Entwicklungsstufen der Geschichtsanschauung – Geschichtsphilosophie – Begriff und Aufgabe der Geschichte der Technik als Wissenschaft – Auffassung des Zusammenhanges und Darstellungsweise

Umfang und Einteilung der Geschichte der Technik

Wenn hier über die Geschichte der Technik geschrieben werden soll, so wäre es von vornherein notwendig, zu definieren, was man unter Geschichte der Technik zu verstehen hat; es wäre auch dieser Wissenszweig gegen benachbarte Gebiete abzugrenzen und außerdem noch eine systematische Einteilung des Faches aufzustellen. All diesen Forderungen ist heute noch schwer gerecht zu werden. Wohl hat man schon das Wesen und die Aufgaben unserer Wissenschaft erkannt, aber eine genügend scharfe Begrenzung ihres Arbeitsgebietes und eine Einteilung festzulegen, dazu konnte man bei ihrer kurzen Entwicklungszeit noch nicht gelangen.
Eine Begrenzung des Faches wird sich später einmal wohl von selbst ergeben: heute streckt die Geschichte der Technik, wie jede junge Wissenschaft, ihre Arme tastend nach allen Richtungen aus und sucht besonders an wirtschaftswissenschaftliche und kulturhistorische wie an kunstgeschichtliche und völkerkundliche Gebiete Anschluß zu gewinnen. Ihr Platz ist ihr nicht nur unter den technischen, sondern auch unter den historischen Disziplinen anzuweisen.

Unmöglich ist es auch, schon heute eine endgültige Einteilung der technohistorischen Wissenschaft zu geben. Sie rein dispositionell, nur aus den bisher veröffentlichten Abhandlungen entwickeln zu wollen, geht nicht an; es ist notwendig, auch Darstellungsweisen und Anschauungen hierbei als maßgebend zu betrachten, Grenzgebiete zu berücksichtigen und die Zusammenhänge mit den übrigen Wissensgebieten nicht zu übersehen.

Eine Einteilung unter den allgemeinsten Gesichtspunkten aufzustellen, sei hier versucht:

A. Geschichte der Technik im weitesten Sinne.

1. Die Technik in Beziehung zur gesamten Menschheit. (Technik und Kulturentwicklung.)

2. Die Technik in Beziehung zum einzelnen Menschen. (Der schöpferisch tätige Techniker.)

B. Geschichte der Technik im engeren Sinne.

1 Die Technik als empirische Fertigkeit. (Erste Stufe des technischen Fortschrittes)

2. Die Technik als Verbindung von empirischer Fertigkeit und Wissenschaft. (Zweite Stufe des technischen Fortschrittes.)

C. Die Entwicklung der Geschichte der Technik.

Hierzu ist zu bemerken: Die weiteste Auffassung betrachtet die Technik im Zusammenhange mit den allgemein kulturellen Handlungen der Menschheit, als psycho-physische Tätigkeit, sowohl der Gesamtheit der Menschen als auch von einzelnen hervorragenden Persönlichkeiten. Hierdurch gewinnt sie Anschluß an die Sozial- und Individualpsychologie; die Betrachtungsweise wird weiter und freier, die Bedeutung der Technik für die Geschichte der kulturellen Entwicklung erkennbar, und schließlich mündet auch unsere Disziplin, wie alle übrigen, in die allgemeinste, umfassendste Wissenschaft, in die Philosophie, ein.

Im engeren Sinne unterscheiden wir zwischen der empirischen und wissenschaftlichen Behandlung der Technik. Die Periode der unmittelbaren Überlieferung und des Fortschrittes auf rein empirischer Grundlage umfaßt den zeitlich bedeutendsten Teil der technischen Entwicklung. Die Untersuchung der technischen Gebilde dieser Epoche hat ähnlich wie die der Objekte der künstlerischen Betätigung des Menschen zu erfolgen; zum Teil fällt die Behandlung dieser Aufgabe der Kulturgeschichte zu. Hierbei könnte man etwa noch zwischen versuchendem, unbewußtem, oder besser unterbewußtem und im Gegensatz dazu bewußtem, teleologischem, technischem Handeln unterscheiden.

Die Technik als Wissenschaft ist ein Ergebnis der letzten Jahrhunderte oder eigentlich erst des letzten Säkulums. Ihre geschichtliche Darstellung entspringt nicht nur rein theoretisch-historischem Interesse, sondern sie wird auch für den Praktiker von einiger Bedeutung sein. Hierbei sind auch Hilfswissenschaften zu berücksichtigen, die, wie die darstellende Geometrie, die mechanische und chemische Technologie, die Elastizitäts- und Festigkeitslehre oder die Kinematik in Reuleaux' Auffassung ihre Ausbildung größtenteils oder ausschließlich technischen Lehranstalten verdanken.

Endlich hätten wir noch die Entwicklung der Technohistorie, also die Geschichte unseres Faches selbst zu verfolgen. Da diese Wissenschaft aber erst im Entstehen begriffen und deshalb leicht zu überblicken ist, so fällt dieser Aufgabe vorläufig keine große Bedeutung zu.

Ohne die hiermit versuchte Systematik weiter zu berücksichtigen, soll doch im Verlaufe der Betrachtungen auf einzelne der angeführten Auffassungen näher eingegangen werden.

Eingliederung der Geschichte der Technik in die Erdgeschichte

Gegen Ende des 18. Jahrhunderts setzte der große Aufschwung der technischen Entwicklung ein, und von da an ward sich die Menschheit auch einer stetig fortschreitenden technischen Kultur bewußt. Heute ist die Technik in theoretischer wie praktischer Hinsicht schon so stark verzweigt und intensiv wie extensiv bearbeitet worden, es haben ihr außerdem so viele bedeutende Persönlichkeiten auf einzelnen Gebieten und während eines bestimmten Zeitraumes ihr eigenartiges Gepräge verliehen, daß eine historische Klarlegung der technischen Entwicklung der letzten Zeit beinahe auf ebenso große Schwierigkeiten stößt wie die irgendeines Abschnittes der allgemeinen Geschichte.

In frühen Zeiten erfolgte die Entwicklung langsam und allmählich, und die technischen Kenntnisse, d. h. die Methoden des Gestaltens und der Herstellung, wurden rein empirisch erworben. Damit hängt es offenbar zusammen, daß das eigentliche Fortschreiten, die unmittelbaren Verbesserungen und Vervollkommnungen äußerst selten zielbewußtem Arbeiten entsprangen, sondern meistens nur auf ganz unbedeutende, oft rein zufällige Ursachen zurückzuführen sind. Ebenso ist es dadurch erklärlich, daß die Neuerungen, die nur von e i n e r Person herrührten, meistens ganz geringfügig waren, daß sie als Fortschritte oft nicht einmal erkannt wurden und manchmal sogar wieder verlorengehen konnten.

Gewöhnlich wurde die alte, frühere Herstellungsweise oder Bauart gleichzeitig mit der neuen verwandt, und erst langdauerndes, immer wiederholtes, wenn auch vielleicht unbewußtes Vergleichen führte dazu, daß die Verbesserung endlich als solche erkannt und allgemein ausgeführt wurde. Dadurch aber bildet sie erst einen Fortschritt in der technischen Entwicklung.

Wenn dem Menschen, der einen solchen kleinen Fortschritt bewirkt, keine besondere Anerkennung seiner Zeit zuteil wird, ist das weiter nicht zu verwundern, ebensowenig, daß sich sein Name nicht erhalten hat. Wir finden demgemäß auch die Schöpfer technischer Leistungen in der Geschichte viel später gewürdigt, als etwa Heerführer oder Staatsmänner. Bei großartigen Bauwerken sind noch am ehesten irgendwelche Überlieferungen vorhanden, doch wird gewöhnlich nur der Auftraggeber genannt.

Große, merkwürdige Schöpfungen behalten bei diesem zeitlich so langsamen Fortschritt ihre Bedeutung durch Jahrhunderte bei. Tritt aber, wie im Mittelalter, noch ein allgemeines Zurückgehen der technischen Arbeitsweisen, des Unternehmungsgeistes und der Organisationsfähigkeit ein, so ist es erklärlich, daß beispielsweise die sieben Weltwunder der Alten, dann römische Theater und Wasserleitungen nicht nur durch lange Zeit stets als ideale, nicht mehr nachzuahmende technische Leistungen hingestellt, sondern manchmal auch mit einem romantischen Sagenkreis umsponnen wurden.

Wenden wir unseren Blick weiter nach rückwärts, so gelangen wir zur prähistorischen Zeit, in der alles Persönliche vollkommen ausgelöscht ist. Damit verschwindet auch jegliche Aufzeichnung, und die auf uns gekommenen Überreste sind nur die Artefakte, die materiellen Ergebnisse der technischen Betätigung. Jede Nachricht über ein Herstellungsverfahren, über eine sorgfältig gehütete und von Generation zu Generation durch Jahrhunderte hindurch treu überlieferte Kunstfertigkeit ist verlorengegangen; nichts als Überreste, die in Höhlen, in Begräbnisstätten oder in Küchenhaufen aufgefunden wurden, geben uns in nicht einmal lückenloser Entwicklungsreihe Nachricht von dem ungeheuren, mühseligen und langwierigen Kampfe, den die junge, erst zu eigenem Bewußtsein kommende Menschheit mit ungelenken, noch keimenden Geisteskräften gegen eine rauhe, mißgünstige Natur, gegen die starren, ehernen Gesetze der Materie führen mußte, um auf dem Boden der dadurch halbwegs gesicherten Lebensbedingungen die einfachsten geordneten Gesellschaftsformen aufzubauen und damit auch die Anfänge einer geistigen Kultur zu begründen.

Der Trieb zur technischen Betätigung ist jedoch nicht auf den Menschen beschränkt. Weiter rückschreitend, bemerken wir schon bei viel einfacher organisierten Lebewesen, wie sie sich allmählich unter den lebenspendenden Strahlen unseres Zentralgestirnes auf der Erde entwickelt haben, einen ausgesprochenen Hang zur technischen Betätigung. Viele Tiere, vor allem Insekten und Vögel, aber auch einige Säuger besitzen hohe technische Fertigkeiten, und wenn wir auch nicht annehmen können, daß diese intellektuell erworben, noch auf solchem Wege von Geschlecht zu Geschlecht überliefert wurden, so zeigt doch auch ihre Tätigkeit ein gewisses Begreifen und Anwenden physikalisch gegebener Tatsachen, eine durch Anpassung erworbene Fähigkeit, materiellen Widerstand zu überwinden.

Lernen wir so die Wurzeltriebe unseres technischen Könnens, tiefer als mit dem Auftauchen des Menschengeschlechtes auf der Erde beginnend, ganz allgemein als anscheinend immanenten Drang aller aus ihrer Art durch intellektuelle oder soziale Eigenschaften hervorragenden tellurischen Lebewesen kennen, so finden wir nun die Geschichte der Technik als einen Zweig der großen allgemeinen Erdgeschichte dieser eingereiht. Einen Schritt weiter noch, und wir schweben bereits im Weltenraum, wo die gewaltigen kosmischen Geschehnisse uns eine Ahnung davon geben mögen, daß auch die Astronomie zeitlich genommen nichts anderes ist als eine größere, umfassendere Weltgeschichte.

Betrachten wir die treibenden Kräfte des historischen Geschehens, so erkennen wir, daß bei der Astronomie, soweit es sich um die Bewegung der Gestirne handelt, fast nur die Gravitation in Frage kommt. Durch diese einsystemige Kausalität ist es möglich, beinahe alle Zusammenhänge in mathematischen Ausdrücken festzulegen, zu den wirklichen Bewegungen und Veränderungen ein mathematisches Analogon zu koordinieren und dadurch diese Wissenschaft, wenigstens in bestimmten Grenzen prophezeiend zu gestalten.

Wollten wir die Entwicklung der Weltkörper selbst auf diese Weise behandeln, so wäre das, abgesehen von unserem mangelhaften materiellen Wissen unmöglich, weil eben bei der Fülle, bei dem Durch- und Ineinandergreifen des auf diesen sich häufenden organischen und anorganischen Geschehens, so viele Tatsachen übereinandergelagert sind, daß uns deren Auflösung durch exakte rechnerische Operationen von vornherein aussichtslos erscheinen muß. Daher sind die Zusammenhänge in der gesamten anorganischen und organischen Welt nicht ohne weiteres überblickbar.

Alle Realwissenschaften beschäftigen sich mit der Erforschung des von der Natur Gegebenen; die Geisteswissenschaften dagegen nehmen vom Menschen Hervorgebrachtes zum Inhalt ihrer Untersuchung. Aber nur in zwei Fällen sind dies wirklich reale Gebilde: bei der Geschichte der Kunst und bei der Geschichte der Technik.

Während bei ersterer das Schaffen und auch das Fortschreiten unbewußt geschieht, gilt dies bei letzterer nur für den Anfang des Werdeganges, denn mit dem Auftreten einer technischen Wissenschaft wird die Entwicklung der Technik methodisch und rationell.

Die Geschichte dieses Zeitabschnittes der Technik befaßt sich mit Realgebilden, bei deren Entstehung und Vervollkommnung wir bewußt mit allem uns zu Gebote stehenden analytischen Wissen schöpferisch eingreifen und, was die Hauptsache ist, deren praktische Ausführungsmöglichkeit wir stets durch verhältnismäßig geringe Opfer experimentell nachzuprüfen imstande sind.

Betrachten wir vorerst das Gebiet der Geschichte der Technik im engeren Sinne, also mit Ausschluß der Geschichte der technischen Wissenschaften. Die Methoden dieses Wissenszweiges können sich an eine naturwissenschaftliche und an eine historische Disziplin, an die Naturgeschichte und an die Kunstgeschichte anlehnen. Mit ersterer hat er die starke Betonung des Genetischen gemeinsam, mit letzterer die

menschliche Urheberschaft seiner Untersuchungsobjekte. Die Darstellung auf naturgeschichtlichem Gebiete ist einerseits beschreibend, andererseits um die Klarlegung entwicklungsgeschichtlicher Zusammenhänge bemüht; auch auf unserem Gebiete bildet die genaue Beschreibung und Erläuterung der Gebilde durch Wort und Zeichnung die Grundlage jeglicher Untersuchung. Die Zusammenhänge der Entwicklung können förmlich durch Anlage von Stammbäumen und Erläuterung der Entwicklungsgesetze klargelegt werden. Andererseits hat man wieder in ähnlicher Weise wie bei der Kunstgeschichte die – hier technischen – Kulturkreise, ihre Neigungen und Irrungen zum Gegenstand der Betrachtung zu machen.
Diese Forschungsarten gelten weniger für die Geschichte der technischen Wissenschaft. Hier ist uns durch Untersuchung der schriftlichen Urkunden bereits so viel Gelegenheit zum Einblick in die Absichten und in die Bestrebungen früherer Zeiten gegeben, daß wir auf sie am besten die Methoden der allgemeinen Geschichte anwenden.
Seit dem Beginn des neunzehnten Jahrhunderts dringt die technische Wissenschaft immer weiter vor; heute gibt es wohl keinen Zweig der Technik mehr, der nicht literarisch behandelt würde, und auch hier sehen wir schon das schnelle Vorwärtseilen von der empirischen zur mehr theoretischen, experimentell-analytischen Darstellung.

Mit dem großen Aufschwunge der Industrie im letzten halben Jahrhundert treten jedoch auch die wirtschaftlichen Verhältnisse als wesentlich bestimmende Einflüsse hinzu. Durch die Berührung dieser beiden Gebiete, des technischen und des wirtschaftlichen, werden die Entwicklungsergebnisse komplizierter und unübersichtlicher und heischen nun auch nach dieser Richtung hin dringend der Aufhellung.
Auch die persönliche Wertung wird verändert: Männer, die nicht unmittelbar bedeutende technische Leistungen aufweisen, haben durch ihre wirtschaftlich-organisatorischen Taten doch manchmal so fördernd auf dem Gebiete der Technik eingegrif-

fen, daß auch ihr Leben bei einer Geschichtsschreibung der Technik nicht übergangen werden darf.

Entwicklungsstufen der Geschichtsanschauung

Bei allen historischen Disziplinen spielt die Auffassung des materiellen Wissensinhaltes, die Richtung und die Art der Darstellung eine bedeutende Rolle. In der allgemeinen Geschichte entwickelten sich allmählich und unbewußt verschiedene Systeme der Anschauung: zuerst treffen wir die rein referierende (erzählende) Darstellungsweise an, die nächste Stufe bildet die pragmatische (lehrhafte) Methode, und die dritte Stelle nimmt das genetische (entwicklungsgeschichtliche) System ein. Diese letzte und höchste Betrachtungsweise wird heute ganz allgemein als die eigentlich wissenschaftliche anerkannt, und auch hier ist bisher auf die genetische Methode stets besonders hingewiesen worden.

In dieser Darstellungsweise bildeten sich jedoch noch besondere Richtungen in der Geschichtsanschauung aus, die unter dem Begriff der Geschichtsphilosophie zusammengefaßt werden können. –

Die drei historischen Systeme haben sich in der allgemeinen Geschichte nur ganz langsam entwickelt, und die genetische Geschichtsanschauung konnte erst in der zweiten Hälfte des achtzehnten Jahrhunderts durchdringen. Dadurch aber wurde auch der Unterschied in der Darstellung erst begriffen und nachher aus dem vorhandenen Material die theoretische Einteilung abstrahiert. Bei der Geschichte der Technik, diesem jungen Wissenszweig, bei dem wir in der glücklichen Lage sind, gleich von Anbeginn die Errungenschaften der anderen historischen Fächer anwenden zu können, ergibt sich für uns nun die Möglichkeit, die Berechtigung der drei Systeme für die mannigfaltigen Aufgaben und Gebiete der Technohistorie zu prüfen und auch die Verwendungsmöglichkeit der verschiedenen Methoden der Geschichtsphilosophie für sie kritisch zu untersuchen.

Die referierende Art der Geschichtsschreibung bildet die primitivste, aber auch die grundlegende Stufe. Bei der Geschichte der Technik wird sie vorerst vielfach angewandt werden. Dabei handelt es sich vor allem um Zusammenstellung von gesammeltem Material, wofür diese Methode sich besonders eignet. Die Überlieferungen zur Geschichte der Technik, die sich aus älteren Zeiten erhalten haben, bedienen sich ausschließlich dieser Darstellungsweise. Neben der Beschreibung der Objekte sind zeitgenössische Wiedergaben von merkwürdigen Begebenheiten in alten Werken oft aufzufinden. Aber auch bei der Darstellung der modernen Technik wird man diese Methode nicht ganz umgehen können; besonders anwendbar ist sie bei der Beschreibung von Fabrikationsmethoden und von Konstruktionstypen, die einen Wendepunkt oder einen Endpunkt in der Reihenfolge der Entwicklung bedeuten, wie auch bei der Schilderung von hervorragenden Experimenten, Betriebsversuchen und Konkurrenzen. Die biographischen, besonders selbstbiographischen Darstellungen hervorragender Persönlichkeiten sind auch hierher zu zählen.

Bei der Darstellung des Entwicklungsganges eines technischen Gebildes oder eines Herstellungsverfahrens dürfte die rein referierende Methode jedoch heute unter keinen Umständen mehr angewandt werden. Es wirkt vollkommen unwissenschaftlich und fast dilettantisch, wenn manche Techniker meinen, daß die bloße chronologische Aufzählung einiger Entwicklungstypen und ihre Beschreibung allein schon das bildet, was man unter »Geschichte der Technik« zu verstehen hat.

Die bei der rein erzählenden Methode einzig mögliche Fortentwicklung, dem Berichte eine tunlichst formvollendete Gestaltung zu verleihen und die Ergebnisse recht spannend und ergreifend wiederzugeben, konnte auf dem Gebiete der allgemeinen Geschichtsschreibung auf die Dauer wissenschaftlich nicht befriedigen, und so suchte man die Ereignisse derart darzustellen, daß aus dem historischen Geschehen eine Nutzanwendung gezogen, daß daraus etwas zu praktischen Zwecken für spätere Zeiten erlernt werden könnte. Dieser schon im Altertum vollzogene Fortschritt führte dazu, vor allem ähnliche Begebenheiten miteinander zu vergleichen. Der Versuch aber, die Folgen eines Ereignisses voraussagend auf ein anderes zu übertragen, scheiterte daran, daß die Voraussetzungen bei historischen Geschehnissen fast niemals dieselben sind.

Für den Bereich der Geschichte der Technik wird die pragmatische Methode am besten wohl auf das persönliche oder das wirtschaftliche Gebiet beschränkt bleiben. Da sie aber gelegentlich zu einer Überschätzung von persönlichen Einflüssen Veranlassung geben kann, so ist gerade auf technischem Gebiete, mehr als bei allen anderen, Vorsicht am Platze; denn bei Darstellungen nach dieser Richtung hin würde eine Vernachlässigung der Umwelt besonders leicht zu falscher Auffassung Gelegenheit geben.

Vergleiche und Parallelstellungen der Entwicklungsgeschichten von Erfindungen und Entdeckungen bieten wenig Wertvolles. Die wirksamen Umstände sind in zu großer Zahl vorhanden und zu wenig durchsichtig erkennbar, als daß den Schilderungen ein wirklicher Lehrwert zugestanden werden könnte. Höchstens zu ganz allgemeinen Betrachtungen über technisch-wirtschaftliche Situationen ließe sich diese Darstellungsweise verwenden. –

Die dritte Stufe endlich, die genetische Methode, bildet die höchststehende und auch die fruchtbarste Betrachtungsweise. Die Bezugsgrößen sind stets die technischen Gebilde, und nur in neuester Zeit können auch wirtschaftlich-organisatorische Objekte als genetisch richtunggebend in die Untersuchung miteinbezogen werden.

Hier ist das kontinuierliche Fortschreiten, die stetige Verbesserung aller technischen Verfahren zu erforschen, es sind die Zusammenhänge in verschiedenen Industriezweigen aufzudecken und die gegenseitigen Beeinflussungen aller technischen Arbeitsbetriebe zu erfassen. Die Verfolgung der technischen Wissenschaft gibt dabei Gelegenheit, die jeweiligen technischen Wissensgebiete und Gesichtskreise zu untersuchen; die theoretischen Abhandlungen wieder zeigen deutlich das intellektuelle Arbeiten und lassen die geistigen Strömungen der Zeit, die den praktischen Errungenschaften stets vorauseilen, erkennen.

Geschichtsphilosophie

Betrachten wir noch die verschiedenen geschichtsphilosophischen Systeme.

Von den materialistischen Richtungen hat der biologische Materialismus in der Übertragung auf unsere Wissenschaft eine gewisse Berechtigung; nicht dadurch, daß wir ihn mit dem Menschen und mit seinem kulturellen Wirken im allgemeinen in Verbindung bringen, sondern, indem wir einerseits die Entwicklung der technischen Gebilde, andererseits das Entstehen und Durchdringen technischer Ideen entwicklungsgeschichtlich auffassen und darauf biologische Begriffe, wie Auslese und Anpassung, rudimentäre und atavistische Erscheinungsformen beziehen.

Der ökonomische Materialismus hat in einer Geschichtsschreibung, die die Technik behandelt, vielleicht seine größte Berechtigung, denn hier am ehesten findet die Unterscheidung zwischen Gut und Böse wirklich nur in dem Sinne statt, daß das als gut gilt, was auch wirtschaftlich gut ist. Definieren wir aber in Ostwalds Sinne die Kultur als Verbesserung des ökonomischen Koeffizienten der umgewandelten Energie, so erkennen wir, daß bei technischen Gebilden die Verbesserung des technischen Wirkungsgrades auch immer eine Verbesserung des ökonomischen ist.

Die ganze Entwicklung, wenigstens der modernen Technik, ihre Richtungen und Ziele sind fast ausschließlich durch die materiellen Produktionsverhältnisse bestimmt, und nur in ganz wenigen Fällen, wie bei der Kunsttechnik oder bei der Lösung von Aufgaben, die militärischen oder sportlichen Zwecken dienen, treten noch andere Werte als maßgebend hinzu. Öfters kommt es übrigens vor, daß das Fortschreiten der Technik die Tendenz zeigt, teilweise durch ungeklärte wirtschaftliche Verhältnisse, teilweise durch die nur nach einer Richtung hin sich entfaltende schöpferische Kraft einer bedeutenden technischen Persönlichkeit oder aber auch durch fehlerhaftes Disponieren leitender Stellen, sich nicht parallel zur ökonomischen Entwicklung zu bewegen; dies gibt dann meistens zu starken allgemeinen oder lokalen Krisen Veranlassung, und es wird eine besondere Aufgabe der Geschichte der Technik sein, auf solche Zeitpunkte hinzuweisen.

Die von Comte begründete positive Methode hat bei der technohistorischen Darstellung ebenfalls ihre volle Berechtigung; ja, sie würde, wenn die ihrem Schöpfer vorgeschwebten Absichten wirklich erreichbar wären, eigentlich die höchste Stufe der geschichtlichen Auffassung vorstellen. Ihr ideales Streben geht dahin, historische Geschehnisse durch exakt wissenschaftliche Methoden zu untersuchen. Während aber bei einer geschichtlichen Darstellung von einzelnen Wissenschaften, besonders bei exakten Disziplinen, die Zahl der zu berücksichtigenden Einflüsse nicht zu groß ist, so daß dadurch einerseits die kausalen Zusammenhänge einfach werden, andererseits eine bestimmte Entwicklungsrichtung leichter ergründet werden kann, treffen wir bei der allgemeinen Geschichte auf gerade entgegengesetzte Verhältnisse. Die Entwicklung der Technik hält hierin ungefähr die Mitte. An eine wirklich exakte Behandlung ist allerdings nicht zu denken; die ursächlichen Kräfte sind aber noch nicht so sehr übereinandergelagert, daß ihre Erhellung ganz unmöglich wäre. Durch das Hineinspielen von wirtschaftlichen Einwirkungen wird die rein technische Entwicklung allerdings wieder verschleiert, doch wäre es immerhin auch möglich, in einer mehr theoretischen

Darstellungsweise das Technische allein hervorzuheben und auf die Berücksichtigung der wirtschaftlichen Einflüsse zu verzichten.

Die diesem System eigentümliche vergleichende Methode und die Berücksichtigung der Umwelt führt zur Aufstellung verschiedener technischer Kulturkreise. Besonders in früheren, prähistorischen wie historischen Zeiten müssen wir eine ganze Reihe solcher unterscheiden, während sie heute durch den lebhaften internationalen Verkehr immer mehr im Verschwinden begriffen sind. Im vorigen Jahrhundert hätte man vielleicht noch zwischen englischer, europäisch-kontinentaler und nordamerikanischer Technik unterscheiden können; heute ist der Unterschied zwischen den beiden ersten nicht mehr vorhanden und auch gegenüber letzterer kaum mehr wahrzunehmen.

Merkwürdig sind dagegen die Bildungen, die durch die Expansion der Hochkulturen, besonders der europäischen und ihre Vermischung mit niedereren Kulturen entstehen. Dieser Vorgang braucht aber nur dann berücksichtigt zu werden, wenn man den Zustand der technischen Betätigung auf der ganzen Erde zu schildern beabsichtigt. Die die Fortentwicklung bestimmenden Hochleistungen der Technik gehören heute einem wenigstens in technischer Beziehung vollkommen homogenen Kulturkreise an.

Dem positiven Systeme entspricht es auch, durch statistische Untersuchung in vielfacher Weise aufklärend zu wirken. Dem Techniker wird diese Richtung besonders willkommen sein: er war es ja, der hier den Übergang von der zahlenmäßigen Darstellung zur graphischen verursacht hat. Daß jedoch aus statistischen Darstellungen, durch Vernachlässigung oder Verkennung maßgebender Einflüsse leicht auch falsche Resultate sich ergeben können, dürfte bekannt sein[2]. –

Haben wir bisher bei unserer Untersuchung hauptsächlich die materiellen Gebilde der Technik berücksichtigt, und die technischen Wissenschaften in praktischer und theoretischer Beziehung nur insofern, als sie eine gleichzeitige, manchmal aber auch eine voreilende oder nachhinkende Parallele zur Entwicklung ersterer darstellen, so drängt sich uns doch auch unwillkürlich die Frage auf, wie der Mensch die gesamte technische Kultur hervorbringen konnte, welcher Art sein technisches Denken und Schaffen und welchen Gesetzen es unterworfen ist. Wir berühren damit eigentlich psychologisches Gebiet, und doch ist es von technohistorischen Untersuchungen nicht ganz zu trennen.

In den ersten Anfängen war sich der Mensch des technischen Fortschrittes sicher nicht bewußt. Das Dunkel seiner damaligen Impulse aufzuklären, die Entwicklung der materiellen Kultur, wie das langsame geistige Emporsteigen uns begreiflich zu machen, aber auch gefühlsmäßig näherzubringen, damit beschäftigen sich vor allem die Psychologie, die Anthropologie und die Kulturgeschichte. Diesen Wissensgebieten müssen wir auch jene Aufgaben überlassen; doch wird der Technohistoriker dort, wo es sich um vorwiegend technische Probleme handelt, oft auch erfolgreich an der Lösung bisher ungeklärter Fragen mitarbeiten können.

Andere Tatsachen gehören jedoch ausschließlich in das Gebiet der Geschichte der Technik. Das plötzliche Aufdämmern neuer technischer Ideen, das die Ergebnisse beinahe vorahnende Kombinieren bei Untersuchungsanordnungen, dann die heutige Vervollkommnung der Forschungsmethode, wie auch die Erhöhung der Geschwindigkeit bei der Durchführung von Verbesserungen und bei ihrer ökonomischen Verwertung, gehört hierher. Die Entwicklung des Ingenieurstandes wäre zu verfolgen und sein plötzliches starkes Hinaufschnellen in der gesellschaftlichen Schichtung. Es wäre auf die gegenwärtige rasche Aufnahme technischer Ideen hinzuweisen, und die allmähliche Entstehung eines gewissen technischen Sinnes in der ganzen heutigen Kulturwelt zu berücksichtigen: Erscheinungen, denen sicher nicht nur reine Utilitätsabsichten zugrunde liegen. Es wäre darauf hinzuweisen, wie heute die große Menge, trotz des allgemeinen Widerstandes und der starken

Gegeneinflüsse der ästhetisch-gefühlsmäßig Schaffenden, von den meisten großen technischen Erfindungen und Entdeckungen direkt fasziniert werden, sehr im Gegensatze zu der starken Abneigung der Allgemeinheit gegen jede Neuerung in früheren Zeiten.

Haben im vorigen Jahrhundert die Naturwissenschaften einen außerordentlichen Aufschwung genommen, und waren der Technik mehr praktische Erfolge beschieden, so ist es jetzt diese, die auch wissenschaftlich nach allen Richtungen hin Vorstöße unternimmt, wobei geradezu eine Durchtränkung der Menschheit mit technischem Denken und auch Fühlen stattfindet.

Hier ist es, wo an die Gedanken der Schöpfer der nachkantischen Systeme angeknüpft werden soll. Sie untersuchten die treibenden Kräfte der Ideen. Und solche sind es schließlich, die manchen Erfinder und Entdecker trotz Ungunst der Verhältnisse und trotz großer pekuniärer Verluste dazu veranlassen, auszuharren und sein Leben großen, ihm vorschwebenden Absichten zu opfern. Und war er nicht erfolgreich, war es ihm nicht beschieden, sein Ziel zu erreichen, so nimmt gewöhnlich ein anderer seine Idee später wieder auf, und auf diese Weise können wir einen Gedanken oft durch Jahrhunderte hindurch verfolgen, bis es endlich glückt, ihm auch wirklich reale Gestaltung zu verleihen.

Zwei Dinge sind es, die die Entwicklung der Technik und ihre Richtung bedingen: einerseits die uns zur Verfügung stehende Materie, andererseits unsere geistige Organisation. Beide sind aber wieder auf eine höhere Einheit zurückzuführen: die Technik setzt nach langer, während eines ungeheuren Zeitraumes ausschließlich organischer Entwicklung des Erdballes als Funktion der durch diese Entwicklung entstandenen Lebewesen allmählich ein, zeigt anfangs ein zögerndes, tastendes Fortschreiten, besinnt sich dann gleichsam auf ihren Weg, stürmt vorwärts und wird endlich im jetzigen Jahrhundert beinahe übermächtig, und im Sinne des früheren Fortschreitens

und nach derselben Richtung hin, nur mit vervielfachter Geschwindigkeit die Entwicklungsumgestaltungen auf unserem Planeten durchzuführen.
Andererseits können wir die Technik in ihren weitesten Grenzen als tellurische Erscheinung auffassen, die, allerdings als Funktion der Fähigkeiten auf der Erde lebender Organismen, in ihren Ergebnissen Gebilde aufweist, die in ihrer fortlaufenden stetigen Entwicklung eine Parallele zur Entwicklung der allgemeinen Kultur dieser Organismen, gleichsam eine einseitige Projektion von ihr bilden.

Begriff und Aufgabe der Geschichte der Technik als Wissenschaft

Die Geschichte der Technik als Wissenschaft soll uns ein möglichst klares Bild von dem jeweiligen Stand des technischen Wissens und Könnens geben; sie soll aber auch die Zusammenhänge mit anderen Gebieten aufdecken, die genetische Entwicklung großer, bedeutender Ideen bis zu ihrem ersten Auftauchen zurück verfolgen und uns die Urheber dieser Ideen als Fachleute und Menschen näherbringen.
Die Geschichte der Technik als Wissenschaft erst nachweisen zu müssen, ist eigentlich überflüssig. Sie findet ihr Analogon in den vielen historischen Darstellungen der einzelnen Wissenszweige und Kulturgebiete, so in der Kunst- und Sozialgeschichte und in der Geschichte der Wissenschaften. Auch bei der praktisch-technischen Betätigung ist die historische Kenntnis eines Spezialfaches, wenigstens für die unmittelbar vorangegangene Zeit, nicht zu entbehren. Sowohl die hauptsächlich analytisch arbeitenden Disziplinen, die Wissenschaften, als auch die vorwiegend schaffenden Arbeitsgebiete, die Künste, können wegen ihrer stetigen Entwicklung ohne historische Kenntnisse kaum ihr Auslangen finden, greifen aber zeitweise auch unmittelbar auf weit entfernt liegende Anschauungen, Arbeitsmittel und Darstellungsweisen zurück.

Die Technik, die in der ihr eigentümlichen Art, die Methoden von reiner Wissenschaft und Kunst vereinigt[3], hat in der Praxis seit jeher eine ganze Reihe fortschreitender Formen lebendig erhalten, bis endlich nach einer bestimmten Zeit, die je nach dem Sondergebiete länger oder kürzer ausfallen kann, die veraltete Bauart aus der Praxis, und damit aus dem Gesichtskreise der schaffend tätigen Konstrukteure verschwindet. Daß dadurch manchmal auch an sich gute Ideen, für die jedoch die Zeit noch nicht reif ist, verloren gehen können, leuchtet ein; ebenso, daß das neuerliche Erfinden aus dem Gedächtnis der Allgemeinheit entschwundener Ausführungsformen, das bei Unkenntnis der historischen Entwicklung gelegentlich notwendig wird, eine Verschwendung geistiger Kräfte bedeutet[4]. Für viele Zweige der Technik wäre eine bis in die letzte Zeit fortzuführende genetisch-historische Darstellung ihrer Entwicklung von außerordentlich fruchtbringender Wirkung. Aber nicht nur eine geschichtliche Registrierung der Ideen und der praktischen Ausführungen wäre notwendig, ebenso nützlich wäre auch eine Zusammenstellung der jeweils von der Technik und Industrie noch nicht befriedigten Forderungen und Wünsche, für die zurzeit wohl schon ein Bedürfnis vorhanden ist, aber noch keine Lösung gefunden werden konnte. Hierbei meinen wir weniger die allgemeinen technisch-kulturellen Bedürfnisse einer bestimmten Zeit, sondern die ungelösten Aufgaben und unbefriedigten Ansprüche einzelner technischer Spezialgebiete. Manche Industrie, mancher Konstruktionszweig sucht bei bestimmten Problemen nach Lösungen, die in einem anderen Fache längst gefunden wurden und, im Prinzipe wenigstens, meistens ohne weiteres übertragbar sind[5]. Durch solche Arbeiten gewänne die Geschichte der Technik auch einen nicht zu unterschätzenden Einfluß auf die Praxis; sie könnte in vielen Fällen klärend, manchmal aber auch unmittelbar fördernd einwirken.

Hier ist auch der Ort, um auf die besonders notwendige Berücksichtigung des Psychischen in der Geschichte der

Technik hinzuweisen. So sehr die Technik eine exakte Wissenschaft ist, oder besser in den letzten Jahrzehnten dazu wurde, so wenig ist ihre Geschichte eine solche. Gliedern wir die Entwicklung der Technik in eine Geschichte der Ideen und in eine der praktischen Verwertung dieser, so erkennen wir, daß beide Gebiete durch normative (gesetzmäßige) Erkenntnis allein nicht erfaßt werden können. Für die Entwicklung ersterer sind vorwiegend psychische Kausalitäten, für letztere vor allem die Einflüsse des Wirtschaftslebens maßgebend.

Bei der Jugend unserer Wissenschaft kann es nicht ihre Aufgabe sein, eine gesetzmäßige Entwicklung in der Geschichte der Technik nachzuweisen. Wie bei anderen historischen Gebieten wird die Forschung größtenteils regressiv und nicht progressiv arbeiten müssen. Allerdings ist die Überlagerung der verschiedenen einwirkenden, dabei untereinander inkommensurablen Einflüsse bei unserer Wissenschaft kleiner als bei anderen historischen Gebieten. Als Endziel kann es endlich gelten, daß auch die Technohistorie, wenigstens in bestimmten Grenzen, sich vorhersagend gestalten und dadurch auf die Entwicklung der Technik richtunggebend wirken möge. Eine ganz eigentümliche Rolle in der Technik spielt das Projekt. Wenn wir darunter nicht skizzenhafte Pläne von unklaren, vielleicht auch unbedeutenden Ideen verstehen wollen, sondern den großen, mit sämtlichen Mitteln der augenblicklichen technischen und wirtschaftlichen Erkenntnisse, bis in alle Konstruktions- und Betriebseinzelheiten durchgeführten Entwurf von bedeutenden Anlagen, wie Bahnen, Kanälen, Wasser- und Elektrizitätswerken, so erkennen wir in diesen fiktiven Ausführungen ein wirtschaftlich-technisches Experimentieren.

Mach nennt das Experiment willkürlich provozierte Erfahrung: ganz in diesem Sinne dürfen wir freilich das Projekt nicht auffassen; es ist ein technisches Experimentieren, aber mit Hilfe der Kenntnisse und Erfahrungen der Beurteiler auf Grund ihrer Fähigkeit, sich in später wahrscheinlich eintretende Verhältnisse einfühlen zu können. Die Veröffentlichung des Projektes und seine Kritik erlaubt durch bloße Diskussion infolge der technisch-wissenschaftlichen Schulung der Fachkreise Erfahrungen zu sammeln, die sonst nur durch reale Ausführung und wirklichen Betrieb erworben werden könnten.

Durch das Studium historischer Projekte wieder erhalten wir nicht nur Einblick in die allmähliche Entwicklung und Umgestaltung großer Ideen, wie in die Summe der technischen Mittel, die zur ihrer Ausführung in verschiedenen Zeiten zur Verfügung stand, sondern wir gewinnen bei ihrer Kritik und Beurteilung auch Einsicht in die allgemeinen Kenntnisse und Erfahrungen, in die Ideenwelt und in die technisch-wirtschaftliche Kultur vergangener Zeilen.

Es wären überhaupt die durchschnittlich verbreiteten technischen Kenntnisse und die gebräuchlichen Ausführungsformen bei ihrer praktischen Verwertung streng zu trennen von jenen der Zeit vorauseilenden Ideen und Gestaltungen, die bedeutende Konstrukteure und Erfinder zu Urhebern haben; obwohl gerade bei der technischen Entwicklung die Tat eines einzelnen seltener als auf anderen Gebieten ein plötzliches, sprunghaftes Vorschnellen bewirkt und selbst, wo sie es tut, sich mehr als sonst auf die Grundlagen und Vorläufer der neuen Idee stützt.

Bei der Untersuchung von Entwürfen und bei der Entstehung von bedeutenden Bauwerken und hervorragenden technischen Gebilden werden wir demnach die Konstruktionsideen in singuläre, typische und kollektive sondern. Typische Ausführungsformen sind die für eine bestimmte Zeit üblichen. Die allgemeinen Kenntnisse und Einsichten, aber auch die Vorurteile und Irrungen einer Epoche spiegeln sich in ihnen wieder. Singuläre Ideen und Ausführungen können ihrer Zeit voreilend sein und nach der zukünftigen Entwicklung der Technik weisen, oder aber sie beruhen auf falscher Voraussetzung und unrichtiger Auffassung von gegebenen Tatsachen, bilden »Sackgassen« in der technischen Entwicklung und verschwinden wieder bald von der Bildfläche der Praxis. Als kollektive

Erscheinungsformen endlich bezeichnen wir die Ergebnisse der gemeinsamen Arbeit vieler, wobei sich, wie es bei großen Werken oft der Fall ist, der spezifische Einfluß des einzelnen nicht mehr nachweisen läßt.

Betrachten wir noch die technischen Gebilde allein, ohne uns weiter um ihre Urheber zu kümmern. In diesem Falle ist es vor allem Aufgabe der Geschichte der Technik, eine Klassifikation der Gegenstände vorzunehmen und ihre allmähliche Entwicklung zu verfolgen. Hierbei sind die Zusammenhänge und Abhängigkeiten in genetischer Beziehung aufzudecken. Die Klassifikation ist also nach zwei Richtungen zu führen, einmal gleichsam nach der Breite: nach der für einen bestimmten Zeitpunkt gültigen Einteilung, das andere Mal nach der Tiefe: nach der zeitlichen Entwicklung. Wir erhalten so ein zweidimensionales System, einen Stammbaum der technischen Gebilde, in der Art, wie wir einen Stammbaum des Tierreiches aufstellen. Er wäre so anzuordnen, daß Schnitte nach der Breite stets sämtliche technischen Gebilde einer Epoche umfassen.

Bei dieser Art der Auffassung bleiben die treibenden Kräfte der Entwicklung unberücksichtigt; es wäre eine mehr kinematische als dynamische Darstellung, ähnlich wie beim Aufstellen einer systematischen Entwicklung der lebenden Organismen. Bei den Organismen geschieht diese Einschränkung jedoch größtenteils deshalb, weil man noch nicht genügend Einblick in die durch die gestaltenden Kräfte bedingten Entwicklungsvorgänge besitzt, hier, beim Entwurfe der technischen Stammbäume tun wir es freiwillig, stellen die Erzeugnisse der Technik gleichsam unabhängig vom Menschen, von ihrem Schöpfer, hin.

Eine weitere Aufgabe bildet eine mehr ins Detail gehende analytische Behandlung der technischen Gebilde. Hierbei haben wir vor allem zwischen der Art des Aufbaues (der Konstruktion) und der der Herstellung (der Fabrikation) zu unterscheiden. Beide Male kommen zuerst rein empirische, später mehr theoretisch begründete Methoden zur Anwendung.

Zwischen diesen ist eine unbedingt scharfe Abgrenzung jedoch nicht leicht möglich; der Übergang vollzieht sich ganz allmählich und ist zeitlich bei jedem Zweige der Technik, ja manchmal sogar bei jedem Detail einer Konstruktion verschieden. Hierbei besteht der Fortschritt häufig oft darin, daß wir nebensächliche, bisher unberücksichtigt gelassene Erscheinungen in den Kreis unserer Untersuchung ziehen und sie infolgedessen auch beim Entwurfe berücksichtigen.

Konstruktion und Fabrikation dürfen niemals unabhängig voneinander betrachtet werden; stets beeinflussen sie sich gegenseitig. Dies gilt heute vor allem von technischen Gebilden, die aus vielen Bestandteilen zusammengesetzt sind, bei denen auf schwierige Montage und leichte Zugänglichkeit Rücksicht genommen werden muß, oder bei denen es auf besondere Eignung zur Herstellung durch Massenfabrikation ankommt.

In früheren, primitiven Zeiten aber, und dies sei hier besonders hervorgehoben, ist die Form, auch bei den einfachsten Erzeugnissen der Technik anfangs nur ganz allgemein bestimmt, und ihre spezielle Festlegung erfährt sie durch den Gang der Herstellung, oft von Zufälligkeiten und Unvollkommenheiten des Verfahrens abhängend.

Diese Erkenntnis enthüllt uns eine der Richtung gebenden Beeinflussungen in der anfänglichen, für den Menschen noch unbewußt sich vollziehenden Entwicklung der Technik. Hartigs Gesetz vom Gebrauchswechsel, diese These der Anpassung von technischen Gebilden an neue Aufgaben – analog also zu Darwins Lehre von der Anpassung in der organischen Welt – wird ergänzt durch den Hinweis auf Einflüsse der Herstellungsmethoden, auf heute noch zufällig erscheinende, nicht zu überblickende Tatsachen, die der Beeinflussung der organischen Entwicklung durch hypertrophische und atrophische Bildungen (d. h. durch Überentwicklung und durch Schwund).

Merkwürdig wirkt auch die Nachahmung einer für einen bestimmten Baustoff als günstig erkannten Gestaltung in einem anderen Material; es dauert in diesem Falle meistens lange, bis auch die für das neue Konstruktionsmittel charakteristische Form sich durchzusetzen vermag. Diese sonderbare Erscheinung kann oft noch bis in das neunzehnte Jahrhundert hinein beobachtet werden.

Auffassung des Zusammenhanges und Darstellungsweise

Was die Auffassung des Geschichte Schreibenden betrifft, so ist es vor allem notwendig, sich stets der größten Objektivität zu befleißigen. Dies ist auf dem Gebiete der Technik wohl leichter möglich als bei anderen historischen Fächern, weil hier Haß und Gunst einzelner Epochen in späterer Zeit schneller in all ihrer Kleinlichkeit und Nichtigkeit erkannt werden können. Eine unbedingt objektive Darstellung ist freilich selbst hier nicht vollkommen möglich, wenn auch der Autor weniger durch persönliche Vorurteile als durch die allgemeinen Anschauungen und Neigungen seiner Zeit beeinflußt werden dürfte.

Besonders bei Aufgaben, die heute durch andere, viel einfachere Mittel und Methoden als in früherer Zeit gelöst werden, und bei technischen Errungenschaften, die sich bereits so eingebürgert haben, daß sie uns nicht nur unentbehrlich sind, sondern daß wir auch ihr Vorhandensein kaum mehr als merkwürdig zu beachten pflegen, ist man leicht geneigt, früheren Geschlechtern, die die Neuerung abgelehnt und ihre Einführung verzögert haben, Beschränktheit, kleinen Gesichtskreis, geistige Trägheit und Mißgunst vorzuwerfen. Betrachten wir die Geschehnisse aber nicht nur objektiv, sondern versuchen wir uns auch in den Geist früherer Zeiten hineinzudenken, berücksichtigen wir außerdem das stark ausgebildete Beharrungsvermögen, das Hängen am Althergebrachten in sämtlichen Erscheinungsformen des gesellschaftlichen und wirtschaftlichen Lebens früherer Jahrhunderte, so wird auch die Kritik der technischen Entwicklung in Zeiten unmerklichen oder doch nur äußerst langsamen Fortschreitens ein weniger hartes Urteil herausfordern; damit aber kommen wir auch der richtigen Auffassung des wahren Sachverhaltes näher.

Der Kombination ist in der Geschichte der Technik, namentlich weil bisher verhältnismäßig wenig gesammeltes Material vorliegt, besonders bei der Verfolgung einer Idee und ihrer sich allmählich ausgestaltenden Entwicklung ein weiter Spielraum gestattet. Eine eingehende Berücksichtigung aller in Betracht kommenden Einflüsse, wie eine möglichst ausgeprägte Feinfühligkeit für technisch-historische Kausalitäten wird hier vor allzu großen Fehlschlüssen bewahren.

Hauptzweck der Wiedergabe ist es, den durch Forschung und Studien gewonnenen Einblick in die technische Entwicklung auch dem Leser zu gewähren. Die allgemeine beschreibende Art der Darstellung wird dabei dem Techniker meistens geläufiger sein als die Untersuchung der Folgeerscheinung von Imponderabilien, von wirtschaftlichen und intellektuell-psychischen Einwirkungen. Diese werden aber sowohl bei biographischen Darstellungen als auch bei der genetischen Entwicklung großer, bedeutender Ideen nicht zu entbehren sein.

Für die Darlegung technisch-wirtschaftlicher Erscheinungen sind besonders die sozialen und sozial-psychologischen Zustände zu beachten. Bei biographischen Arbeiten ist es in der Geschichte der Technik angezeigt, von dem sonst bei hervorragenden Männern allgemein üblichen Idealisieren abzusehen, und auch bei gewaltigen Leistungen eines einzelnen zu untersuchen, was hierbei von ihm selbst Neues und Eigenartiges geschaffen wurde, und was er andererseits vielleicht nur als besonders glücklicher Interpret des allgemeinen Wissens und Könnens seiner Zeit vollbracht hat.

Bei Betrachtung der physischen Einflüsse fallen hauptsächlich anthropologische und geographische Gesichtspunkte ins Gewicht. So einleuchtend es z. B. ist, daß Binnenvölker als Schiffstechniker nichts Bedeutendes leisten können, so leicht werden solche geographischen Bedingungen bei komplizierteren, schwerer zu überblickenden Tatsachen oft übersehen. Für die technische und industrielle Entwicklung eines Landes ist seine Lage und sein Reichtum an Bodenschätzen auch heute noch von besonderer Bedeutung; für die Ausbildung und Entfaltung der technischen Veranlagung seiner Bewohner verschwinden allerdings die speziellen geographischen Einflüsse gegenwärtig durch die leichte Reisemöglichkeit und durch die Freizügigkeit der Techniker immer mehr.

Die Berücksichtigung der eigentümlichen technischen Veranlagung der Menschenrassen ist namentlich für frühere Zeiten notwendig, wo einzelne Völker es auf manchen Gebieten selbständig, durch eigene Begabung zu hoher Fertigkeit gebracht haben, indessen dieselbe Technik bei anderen in unmittelbarer Nachbarschaft wohnenden Stämmen wenig oder gar nicht entwickelt war. Auch sonst ist es von besonderem völkerpsychologischen Interesse, zu untersuchen, wie verschiedene Nationen bei ähnlicher geographischer Lage ihres Wohnsitzes, bei gleichartigem mineralischen Reichtume des Landes und bei ungefähr gleicher Kulturhöhe dieselben technischen Probleme in verschiedener Weise gelöst haben.

Heute bildet die gesamte technische Tätigkeit, wenigstens qualitativ ein getreues Abbild der allgemeinen Kultur eines Volkes. Auf die drei Stufen der zivilisatorischen Entwicklung, der Jägervölker, der Nomaden und der Ackerbauer folgt die Entstehung des Gewerbe- und Industriestaates als nächste. Nur bei einer gewissen Höhe der allgemeinen Bildung eines Volkes ist eine wirklich fruchtbringende technische Tätigkeit möglich, und diese wirkt reziprok, vor allem durch Verbesserung der Lebenshaltung wieder allgemein kulturfördernd.

Mit dem allgemeinen Wissen wird jeder Generation auch eine gewisse Summe technischer Kenntnisse übergeben. Es zeigt sich, wie diese sie dann vermehrt und bereichert, aber auch wie sie deren allgemeine Verbreitung gefördert hat. Damit wieder steigt die geistige Regsamkeit und Elastizität, wie auch die Kritikfähigkeit der Allgemeinheit – das Vorwärtsschreiten und

Bahnbrechen aber ist immer einzelnen wenigen vorbehalten gewesen.

Bei Berücksichtigung der allgemeinen Kulturzustände hat sich namentlich der Techniker zu hüten, etwa nur den technischen Fortschritt als allein maßgebend für diese zu betrachten. Ebenso verfehlt wäre ein rein ökonomischer Materialismus; auch bei vorwiegender Berücksichtigung der technisch-wirtschaftlichen Verhältnisse dürfen die übrigen kulturellen Einflüsse nicht außer acht gelassen werden.

Bezüglich der schriftlichen Wiedergabe ist zu berücksichtigen, ob die Ausführungen für ein Laienpublikum oder für Fachleute bestimmt sind, und über welche Vorbildung diese verfügen. Bei historischen Darstellungen, die bis auf die neueste Zeit fortgeführt werden, ist auch nicht zu vergessen, daß die eingehendere Beherrschung eines technischen Sondergebietes heute nur noch von den engeren Fachmännern zu erwarten ist, so daß eine historische Arbeit, die sich an breitere technische Kreise wendet, wenig Detailkenntnisse voraussetzen darf und gleichzeitig auch eine Einführung in das Wissensgebiet des speziellen Faches bilden muß. Am besten und einfachsten erfolgt dies gleichzeitig mit im Laufe der Darstellung der historischen Entwicklung.

Strenge zu unterscheiden wäre auch zwischen einer mehr wissenschaftlichen Auffassung, die sich bemüht, das vorhandene Material zu sichten und zu bearbeiten, Streitfragen zu lösen und kritisch vorzugehen, und einer Darstellung, die bezweckt, mehr einen allgemeinen Überblick über die Entwicklung eines Zweiges der Technik zu gewähren.

Bei jener Art kann auf die Reproduktion von Originalzeichnungen und -abbildungen nicht verzichtet werden, bei dieser ist es meistens besser, von Zeichnungen, die oft in unübersichtlicher, heute nicht mehr üblicher Darstellungsweise entworfen sind, nur schematische Skizzen zu bringen, um so das Wesentliche besser hervorzuheben, das störend Überflüssige leichter unterdrücken zu können.

Endlich sei noch erinnert, daß die übliche Vorstellungsweise des Technikers keine nominalistische, begriffliche, sondern eine realistische, bildhafte ist. Diese Tatsache bedingt nicht nur eine wesentliche Unterstützung aller schriftlichen Darlegungen durch eine ausreichende Zahl von Illustrationen, sondern sie wird auch in der stilistischen Weise, der bildhaften Art der Wiedergabe zu berücksichtigen sein.
So gehandhabt, möge sich die Geschichte der Technik ebenbürtig an die Seite der älteren Wissenschaften stellen zur Bereicherung des Wissens und der Erkenntnis der Menschen, zur Förderung und Unterstützung der industriellen Tätigkeit und zur Erbauung des schaffenden, den Fortschritt bewirkenden Ingenieurs in seinen Mußestunden.

Anmerkungen

1 Der Verfasser hat es hier versucht, die Methodenlehren der allgemeinen Geschichte auf die Technohistorie zu übertragen. Ein Teil davon konnte ohne weiteres übernommen, vieles jedoch mußte geändert und ergänzt werden. Die Geschichte der Technik steht heute nicht mehr in ihren Anfängen, und es mag merkwürdig berühren, daß sich die Techniker, die sich mit der Geschichte ihres Faches beschäftigen, bisher niemals darum bemüht haben, die Methodenlehren, die ihre Fachgenossen auf dem Gebiete der allgemeinen Geschichte im Laufe langer Zeiten allmählich schufen, kennenzulernen. Schon einer der obersten Grundsätze in der Technik, der der Ökonomie, hätte es erfordert, daß die Ingenieure eine schon erreichte Errungenschaft nicht noch einmal erarbeiten müssen. Ob sich die Techniker durch die Unbekümmertheit, mit der sie die Geschichte ihres Faches betrieben, eine große Lässigkeit zuschulden kommen ließen, bleibe dem Urteil der Leser anheimgestellt. Jedenfalls sei hervorgehoben, daß sie mit ganz wenigen Ausnahmen alle bis heute erschienenen technisch-geschichtlichen Arbeiten noch der referierenden Methode (s. S. 242) bedienten.

2 Hier sei nur an das oft angeführte Beispiel erinnert, wo sich in einem Ort unter den während eines Jahres Verstorbenen 50% Selbstmörder befanden. Diese merkwürdige Feststellung erfährt durch die Kleinheit des Ortes ihre Erklärung, die zur Folge hatte, daß während des einen Jahres nur zwei Personen und darunter eben der eine Selbstmörder starben. Statistische Resultate ergeben nämlich ebenso wie die der Wahrscheinlichkeitsrechnung nur dann einen Sinn, wenn sie auf genügend große Zahlen bezogen werden.

3 wie übrigens alle angewandten Wissenschaften.

4 Horwitz: Über ein neueres deutsches Reichspatent und eine Konstruktion von Heron von Alexandrien. – Archiv Gesch. Naturw. u. Techn. 8 (1918), 134.

5 Hier sei z. B. daran erinnert, daß die Sperrsicherungen einer bestimmten Art von Rechenmaschinen genau dieselben sind, wie sie bei den Signalwerken für Eisenbahnen verwendet werden.

Bibliographie der Veröffentlichungen von Hugo Theodor Horwitz

(vervollständigt durch U. Troitzsch anhand der »Klebehefte« von H. Th. Horwitz)

Monographie

Entwicklungsgeschichte der Traglager. Dissertation zur Erlangung der Würde eines Doktor-Ingenieurs. Der Königlichen Technischen Hochschule zu Berlin vorgelegt am 21. April 1914 von Ingenieur Hugo Theodor Horwitz aus Wien. Genehmigt am 30. Juni 1914. Teil 1 – Teil 2 – Teil 3 – Teil 4.

Die Entwicklung der Traglager samt einer Geschichte der Schmiermittel, der Schmiervorrichtungen und der Reibungstheorien, Berlin 1916. (weitgehend identisch mit Horwitz Dissertationsschrift).

Beiträge in Periodika

1907

Die Zukunft des Automobilverkehrs, *Der Motorwagen* 10 (1907), H. 13, S. 364-366.

1911

Relais und Transformator, eine technische Studie über Energieformen und Energiewertung, *Rundschau für Technik und Wirtschaft* 4 (1911), Nr. 20 und Nr. 21.

1912

Zur Geschichte des elastischen Rades, *Motor-Welt*, Jg. 1912, Nr. 14, S. 6f.- und Nr. 15, 10f.

1913

Ein Beitrag zu den Beziehungen zwischen ostasiatischer und europäischer Technik, *Zeitschrift des Österreichischen Ingenieur- und Architekten-Vereins* 65 (1913), S. 391f.

1914

Entwicklungsgeschichte der Traglager, *Geschichtsblätter für Technik, Industrie und Gewerbe* 1 (1914), 45-59, 98-111, 165-203, 235-243 und 2 (1915), S. 1-21, 59-92, 123-135.

1915

Geschichte der Technik, *Deutsche Geschichtsblätter. Monatsschrift für Erforschung deutscher Vergangenheit auf landesgeschichtlicher Grundlage*, 16 (1915), S. 195-207.

Mariano und Valturio, *Geschichtsblätter für Technik, Industrie und Gewerbe* 2 (1915), S. 105f.

Zur Geschichte des Spinnrades, *Geschichtsblätter für Technik, Industrie und Gewerbe* 2 (1915), S. 55f.

Zur Geschichte des Wetterschießens, *Geschichtsblätter für Technik, Industrie und Gewerbe* 2 (1915), S. 122f.

Stauffer-Schmierbüchse, *Geschichtsblätter für Technik, Industrie und Gewerbe* 2 (1915), S. 203-205 und 278f.

Die Anfänge der Schmieröluntersuchung, *Mitteilungen des K. K. Technischen Versuchsamtes* 4 (1915), H. 3, S. 55-60.

Konstruktionsprinzipien im Maschinenbau von 1500 bis zur Gegenwart, *Zeitschrift des Österreichischen Ingenieur- und Architekten-Vereins* 67 (1915), S. 591.

Die Armbrust in Ostasien, *Zeitschrift für historische Waffen- und Kostümkunde* 7 (1915-1917), S. 155-183.

Feuerlanze oder Spritze?, *Zeitschrift für historische Waffen- und Kostümkunde* 7 (1915-1917), S. 344f.

Befestigungsanlagen im alten China, *Zentralblatt der Bauverwaltung* 35 (1915), S. 490-492.

1916

Die Geschichte der Technik und die Sprachforschung, *Geschichtsblätter für Technik, Industrie und Gewerbe* 3 (1916), S. 16-19.

Eine Datierung des Veranzio, *Geschichtsblätter für Technik, Industrie und Gewerbe* 3 (1916), S. 81f. und 7 (1920), S. 120f.

Ein Problem Leonardo da Vinci's, *Geschichtsblätter für Technik, Industrie und Gewerbe* 3 (1916), S. 202-204.

Das Relais, *Geschichtsblätter für Technik, Industrie und Gewerbe* 3 (1916), S. 368f.

Das Relais-Prinzip, *Prometheus* 27 (1916), S. 748-751 und 764-766.

1917

Über ein neueres deutsches Reichspatent und seine Konstruktion von Heron von Alexandrien, *Archiv für die Geschichte der Naturwissenschaften und der Technik* 8 (1917), S. 134-139.

Beiträge zur außereuropäischen und vorgeschichtlichen Technik, *Beiträge zur Geschichte der Technik und Industrie* 7 (1917), S.169-189.

Zur Geschichte der ältesten Jagdfeuerwaffen, *Geschichtsblätter für Technik, Industrie und Gewerbe* 4 (1917), S. 65-70.

1918

Beiträge zur außereuropäischen Technik, *Mitteilungen der anthropologischen Gesellschaft in Wien* 48/49 (1918/1919), Sitzungsberichte, S. 66-68.

Technisches in der Lebensgeschichte des Benvenuto Cellini, *Mitteilungen zur Geschichte der Medizin und Naturwissenschaften* 17 (1918), S. 186-190.

1920

Technische Darstellungen aus alten Miniaturwerken, *Beiträge zur Geschichte der Technik und Industrie* 10 (1920), S. 175-178.

Die Entwicklung der Drehbewegung, *Beiträge zur Geschichte der Technik und Industrie* 10 (1920), S. 179-195.

Holzkohlenhochofen, *Geschichtsblätter für Technik, Industrie und Gewerbe* 7 (1920), S. 123.

Über eine Konstruktion Leonardo da Vincis (Walzen oder Ziehen?), *Geschichtsblätter für Technik, Industrie und Gewerbe* 7 (1920), S. 48-50.

Mühle und Drehbewegung, *Geschichtsblätter für Technik, Industrie und Gewerbe* 7 (1920), S. 119f.

Zur Datierung des Veranzio, *Geschichtsblätter für Technik, Industrie und Gewerbe* 7 (1920), S. 120f.

Gesetze in der Entwicklungsgeschichte der Technik, *Mitteilungen der anthropologischen Gesellschaft in Wien* 50 (1920), Sitzungsberichte, S. 11f.

Ueber den Ursprung der technischen Kultur, *Technische Zeitung*, 2. Blatt, Wien, Mitte November 1920, S. 1-3.

Technik und Sprache, *Zeitschrift des Österreichischen Ingenieur- und Architekten-Vereins*, 72 (1920), S. 92.

Zwei Konvergenzerscheinungen in der Waffentechnik, *Zeitschrift für historische Waffen- und Kostümkunde* 8 (1920), S. 171-173.

Zur Entwicklungsgeschichte der Armbrust, *Zeitschrift für historische Waffen- und Kostümkunde* 8 (1920), S. 311-317.

1921

Über eine indianische Gummispritze aus der ersten Hälfte des 19. Jahrhunderts, *Archiv für Geschichte der Medizin* 13 (1921), S. 181f.

Technische Darstellungen in Bilderhandschriften des 13.-17. Jahrhunderts, *Beiträge zur Geschichte der Technik und Industrie* 11 (1921), S. 179-184.

Beiträge zur außereuropäischen Technik, *Beiträge zur Geschichte der Technik und Industrie* 11 (1921), S. 185-196.

Die Bedeutung des Arbeitsrhythmus für die Entwicklung der menschlichen Technik, *Die Werkzeugmaschine*, Messenummer, Frühjahr 1921, S-3.

Das Technische Museum in Wien, *Geschichtsblätter für Technik, Industrie und Gewerbe* 8 (1921), S. 1-10; 9 (1922), S. 1-12.

Über die Anfänge von Relais-Schaltungen, *Geschichtsblätter für Technik, Industrie und Gewerbe* 8 (1921), S. 27-31.

Zur Geschichte der Kugel- und Walzenlager, *Geschichtsblätter für Technik, Industrie und Gewerbe* 8 (1921), S. 32-35.

Ueber den Ursprung der Wassermotoren, *Metall und Maschine* Nr. 6, 15. März 1921, S. 91.

Zur Entstehung des Kurbelmechanismus, *Schweizerische Technikerzeitung* 37 (1921), S. 336f.

Ueber den Ursprung der technischen Kultur, *Schweizerische Technikerzeitung* 37 (1921), S. 358f. (identisch mit Artikel in Technische Zeitung 1920).

Maskinteknik hos utomeuropelska folk, *Teknisk Tidskrift*, 1921, H. 2, 16-19 und H. 3, S. 25-31.

Utvecklingen av åsikterna om friktion, *Teknisk Tidskrift*, 1921, H. 43, S. 432-434 und H. 44, S. 440-442.

Über technische Zeitschriftenliteratur, *Zeitschrift des Österreichischen Ingenieur- und Architekten-Vereins* 73 (1921), 107-108.

Zur Entwicklungsgeschichte der Armbrust, *Zeitschrift für historische Waffen- und Kostümkunde* 9 (1921), S. 73.

Noch einmal: Zur Entwicklungsgeschichte der Armbrust, *Zeitschrift für historische Waffen- und Kostümkunde* 9 (1921), S.114.

1922

Mariano und Valturio, *Geschichtsblätter für Technik, Industrie und Gewerbe* 9 (1922), S. 38-40.

Diagonalverspreizungen, *Geschichtsblätter für Technik, Industrie und Gewerbe* 9 (1922), S. 87.

Antike Säge, *Geschichtsblätter für Technik, Industrie und Gewerbe* 9 (1922), S. 92.

Bidrag till kännedomen om forntidens och medeltidens maskinteknik, *Teknisk Tidsskrift*, 1922, H. 37, S. 589-591.

1923

Geschichte der Schokolade und der Schokoladeindustrie, *Beiträge zur Geschichte der Technik und Industrie* 13 (1923), S. 125-145.

Zur Geschichte der Technik und Kultur, *Ingenieur-Zeitschrift. Das Blatt der deutschen Techniker in der Tschechoslowakischen Republik* 3 (1923), S. 242-244.

Die Bedeutung des Arbeitsrhythmus für die Entwicklung der menschlichen

Technik, *Schweizerische Technikerzeitung* 20 (1923), S. 598-601 (Nachdruck aus *Die Werkzeugmaschine*).

1924

Über die Konstruktion von Fallen und Selbstschüssen, *Beiträge zur Geschichte der Technik und Industrie* 14 (1924), S. 85-100.

400 Jahre Schokolade in Europa, *Moderne Welt* 6 (1924), H. 5, S. 11f.

Woher stammt das Rauchen?, *Moderne Welt* 6 (1924), H. 11, S. 17-19.

(unter Pseudonym Dr. A. Witt) Vom Weihnachtsbaum und anderen Weihnachtsbräuchen, *Moderne Welt* 6 (1924), H. 14, S. 11-13.

1925

Veranscis Fausztuzról és Machinae novae cimü munkájáról, *A Magyar Mérnök –és Építész-Egylet Közlönye* (Zeitschrift des ungarischen Ingenieur- und Architekten-Vereins), 59 (1925), Nr. 5/6, S. 28-30.

(unter Pseudonym Dr. A. Witt) Toilettengeheimnisse der Vergangenheit, *Moderne Welt* 6 (1925), H. 18, S. 19f.

(unter Pseudonym Dr. A. Witt) Das Geheimnis von Kreta. Kunst und Mode des ältesten Kulturvolkes Europas, *Moderne Welt* 7 (1925), H. 11, S. 11-13.

Das japanische Theater und die Erfindung der Drehbühne, *Moderne Welt* 6 (1925), H. 23, S. 21ff.

1926

Beiträge zur Geschichte der außereuropäischen Technik, *Beiträge zur Geschichte der Technik und Industrie* 16 (1926), S. 290-298.

Guiliano da San Gallo, *Beiträge zur Geschichte der Technik und Industrie* 16 (1926), S. 200-216.

Ein chinesisches Armbrustschloß in amerikanischem Besitz, *Zeitschrift für historische Waffen- und Kostümkunde*, N. F., 2 (1926-1928), S. 286f.

1927

Über Fausto Veranzio und sein Werk 'Machinae Novae', *Archeion. Archivio di Storia della Scienza* 8 (1927), S. 169-175.

Streit um die Tipiti-Presse, *Beiträge zur Geschichte der Technik und*

Industrie 17 (1927), S. 159.

Über eine Urform von Lager- und Scharnierkonstruktionen, *Beiträge zur Geschichte der Technik und Industrie* 17 (1927), S. 162f.

Systematik und Ökonomie bei technisch-geschichtlicher Forschung, *Geschichtsblätter für Technik, Industrie und Gewerbe* 11 (1927), S. 23-26.

Über den Gebrauch von Werkzeugen im Tierreich, *Geschichtsblätter für Technik, Industrie und Gewerbe* 11 (1927), S. 26-29.

Über die Entwicklung der Fähigkeit zum Antrieb des Kurbelmechanismus, *Geschichtsblätter für Technik, Industrie und Gewerbe* 11 (1927), S. 30f.

Über Erfindungen, Erfinder und Erfinderreihen, *Geschichtsblätter für Technik, Industrie und Gewerbe* 11 (1927), S. 81-86.

Zur Terminologie in der kinematographischen Technik, *Geschichtsblätter für Technik, Industrie und Gewerbe* 11 (1927), S. 87f.

Aus Herbert Spencers Ingenieurzeit, *Geschichtsblätter für Technik, Industrie und Gewerbe* 11 (1927), S. 170-190 und 241-258.

Wiener-Ausstellung, *Geschichtsblätter für Technik, Industrie und Gewerbe* 11 (1927), S. 302f.

Ein neuer Grubenhund, *Geschichtsblätter für Technik, Industrie und Gewerbe* 11 (1927), S. 304f.

1928

Entstehung und Entwicklung der technischen Wissenschaften, *Technik und Kultur* 19 (1928), S. 108-110.

Ein toscanisches Privilegium für Faustus Verantius aus dem Jahre 1615, *Technik und Kultur* 19 (1928), S. 202f.

1929

Die Anfänge von Wellenkupplungen und Wellentransmissionen, *Beiträge zur Geschichte der Technik und Industrie* 19 (1929), S.144-146.

Japanisches Theater, *Frohes Schaffen* 6 (1929), S. 367-374.

Das Relais-Prinzip, *Technik und Kultur* 20 (1929), S. 125-129 und S. 141-146.

Forschungsgang und Unterrichtslehre der Geschichte der Technik

(Methodologie der Technohistorie), *Technik und Kultur* 20 (1929), S. 213-220.

Eine merkwürdige Waffe, *Zeitschrift für historische Waffen- und Kostümkunde*, N. F., 3 (1929-1931), S. 84f.

1930

Über einige neue Gesichtspunkte bei der Untersuchung von Fallen und Selbstschüssen, *Ethnologica* 4 (1930), S. 102-107.

Über die Verwendung von Zahnrädern im Altertum, *Werkstattstechnik* 24 (1930), S. 170-171.

Zur Geschichte des Schaufelradantriebs, *Zeitschrift des österreichischen Ingenieur -und Architekten-Vereins* 82 (1930), S. 309-313 und S. 356-360.

1931

Über das Gesetz vom Gebrauchswechsel und die Entwicklungsprinzipien bei einfachen technischen Gebilden, *Beiträge zur Geschichte der Technik und Industrie* 21 (1931/32), S. 123-130.

Über den Transport von Steinkolossen im alten Ägypten und Mesopotamien, *Der deutsche Steinbildhauer* 47 (1931), S. 39-41, 61-63 und 51 (1935), S. 49-52, 55-58.

Über Quellenanführung und Quellenkritik in der Geschichte der Technik, *Technik und Kultur* 22 (1931), S. 111-115.

Virgil und die Technik, *Technik und Kultur* 22 (1931), S. 164-167.

1932

Die Herkunft der Drehbewegung und des Kurbelgetriebes, *Handkulturlehre. Zeitschrift der Gesellschaft für Manufaktologie* 3 (1932), Nr. 3, S. 21-24.

«Organprojektion«, *Ingenieur-Zeitschrift. Das Blatt der deutschen Techniker in der Tschechoslowakischen Republik* 12 (1932), S. 41f.

Entwicklungsgeschichte der Technik, *Neues Wiener Tagblatt*, 21. Sept. 1932, S. 24-25.

Entwicklungsgeschichte der Technik, *Technik voran! Zeitschrift des Reichbsundes deutscher Technik* 14 (1932), H. 21, S. 330-332 (identisch mit Artikel in Neues Wiener Tageblatt 1932).

Über Altägyptische und Assyrische Belagerungsgeräte, *Zeitschrift für historische Waffen und Kostümkunde*, N. F., 4 (1932-1934), S. 3-8, S. 31-38 und S. 42.

1933

Die Drehbewegung in ihrer Bedeutung für die Entwicklung der materiellen Kultur, *Anthropos* 28 (1933), S. 721-755 und Anthropos 29 (1934), S. 99-124.

Über das Aufkommen, die erste Entwicklung und die Verbreitung von Windrädern, *Technikgeschichte. Beiträge zur Geschichte der Technik und Industrie* 22 (1933), S. 93-102.

Aus der Literatur zur Geschichte der Technik, *Technikgeschichte. Beiträge zur Geschichte der Technik und Industrie* 22 (1933), S. 129-133.

Die ersten Ringschmierlager mit festem Ring und die ersten Blech-Vollscheibenräder, *Technikgeschichte. Beiträge zur Geschichte der Technik und Industrie* 22 (1933), S. 133f.

Handgriff und Greifhand, *Mitteilungen der Werkstätte für Griff-Forschung*, Nr. 2, Karlsruhe 1933, S. ? (ca. 1 Druckseite).

Technik, Zivilisation und Kultur, *Technik und Kultur* 24 (1933), S. 18-22.

1934

Über urtümliche Seil-, Ketten- und Seilbahnbrücken, *Technikgeschichte. Beiträge zur Geschichte der Technik und Industrie* 23 (1934), S. 94-98.

Aus der Literatur zur Geschichte des Verkehrswesens, *Technikgeschichte. Beiträge zur Geschichte der Technik und Industrie* 23 (1934), S. 131-132.

1935

Die Wiedererweckung alten Hausfleißes und das Doppelspinnrad, *Heimatland* 4 (1935), Folge 2, S. 1-2 und Folge 3, S. 5.

1936

Rotation, *Anthropos* 31 (1936), S. 577f.

Über altägyptische Vorrichtungen zum Wasserheben, *Wasserwirtschaft und Technik* 3 (1936), S. 348-352.

1937

Nochmals: Ein Brust-Joch-Anspann, *Anthropos* 32 (1937), S. 981f.

Eine verlorengegangene Bohrerart, *Anthropos* 32 (1937), S. 654-660.

Keine Drehmühlen in der Hallstattzeit, *Mitteilungen der anthropologischen Gesellschaft in Wien* 67 (1937), Sitzungsberichte, S. 23f.

1941

Geräte mit Drehbewegung, *Ciba-Rundschau* 49 (1941), S. 1782-1793.

Die Entwicklung des Spinnens, *Ciba-Rundschau* 49(1941), S. 1795-1808. (beide Beträge gemeinsam auch als Sonderabdruck »Drehbewegung und Spinnen«.)

1942

Noch einmal der Kreiselbohrer, *Anthropos* 37/40 (1942/45), S. 325-328 (von 1937)

Rezensionen:

Zur Hundertjahrfeier der Firma Krupp 1812-1912, *Zeitschrift des österreichischen Ingenieur-und Architekten-Vereins*, Jg. 1913, Nr. 30, S. 477.

Konrad Matschoss: Die Maschinenfabrik R. Wolf, Magdeburg – Buckau, 1862-1912, Berlin 1912, *Zeitschrift des österreichischen Ingenieur- und Architekten-Vereins*, Jg. 1913, Nr. 50, S. 828.

Beiträge zur Geschichte der Technik und Industrie 3 (1911, *Zeitschrift des österreichischen Ingenieur- und Architekten-Vereins*, Jg. 1914, Nr. 4, S. 74.

Zur Geschichte der Technik. Sammelrezension von Titeln aus der Reihe »Voigtländers Quellenbücher«. Bd. 1: Friedrich Schulze: Die ersten deutschen Eisenbahnen Nürnberg-Fürth und Leipzig-Dresden, Leipzig 1912; Bd. 41: Albert Neuburger: Der Kraftwagen, sein Wesen und

Werden, Leipzig 1913; Bd. 49: Max Geitel: Geschichte der Dampfmaschine bis James Watt, Leipzig 1913, *Zeitschrift des österreichischen Ingenieur- und Architekten-Vereins*, Jg.1914, Nr. 6, S. 108.

Ein neues bibliographisches Hilfsmittel für die technische Literatur, *Zeitschrift des österreichischen Ingenieur- und Architekten-Vereins*, Jg. 1915, Nr. 23, S, 395.

K. E. Hilgard: Ueber Geschichte und Bau des Panama – Kanales, Zürch 1915, *Literarisches Zentralblatt für Deutschland* 67 (1916), Nr. 38, Sp. 991.

Alfred Birk: Alois von Negrelli, Die Lebensgeschichte eines Ingenieurs, I. Band: 1799 bis 1848. In der Heimat, in der Schweiz, in Oesterreich, Wien 1915, *Literarisches Zentralblatt für Deutschland* 67 (1916), Nr. 47, Sp. 1226.

Theodor Uhlich: Die Vorgeschichte des sächsischen Eisenbahnwesens, München und Leipzig 1913, *Zeitschrift des österreichischen Ingenieur- und Architekten-Vereins*, Jg. 1916, S. 571.

Beiträge zur Geschichte der Technik und Industrie 5 (1913), *Zeitschrift des österreichischen Ingenieur- und Architekten-Vereins*, Jg. 1916, Nr. 40, S. 764.

Beiträge zur Geschichte der Technik und Industrie 6 (1915), *Zeitschrift des österreichischen Ingenieur- und Architekten-Vereins*, Jg. 1916, Nr. 38, S. 541.

Beiträge zur Geschichte der Technik und Industrie 6 (1915), *Zeitschrift des VDI* 60 (1916), S. 434-436.

Artur Fürst: Emil Rathenau, der Mann und sein Werk, Berlin-Charlottenburg 1915, *Zeitschrift des VDI* 60 (1916), S. 457.

Ludwig Hauff: Die unterseeische Schiffahrt, erfunden und ausgeführt von Wilhelm Bauer, Bamberg 1915, *Zeitschrift des VDI* 60 (1916), S. 906.

Conrad Matschoß: Werner Siemens. Ein kurzgefaßtes Lebensbild nebst einer Auswahl seiner Briefe, 2 Bde., Berlin 1916 und Artur Fürst: Werner von Siemens, der Begründer der modernen Elektrotechnik, Stuttgart 1916, *Literarisches Zentralblatt für Deutschland* 68 (1917),

Nr. 32, Sp. 788-789.

Ernst Mach: Kultur und Mechanik, Stuttgart 1915, *Prometheus* 28 (1917), Nr. 1424, S. 75.

A. Riedler: Emil Rathenau und das Werden der Grosswirtschaft, Berlin 1916, *Literarisches Zentralblatt für Deutschland* 69 (1918), Nr. 22, Sp. 441-443.

E. Zschimmer: Philosophie der Technik, Berlin 1917, *Literarisches Zentralblatt für Deutschland* 69 (1918), Nr. 37, Sp. 733f.

Joseph Popper-Lynkeus: Selbstbiographie, Leipzig 1917, *Zeitschrift des VDI* 62 (1918), S. 333.

Th. Janssen: Die Grundlagen technischen Denkens und der technischen Wissenschaft, Berlin 1917, *Literarisches Zentralblatt für Deutschland* 70 (1919), Nr. 5., Sp. 88.

Peter Behrens, Die Beziehungen der künstlerischen und technischen Probleme, Berlin 1917, *Literarisches Zentralblatt für Deutschland* 70 (1919), Nr. 9., Sp. 163f.

Felix Pinner: Emil Rathenau und das elektrische Zeitalter, Leipzig 1918, *Literarisches Zentralblatt für Deutschland* 70 (1919), Nr. 21, Sp. 376f.

Conrad Matschoß: Die Bedeutung der Persönlichkeit für die industrielle Entwicklung, Berlin 1917, *Literarisches Zentralblatt für Deutschland* 70 (1919, Nr. 22, Sp. 398.

Th. Bäuerle: Technik und Volkserziehung (=Technische Abende im Zentralinstitut für Erziehung und Unterricht, H. 8), Berlin 1917, *Literarisches Zentralblatt für Deutschland* 70 (1919), Nr. 34, Sp. 655f.

Hans Wettich: Die Maschine in der Karikatur. Ein Buch zum Siege der Technik, Berlin 1917, *Literarisches Zentralblatt für Deutschland* 70 (1919), Nr. 37, Sp. 711f.

Artur Fürst: Die Welt auf Schienen. Eine Darstellung der Einrichtungen und des Betriebs auf den Eisenbahnen des Fernverkehrs, nebst einer Geschichte der Eisenbahn, München 1918, *Literarisches Zentralblatt für Deutschland* 70 (1919) Nr. 49, Sp. 957f.

Rudolf Metzger: Die dynamische Empfindung in der angewandten Kunst. Ein Beitrag zur künstlerischen Gestaltung der Technik, *Geschichtsblätter für Technik, Industrie und Gewerbe* 7 (1920), S. 85-88.

Leonardo Olschki: Geschichte der neusprachlichen wissenschaftlichen Literatur. Erster Band: Die Literatur der Technik und der angewandten Wissenschaften vom Mittelalter bis zur Renaissance, Heidelberg 1918, *Literarisches Zentralblatt für Deutschland* 71 (1920), Nr. 24, Sp. 449-451.

Geschichtsblätter für Technik und Industrie 5 (1918), *Literarisches Zentralblatt für Deutschland* 71 (1920), Sp. 489f.

Paul Otto: Erfinderfibel. Zusammenstellung. Stuttgart 1920, *Literarisches Zentralblatt für Deutschland* 71 (1920), Nr. 40. Sp. 951.

H. Lorenz: Einführung in die Technik, Leipzig 1919, *Literarisches Zentralblatt für Deutschland* 71 (1920) Nr. 45, Sp. 857f.

Technischer Literaturkalender, 2. Ausgabe, München 1920, *Literarisches Zentralblatt für Deutschland* 71 (1920), Nr. 47, Sp. 888f.

R. H. Francé: Die technischen Leistungen der Pflanzen, Leipzig 1919, *Literarisches Zentralblatt für Deutschland* 72 (1921), Nr. 1.

G. v. Hanffstengl: Technisches Denken und Schaffen. Eine gemeinverständliche Einführung in die Technik, Berlin 1920, *Literarisches Zentralblatt für Deutschland* 72 (1921), Nr. 3, S.58f.

Hanns Günther (Hg.): Pioniere der Technik. Acht Lebensbilder großer Männer der Tat, Zürich 1920, *Literarisches Zentralblatt für Deutschland* 72 (1921), Nr. 35, Sp. 671.

Hans Günther: Von der Elektrizität, Zürich 1920, *Literarisches Zentralblatt für Deutschland* 72 (1920), Nr. 34, Sp. 655.

W. Porstmann.: Der Film als Instrument, *Technik und Wirtschaft* 13 (1920), S.42-48.

Beiträge zur Geschichte der Technik und Industrie 10 (1920), *Geschichtsblätter für Technik, Industrie und Gewerbe* 8 (1921), S. 79f.

Georg Schlesinger: Psychotechnik und Betriebswissenschaft, Leipzig 1920, *Literarisches Zentralblatt für Deutschland* 72 (1921), Nr. 44, Sp. 847.

R. H. Francé: Die technischen Leistungen der Pflanzen Leipzig 1919, *Zeitschrift des VDI* 65 (1921), S. 23.

Albert Neuburger: Die Technik des Altertums, 2. Aufl., Leipzig 1921, *Literarisches Zentralblatt für Deutschland* 73 (1922), Nr. 38/39, Sp. 758.

Franz Maria Feldhaus: Ka-Pi-Fu und andere verschämte Dinge, Berlin 1921, *Literarisches Zentralblatt für Deutschland* 73 (1922), Nr.51/52, Sp. 998.

Walter Strauß: Die Darstellung des modernen Eisenbahnwesens, insbesondere der Lokomotive, als Lehrmittel für Hochschule, Schule und Volksaufklärung, Stuttgart 1922, *Literarisches Zentralblatt für Deutschland* 74 (1923), Nr. 23/24, Sp. 578.

Wilhelm von Oechelhaeuser: Aus deutscher Technik und Kultur, 2. Aufl., München 1921, *Literarisches Zentralblatt für Deutschland* 74 (1923), Nr. 29/30, Sp. 480.

Jahrbuch der Technik. Technik und Industrie. Zeitschrift für Volkswirtschaft, Technik und Industrie, Gewerbe, Handel und Verkehr 9 (1922/23), *Literarisches Zentralblatt für Deutschland* 74 (1923), Nr. 37/40, Sp. 578.

Jahrbuch der Technik 11 (1925), *Literarische Wochenschrift*, Jg. 1925, Nr. 13, Sp. 401.

Ludwig Illo Peters: Die Technik im Altertum, Frankfurt /M. 1925, *Literarische Wochenschrift*, Jg. 1925, Nr. 14, Sp. 430.

Ernst Martin: Die Rechenmaschine und ihre Entwicklungsgeschichte, Bd. 1, Pappenheim 1925, *Literarische Wochenschrift*, Jg. 1926, Nr. 38, Sp. 1118,

Otto Johannsen: Geschichte des Eisens, 2. Aufl., Düsseldorf 1925, *Literarische Wochenschrift*, Jg. 1926, Nr. 41, Sp. 1216.

Sammelrezension von 1) G. Neudeck: Geschichte der Technik, Stuttgart 1923; 2) Gustav Fester: Die Entwicklung der chemischen Technik bis zu den Anfängen der Großindustrie, Berlin 1923, *Geschichtsblätter für Technik, Industrie und Gewerbe* 11 (1927), S. 31f.

Sammelrezension von 1)Robert Weyrauch: Die Technik. Ihr Wesen und ihre Beziehungen zu anderen Lebensgebieten, Stuttgart 1922: 2) Viktor Engelhardt: Weltanschauung und Technik, Leipzig 1922: 3) Richard Nikolaus Coudenhove-Calergi: Apologie der Technik, Leipzig 1922, *Geschichtsblätter für Technik, Gewerbe und Industrie* 11 (1927), S. 33-35.

R. W. Schmidt: Technik in der Kunst, Stuttgart 1923, *Geschichtsblätter für Technik, Industrie und Gewerbe* 11 (1927), S. 35.

August Grosz: Der Harnisch, Wien 1925, *Geschichtsblätter für Technik, Industrie und Gewerbe* 11 (1927), S. 42f.

Beiträge zur Geschichte der Technik und Industrie 12 (1922), *Geschichtsblätter für Technik, Industrie und Gewerbe* 11 (1927), S. 78f.

Otto Johannsen: Geschichte des Eisens, Düsseldorf 1925, *Geschichtsblätter für Technik, Industrie und Gewerbe* 11 (1927), S. 199-201.

Ludwig Illo Peters: Die Technik im Altertum, Frankfurt a. Main 1925, *Geschichtsblätter für Technik, Industrie und Gewerbe* 11 (1927), S. 271.

Robert Cudell: Das Buch vom Tabak, Köln 1927, *Geschichtsblätter für Technik, Industrie und Gewerbe* 11 (1927), S. 278-280.

Franz Maria Feldhaus: Die Kinderschuhe der modernen Verkehrsmittel, Königstein i. Taunus und Leipzig 1927, *Der neue Pflug* 2 (1927), S. 73.

Paul Brandt: Schaffende Arbeit und bildende Kunst, 1.Teil: Altertum und Mittelalter, Leipzig 1927; 2. Teil: Vom Mittelalter bis zur Gegenwart, Leipzig 1828, *Der neue Pflug* 3 (1928), H. 12, S. 65-66.

Richard Wilhelm: Ostasien. Werden und Wandel des chinesischen Kulturkreises, Potsdam 1928, *Ingenieur-Zeitschrift. Das Blatt der deutschen Techniker in der Tschechoslowakischen Republik* 8 (1928), S.196.

Sammelrezension 1) Eduard Pfeiffer: Probleme der Großstadttechnik, 15.

Aufl., Stuttgart 1927; 2) R. Thebis: Der Laienerfinder. Zuverlässiger Ratgeber und praktisches Nachschlagebuch für alle Erfinder, Leipzig 1927, *Ingenieur-Zeitschrift. Das Blatt der deutschen Techniker in der Tschechoslowakischen Republik* 8 (1928), S. 207-208.

Bier und Bierbereitung bei den Völkern der Urzeit (= Veröffentlichungen der Gesellschaft für die Geschichte und Bibliographie des Brauwesens), Bde. 1-3, Berlin 1926-1928, *Ingenieur-Zeitschrift. Das Blatt der deutschen Techniker in der Tschechoslowakischen Republik* 8 (1928), S. 206f.

Sammelrezension: 2) Alexander Schirmann: Mensch und Gesellschaft. Ein soziologischer Atlas, Stuttgart 1927; 2) Deutscher Ausschuß für Technisches Schulwesen. Berlin NW, 7. Merkblätter »Fachkunde« und Werkstatt-Lehrblätter »Falsch und richtig«, *Ingenieur-Zeitschrift. Das Blatt der deutschen Techniker in der Tschechoslowakischen Republik* 8 (1928), S. 217f.

Erwin Suppinger: Technisch Kulturdenkmäler. Die alte Mainbrücke und der alte Mainkranen in Würzburg, Würzburg 1928, *Ingenieur-Zeitschrift. Das Blatt der deutschen Techniker in der Tschechoslowakischen Republik* 8 (1928), S. 284.

Sammelrezension: 1) Daniel Steffens: Kapital und Börse von Babylon bis Wallstreet, ein Gang durch die finanzielle Weltgeschichte, Breslau und Oppeln 1926; 2) G. Mantel: Die geschichtliche Entwicklung des deutschen Handwerks, *Ingenieur-Zeitschrift. Das Blatt der deutschen Techniker in der Tschechoslowakischen Republik* 8 (1928), S. 310f.

Techniker und Juristen. Erinnerungen und Betrachtungen dem Reichspatentamt zum 50jährigen Bestehen, dargebracht von ehemaligen Mitgliedern, Berlin 1927, *Ingenieur-Zeitschrift. Das Blatt der deutschen Techniker in der Tschechoslowakischen Republik* 8 (1928), S. 320.

Beiträge zur Geschichte der Technik und Industrie 17 (1927), *Der neue Pflug* 4 (1929), H.2, S. 31f.

Franz Kollmann: Schönheit der Technik, München 1929, *Ingenieur-Zeitschrift. Das Blatt der deutschen Techniker in der Tschechoslowakischen Republik* 9 (1929), S. 35.

Bernhard Rathgen: Das Geschütz im Mittelalter, Berlin 1928, *Oesterreichische Wehrzeitung* 10 (1929), S. 7.

Wilbur J. Watson: Bridge Architecture, containing two hundred illustrations of the notable bridges of the world , ancient and modern with descriptive, historical and legendary text, New 'York 1927, *Technik und Kultur* 20 (1929), S. 119.

Heerwesen und Kriegführung der Griechen und Römer (= Handbuch der Altertumswissenschaften, IV. Abteil., 3. Teil, Bd. 2), München 1928, *Zeitschrift für historische Waffen- und Kostümkunde.* N. F, 3 (1929-1931), S. 44.

Julius Lips: Fallensysteme der Naturvölker, Leipzig 1929, *Zeitschrift für historische Waffen- und Kostümkunde*, N. F., 3 (1929-1931), S. 46.

Bernhard Rathgen: Das Geschütz im Mittelalter, Berlin 1928, *Ingenieur-Zeitschrift. Das Blatt der deutschen Techniker in der Tschechoslowakischen Republik* 10 (1930), S. 190.

Hanns Günther (W. de Haas), In hundert Jahren. Die künftige Energieversorgung der Welt, Berlin 1932, *Technik voran! Zeitschrift des Reichsbundes deutscher Technik* 14 (1932), H. 16, S. 257.

Franz M. Feldhaus: Die Technik der Antike und des Mittelalters, Potsdam 1931, *Zeitschrift für historische Waffen- und Kostümkunde*, N. F.,4 (1932-1934), S. 170f.

Levebvre de Noëttes, L'attelage, le cheval de selle à travers les âges, Paris 1931, *Anthropos* 29 (1934), S. 846-848.

Friedrich Herig: Hand und Maschine (= Handbuch der Arbeitswissenschaft, Bd. 4, T. 1), Halle an der Saale 1934, *Anthropos* 29 (1934), S. 885.

Sammelrezension: 1) Werner Bergmann: Studien zur volkstümlichen Kultur im Grenzgebiet von Hocharagón und Navarra; 2) Willy Pieler: Volkskundliches aus den Marken, eine Studie aus den italienischen Provinzen der »Marche«; 3) Hans Kruse: Sach- und Wortkundliches aus den südfranzösischen Alpen, Verdon-, Vaire- und Vartal (=

Hamburger Studien zu Volkstum und Kultur der Romanen Nrn. 16-18), *Wiener Zeitschrift für Volkskunde* 42 (1937), H. 1/ 2, S. 20f.

Varia

Nachruf auf Adolf Martens, *Geschichtsblätter für Technik, Industrie und Gewerbe* 2 (1915), S. 42.

Generalversammlung des Vereins »Technisches Museum für Industrie und Gewerbe« in Wien, Geschichtsblätter für Technik, Gewerbe und Industrie 2 (1915), S. 146.

Der Titel Ingenieur. Leserzuschrift von Horwitz, *Zeitschrift des Oesterreichischen Ingenieur- und Architekten-Vereins* 68 (1916), S. 743.

(Bergingenieur Hoover). Leserzuschrift von Horwitz, *Neues Wiener Tagblatt*, Nr. 200, 22. Juli 1931, S. 7.

Organprojektion, in Franz Maria Feldhaus, *Die Technik. Ein Lexikon der Vorzeit, der Geschichtlichen Zeit und der Naturvölker*, unveränderte Sonderausgabe, München 1970, Spalte 758-761.